Michael Laaber

Gütesiegel Biogas

Michael Laaber

Gütesiegel Biogas

Evaluierung der technischen, ökologischen und sozioökonomischen Rahmenbedingungen für eine Ökostromproduktion aus Biogas

Südwestdeutscher Verlag für Hochschulschriften

Impressum/Imprint (nur für Deutschland/only for Germany)
Bibliografische Information der Deutschen Nationalbibliothek: Die Deutsche Nationalbibliothek verzeichnet diese Publikation in der Deutschen Nationalbibliografie; detaillierte bibliografische Daten sind im Internet über http://dnb.d-nb.de abrufbar.
Alle in diesem Buch genannten Marken und Produktnamen unterliegen warenzeichen-, marken- oder patentrechtlichem Schutz bzw. sind Warenzeichen oder eingetragene Warenzeichen der jeweiligen Inhaber. Die Wiedergabe von Marken, Produktnamen, Gebrauchsnamen, Handelsnamen, Warenbezeichnungen u.s.w. in diesem Werk berechtigt auch ohne besondere Kennzeichnung nicht zu der Annahme, dass solche Namen im Sinne der Warenzeichen- und Markenschutzgesetzgebung als frei zu betrachten wären und daher von jedermann benutzt werden dürften.

Coverbild: www.ingimage.com

Verlag: Südwestdeutscher Verlag für Hochschulschriften GmbH & Co. KG
Heinrich-Böcking-Str. 6-8, 66121 Saarbrücken, Deutschland
Telefon +49 681 37 20 271-1, Telefax +49 681 37 20 271-0
Email: info@svh-verlag.de

Zugl.: Wien, Universität für Bodenkultur, Diss., 2012

Herstellung in Deutschland (siehe letzte Seite)
ISBN: 978-3-8381-3362-1

Imprint (only for USA, GB)
Bibliographic information published by the Deutsche Nationalbibliothek: The Deutsche Nationalbibliothek lists this publication in the Deutsche Nationalbibliografie; detailed bibliographic data are available in the Internet at http://dnb.d-nb.de.
Any brand names and product names mentioned in this book are subject to trademark, brand or patent protection and are trademarks or registered trademarks of their respective holders. The use of brand names, product names, common names, trade names, product descriptions etc. even without a particular marking in this works is in no way to be construed to mean that such names may be regarded as unrestricted in respect of trademark and brand protection legislation and could thus be used by anyone.

Cover image: www.ingimage.com

Publisher: Südwestdeutscher Verlag für Hochschulschriften GmbH & Co. KG
Heinrich-Böcking-Str. 6-8, 66121 Saarbrücken, Germany
Phone +49 681 37 20 271-1, Fax +49 681 37 20 271-0
Email: info@svh-verlag.de

Printed in the U.S.A.
Printed in the U.K. by (see last page)
ISBN: 978-3-8381-3362-1

Copyright © 2012 by the author and Südwestdeutscher Verlag für Hochschulschriften GmbH & Co. KG and licensors
All rights reserved. Saarbrücken 2012

Danksagung

An erster Stelle bedanke ich mich bei den Betreibern der interviewten Biogasanlagen, ohne deren Zeit und Mitwirken diese Arbeit gar nicht erst hätte entstehen können.

Großer Dank gilt auch meinem Betreuerteam: Zunächst Prof. Rudolf Braun, der mich über die Jahre hinweg bei meinen Forschungsaktivitäten begleitet hat und mir letztendlich auch noch in seiner Pension ermöglicht hat, diese Arbeit zu vollenden. Prof. Peter Holubar danke ich dafür, dass er sich spontan bereit erklärt hat, mich nach Jahren der Forschungs-Abstinenz bei dieser Arbeit zu unterstützen und mich zu deren Vollendung zu ermutigen. Prof. Werner Fuchs danke ich für seine wertvollen Inputs besonders in der Endphase der Entstehung dieser Arbeit, aber auch schon während meiner Zeit am IFA.

Lisa Bohunovsky gilt mein Dank für ihren wertvollen Input zur sozialen Nachhaltigkeit, Josef Rathbauer für die Diskussionen und Informationen zum Thema Pflanzenbau und Werner Pölz für die gute Zusammenarbeit bei den Ökobilanzen.

Bedanken möchte ich mich auch bei meinen KollegInnen der Arbeitsgruppe Biogas. Allen voran Roland Kirchmayr, der sich stets dafür Zeit genommen hat, sein Wissen zu vermitteln sowie Zusammenhänge zu diskutieren und zu erklären. Ihm verdanke ich einen Großteil meines Biogas-Wissens. Bei Erich Brachtl bedanke ich mich für die tatkräftige Unterstützung beim *Gütesiegel-*Projekt. Aber auch Alberto, Carmen, Christoph, Elke, Harry, Markus N., Markus P., Viktoriya und Wolfgang für die mir entgegengebrachte Hilfe, ob im Labor oder bei Verwaltungsangelegenheiten, die nette gemeinsame Zeit und die fruchtbaren Diskussionen.

Ein besonders großes Dankeschön gilt meinen Eltern Engelbert und Anna Maria, dass sie meinen bisherigen Weg unterstützt und wann immer möglich gefördert haben. Meiner Mutter gilt mein Dank darüber hinaus auch für das Korrekturlesen.

Nicht zuletzt danke ich auch meiner Partnerin Christine, für ihre Geduld und liebevolle Unterstützung bei der Erstellung dieser Arbeit und die vergangenen Jahre.

Die vorgestellten Untersuchungen wurden im Rahmen des EdZ-Projekts *Gütesiegel Biogas* ermöglicht. *Gütesiegel Biogas* war ein Projekt, welches im Rahmen der *1. Ausschreibung der Programmlinie Energiesysteme der Zukunft* – einer Initiative des Bundesministeriums für Verkehr, Innovation und Technologie (BMVIT) –finanziert wurde (Laufzeit 01.03.2004-28.02.2007).

Vorwort

Die Geschichte der Biogastechnologie in Österreich war im vergangenen Jahrzehnt eine wechselhafte. Während in den Jahren 2004-2007 ein wahrer Boom in der Errichtung von Biogasanlagen stattfand, kam es in den darauffolgenden Jahren zu einem ebenso abrupten Stillstand in der Entwicklung der Anlagenzahl.

Die vorliegende Arbeit entstand großteils während der Zeit des *großen Booms*, in der für Biogas eine rosige Zukunft vorausgesagt wurde.

Grund für den Boom war die vielfältige Einsatzmöglichkeit von Biogas, die in zahlreichen Publikationen untersucht und von der Agrarlobby gefördert wurde: So sollte Biogas laut nationalem Biomasseaktionsplan für Österreich (Begutachtungsentwurf) als Bio-Methan - CNG bis zum Jahr 2020 mehr als ein Drittel der Biokraftstoffe in Österreich abdecken (BMLFUW 2006). Eine deutsche Studie sprach 2007 sogar davon, dass „das insgesamt in Europa erzeugte und eingespeiste Biomethan im Jahr 2020 den gegenwärtigen Erdgasverbrauch der Europäischen Union weitgehend ersetzen" könnte (THRÄN et al. 2007, 28).

Die Erwartungen waren - und sind teilweise immer noch - nicht zuletzt deswegen so hoch, weil die Biogastechnologie in der Regel als Kreislauftechnologie betrachtet wird. Es wird damit argumentiert, dass die Technologie CO_2-neutral sei: Pflanzen bauen unter Sonneneinstrahlung aus Wasser, CO_2 und Nährstoffen Biomasse auf, die bei der anaeroben Vergärung in Biogas und Gärrest umgewandelt wird. Das Biogas verbrennt zu CO_2, welches in gleichem Maße von Pflanzen wieder aufgenommen wird und auch der nährstoffreiche Gärrest wird den Anbauflächen wieder als Dünger zurückgeführt. Die bei der Verbrennung von Biogas frei werdende Energie kann je nach Bedarf flexibel genutzt werden. In Form von Ökostrom, Bio-Methan - CNG oder Erdgas-Substitut kann man sich Biogas scheinbar immer dann bedienen, wann Energie benötigt wird und nicht nur dann, wenn die Sonne scheint.

Nun hat aber keine Technologie ausschließlich Lichtseiten und auch bei der Biogastechnologie handelt es sich nicht um die *eierlegende Wollmilchsau*. Licht und Schatten gehören eben zusammen. Bei genauerem Hinschauen wird dem Beobachter klar, dass bei der Biogasproduktion Verfahrensschritte notwendig sind, die Energie verbrauchen. Hierzu gehören Ackerbau, Transport, Beschickung, Fermentation, Energieumwandlung und schließlich die Ausbringung bzw. Aufbereitung der Biogasgülle. Für all diese Schritte wird

Energie aufgewendet, und zwar nahezu immer unter Mitwirkung fossiler Energieträger. Abgesehen von den erforderlichen Baumaterialien und Betriebsmitteln, die für die Errichtung und den Betrieb einer Biogasanlage benötigt werden, werden auch noch andere Emissionen verursacht als nur Kohlendioxid und Wasser. Womit wir auch schon bei den Schattenseiten der Biogastechnologie angelangt sind.

In zahlreichen Fachgesprächen über die Bewertung der Biogastechnologie wurde ich davor gewarnt, kritische Aspekte zu beleuchten, aus Angst, die Wahrheit würde die Biogastechnologie in Frage stellen. Und diese Angst ist auch verständlich: Biogas ist inzwischen nicht nur ein bedeutender Wirtschaftsfaktor, sondern stellt vor allem auch die Existenzgrundlage für tausende von Landwirten und Gewerbetreibenden in Europa dar. Kein Wunder also, dass bei der Diskussion über mögliche negative Aspekte der Biogastechnologie die Emotionen hochgehen.

Was bei dieser Diskussion aber allzu oft vergessen wird, ist, dass nicht die Wahrheit schadet, sondern ihr Verschweigen. Es gibt sowohl effiziente als auch ineffiziente Technologien und Verfahrensweisen. Werden die ineffizienten oder Schaden verursachenden Verfahrensweisen ignoriert, so wirken sich diese umso dramatischer aus, allerdings auf Kosten der gesamten Technologie.

Die vorliegende Arbeit hat genau dieses Hinschauen zum Ziel: das Hinschauen auf die unterschiedlichen Verfahrensweisen und die Bewertung der Biogastechnologie nach technischen und wirtschaftlichen Effizienzkriterien, unter Berücksichtigung von ökologischen und sozio-ökonomischen Aspekten. Erst durch die Integration all dieser Aspekte kann Biogas als eine sinnvolle Alternative zu fossilen Energieträgern dargestellt werden und sein ganzes Potential als nachhaltiger Energieträger entfalten.

Will die Biogastechnologie ernst genommen werden, müssen auch die Schattenseiten berücksichtigt werden. Und zwar aus dem einfachen Grund, *damit* diese zukunftsträchtige Technologie das Potential entwickeln kann, das in ihr steckt.

Wien, im Dezember 2011

Kurzfassung

Das Ökostromgesetz 2002 hat durch seine Förderungsanreize zu einem regelrechten Bauboom von Biogasanlagen in den Jahren 2004-2007 geführt. Da die Förderungen zunächst an keine Effizienzkriterien gebunden waren ist das Anlagenspektrum, welches in der Praxis vorgefunden wird, dementsprechend groß. Neben der eingesetzten Verfahrensweise, den eingesetzten Rohstoffen und der Energieeffizienz unterscheiden sich die Anlagen auch in ihrem ökologischen und sozioökonomischen Wirkungsspektrum.

Die Arbeit befasst sich mit der Frage, was den österreichischen Biogasanlagen-Park charakterisiert, welche Auswirkung und Quereffekte auftreten und welche Optimierungsmaßnahmen gegebenenfalls ergriffen werden können. Um repräsentative Ergebnisse zu erhalten wurde ein heterogener Datensatz von 41 Biogasanlagen herangezogen, der das Spektrum der Biogasanlagen hinsichtlich Anlagenkapazität, Verfahrensweise und Substratwahl abbildet.

Die betrachteten Biogasanlagen wurden hinsichtlich folgender Merkmale untersucht:

- Technisch-funktionelle Anlagenkennzahlen
- Analyse der betriebswirtschaftlichen Rahmenbedingungen
- Erhebung der sozioökonomischen Auswirkungen auf das Umfeld der Biogasanlagen
- Untersuchung der ökologischen Auswirkungen

Ein zentrales Kapitel dieser Arbeit ist auch die praktisch relevante Bewertung der biologischen Stabilität von Biogasanlagen. Dazu wurde ein *Ampelsystem* entwickelt, welches eine vereinfachte Zuordnung einer Einzelanalyse zu einem *stabilen*, *ungewissen* oder *instabilen* Zustand der Gärung erlaubt.

Aus den Ergebnissen der Arbeit kann abgeleitet werden, dass es *den* Standard-Typ einer Biogasanlage nicht gibt, sondern dass sämtliche Kennzahlen extremen Schwankungen unterliegen. Mittels einer Clusteranalyse wurden jene Faktoren bestimmt, welche sich besonders auf die wirtschaftlichen, ökologischen und sozioökonomischen Anlagenkennzahlen auswirken.

Die Forschungsergebnisse führen letztendlich zur Definition von Gütekriterien, welche für die Vergabe eines Gütesiegels für Biogasanlagen geeignet sein könnten. Die Gütekriterien zielen darauf ab, dass zum einen Biogas ökologisch sinnvoll produziert und zum anderen die im Biogas enthaltene Energie effizient genutzt wird.

Grundsätzlich kann festgestellt werden, dass die Ökostromproduktion aus Biogas unter gewissen Rahmenbedingungen sinnvoll ist, dass sie aber nicht nur ein ökonomisches und ökologisches Geschick sowohl der Anlagenbetreiber als auch der Planer erfordert, sondern auch entsprechende Rahmenbedingungen seitens der Gesetzgebung erforderlich sind.

Schlüsselwörter: Biogas, (Sozio-)Ökonomie, Ökobilanzierung, biologische Anlagenstabilität, Clusteranalyse, Gütesiegel

Abstract

The Green Electricity Act 2002 and its favourable buyback-rates for *biogas* electricity fed into the grid led to a remarkable boom in the construction of agricultural biogas plants in Austria between 2004 and 2007. This promotion was not linked to any defined efficiency criteria. As a result a broad spectrum of biogas plants occurred on the market, which means that the plants differ in process engineering, material input and energy efficiency as well as in their ecological and socio-economic impacts.

This thesis focuses on the characterisation and optimisation of these biogas plants, as well as on their effects and side-effects to the environment and if and how the production of green electricity from biogas plants can be optimised. To generate representative results a data set of 41 biogas plants was investigated, covering the whole spectrum of Austrian biogas plants.

The biogas plants were investigated regarding following plant characteristics:
- General functional description of the plants
- Analysis of business-administrative conditions
- Investigation of the socio-economic impacts of the plants
- Analysis of the ecological impacts

Another essential focus of this work is the assessment of the microbiological stability of biogas plants, since this topic is especially relevant for operating plants smoothly. Therefore an evaluation system was developed which enables the attribution of a single sample to a *stable*, *uncertain* and *instable* status of the fermentation process.

As a result of this work it can be stated that there are no standard-types of biogas plants. Rather than that, a broad range of applied technologies, substrates and performance figures is recognised. By means of cluster analysis specific factors were identified, which significantly impact business, ecological as well as socio-economic performance figures.

The results finally lead to the definition of quality criteria which could be applied to creating a quality label for biogas plants. Such a quality label should guarantee an ecological production of *biogas* electricity under sustainable conditions.

Summing up it can be stated that the production of green electricity from biogas plants can be reasonable in ecologic and socio-economic respects if specific conditions are observed. Nevertheless this requires not just the skills of plant operators and plant designers but also appropriate conditions on the part of national legislation.

Keywords: biogas, (socio-)economic evaluation, life cycle analysis, microbiological stability of biogas plants, cluster analysis, quality label

Inhaltsverzeichnis

1 Einleitung 1
   1.1 Energiepolitischer Hintergrund 1
   1.2 Auswirkung des Ökostromgesetzes 2002 auf die Ökostromerzeugung aus Biogas 2
   1.3 Aktuelle Ökostromverordnung 4
   1.4 Grundlagen der Anaerobtechnologie 6
      1.4.1 Mikrobiologische Grundlagen 7
         1.4.1.1 Der anaerobe Abbauprozess 7
         1.4.1.2 Milieueinflüsse 10
      1.4.2 Anlagentechnik 13
         1.4.2.1 Überblick 13
         1.4.2.2 Substratlagerung und Einbringung 14
         1.4.2.3 Fermentation 15
         1.4.2.4 Biogasspeicherung 16
         1.4.2.5 Biogasnutzung 16
         1.4.2.6 Gärrestlagerung und -ausbringung 17

2 Zielsetzung und Abgrenzung der Fragestellung 19
   2.1 Zielsetzung der Fragestellung 19
   2.2 Abgrenzung der Fragestellung 19

3 Datengrundlagen, Material und Methoden 21
   3.1 Konzeption der Arbeit 21
      3.1.1 Identifikation von Kennzahlen 21
      3.1.2 Datenerhebung 22
      3.1.3 Datenanalyse 24
         3.1.3.1 Erstellung der Energie-, Sach- und Ökobilanzen 24
         3.1.3.2 Bewertung der biologischen Stabilität von Biogasanlagen 26
      3.1.4 Entwicklung eines Gütesiegels für Biogasanlagen 27
   3.2 Berechnungsmodi 28

3.2.1 Technisch-funktionelle Kennzahlen 28

3.2.1.1 Anlagenkennzahlen 28

3.2.1.2 Charakterisierung der Substrateffizienz 30

3.2.1.3 Charakterisierung der Energieeffizienz 35

3.2.2 Betriebswirtschaftliche Kennzahlen 36

3.2.3 Sozioökonomische Kennzahlen 38

3.2.3.1 Konkurrenz in der Landnutzung 39

3.2.3.2 Beeinträchtigung der Lebensqualität von Anrainern durch Verkehr 47

3.2.3.3 Externe Effekte von Verkehr 47

3.2.3.4 Soziale Nachhaltigkeit von Biogasanlagen 49

3.2.4 Ökologische Kennzahlen / Ökobilanzierung 56

3.2.4.1 Systemgrenze 59

3.2.4.2 Vorgelagerte Energie- und Stoffströme 61

3.2.4.3 Emissionen aus dem Blockheizkraftwerk 65

3.2.4.4 Emissionen aus Biogasgülle bei der Lagerung 72

3.2.4.5 Emissionen aus Biogasgülle bei der Ausbringung 79

3.2.4.6 Gutschriften aus der Vergärung von Wirtschaftsdüngern 82

3.2.4.7 Einfluss der Wärmeauskopplung 84

3.2.5 Biologische Stabilität von Biogasanlagen 84

4 Ergebnisse und Diskussion 85

4.1 Charakterisierung der untersuchten Biogasanlagen 85

4.2 Technisch-funktionelle Anlagenkennzahlen 88

4.2.1 Substrateinsatz 88

4.2.2 Hydraulische Verweilzeit 90

4.2.3 Raumbelastung 91

4.2.4 Methangehalt 93

4.2.5 Biogasmenge und volumenspezifische Biogasproduktivität 95

4.2.6 oTS-Abbaugrad 96

4.2.7 Methanausbeute 97

4.2.8 Jahresvolllaststunden (Anlagenverfügbarkeit) 98
4.2.9 Elektrischer Eigenbedarf 99
4.2.10 Jahresnutzungsgrad 101
4.3 Betriebswirtschaftliche Ergebnisse 105
    4.3.1 Investitionskosten 105
    4.3.2 Stromgestehungskosten 107
        4.3.2.1 Substratkosten 108
        4.3.2.2 Betriebskosten 110
        4.3.2.3 Stromgestehungskosten gesamt 110
    4.3.3 Arbeitszeitbedarf 114
4.4 Sozioökonomische Bewertung der Biogasanlagen 116
    4.4.1 Konkurrenz in der Landnutzung 116
    4.4.2 Beeinträchtigung der Lebensqualität von Anrainern durch Verkehr 117
    4.4.3 Externe Effekte von Verkehr 120
    4.4.4 Soziale Nachhaltigkeit von Biogasanlagen 122
4.5 Ökologische Kennzahlen / Ökobilanzierung 127
    4.5.1 Treibhausgas-Emissionen 127
    4.5.2 Luftschadstoff-Emissionen 134
    4.5.3 Kumulierter Energie-Aufwand 137
    4.5.4 Sensitivitätsanalyse 140
4.6 Biologische Stabilität von Biogasanlagen 143
    4.6.1 pH-Wert 144
    4.6.2 Freie Flüchtige Fettsäuren VFA 146
    4.6.3 Ammoniumstickstoff NH_4-N und undissoziierter Ammoniumstickstoff UAN 150
    4.6.4 Trockensubstanz TS und organische Trockensubstanz oTS 151
    4.6.5 Darstellung der Stabilitätsbereiche in einem *Ampelsystem* 152
4.7 Clusteranalyse 155
    4.7.1 Installierte elektrische Leistung ≤100 kW_{el} versus >100 kW_{el} 155
    4.7.2 NAWARO- versus Abfall-Anlagen 159

    4.7.3 Wirtschaftsdünger-Anteil <30 % versus ≥30 % 162

    4.7.4 Hydraulische Verweilzeit <100 d versus ≥100 d 166

  4.8   Vorschlag für ein *Gütesiegel Biogas* 168

    4.8.1 Allgemeine Erläuterungen 168

    4.8.2 Gütekriterien 169

5   Zusammenfassung und Schlussfolgerungen 177

6   Literaturverzeichnis 183

7   Tabellenverzeichnis 193

8   Abbildungsverzeichnis 195

9   Anhang 201

  9.1   Fragebogen zur Datenerhebung 201

  9.2   Umrechnungstabellen zur Berechnung der Anlagenkennzahlen 209

  9.3   Anlagenüberblick 211

  9.4   Ökobilanzierung 214

10 Abkürzungsverzeichnis 221

11 Glossar 223

1 Einleitung

1.1 Energiepolitischer Hintergrund

In den neunziger Jahren führte das Bewusstsein einer globalen Klimaveränderung durch die Emission von Treibhausgasen zu einer Reihe von Aktivitäten zum Schutz des Klimas, die in den Vereinbarungen im Rahmen des Kyoto-Protokolls mündeten. Die Europäische Union und ihre Mitgliedstaaten haben sich darin verpflichtet, den jährlichen Treibhausgas-Ausstoß bis zum Zeitraum 2008-2012 um 8 % gegenüber 1990 zu reduzieren (United Nations, 1998). Da in den Mitgliedstaaten die Voraussetzungen für die Reduktion von Emissionen zum Teil sehr unterschiedlich sind, wurde das Reduktionsziel der EU im sogenannten „Burden Sharing Agreement" auf die Mitgliedstaaten aufgeteilt. Das Reduktionsziel Österreichs wurde darin mit 13 % (für die Gase CO_2, CH_4, N_2O) bis 2008-2012 gegenüber den Emissionen von 1990 festgelegt (EU, 2002).

Um dieses ambitionierte Ziel zu erreichen, hat der Nationalrat eine „Österreichische Klima-strategie 2008/2012" beschlossen (BMLFUW, 2002b), mit der die Bemühungen des Bundes und der Länder zu einer koordinierten Strategie zusammengefasst wurden. Neben der größtmöglichen Ausschöpfung aller vorhandenen Energiesparpotentiale erwartete sich Österreich von der breitest möglichen Erschließung erneuerbarer Energiequellen, und hier insbesondere von der forcierten Marktdurchdringung der Biomasse, einen bedeutenden Beitrag zur Erreichung des CO_2-Emissionsreduktionszieles.

Im Zuge der Voll-Liberalisierung des österreichischen Energiemarktes (Strom im Jahr 2001, Gas im Jahr 2002) und die schrittweise Liberalisierung des EU-Energiebinnenmarktes, wurde es notwendig, auch die gesetzlichen Rahmenbedingungen für die Erzeugung von Strom aus erneuerbaren Energiequellen weiterzuentwickeln und den neuen Gegebenheiten anzupassen. Mit dem Ökostromgesetz 2002 (BGBl.I Nr.149/2002) wurde – aufbauend auf dem Elektrizitätswirtschafts- und Organisationsgesetz (BGBl.I Nr.143/1998) – eine bundesweit einheitliche Abnahme- und Vergütungspflicht für *Ökostromanlagen* (Erzeugungsanlagen, die aus erneuerbaren Energieträgern Ökostrom erzeugen und als solche anerkannt sind) eingeführt. Ziel dieses Bundesgesetzes war es, den Anteil der Erzeugung von elektrischer Energie in Anlagen auf Basis erneuerbarer Energieträger in einem Ausmaß zu erhöhen, dass im Jahr 2010 der durch die EU-Gesetzgebung festgelegte Zielwert von 78,1% (inklusive Großwasserkraft, exkl. Pumpstrom) erreicht wird (EU, 2001).

Durch diese Rahmenbedingungen wurde in den Folgejahren das Ausmaß der Erzeugung von elektrischer Energie in Anlagen auf Basis erneuerbarer Energieträger (ohne Großwasserkraft) von 597 GWh (2003) (E-CONTROL 2004) auf etwa 6.100 GWh im Jahr 2009 gehoben, was rund 11,4 %, bezogen auf die gesamte Stromversorgung aus öffentlichen Netzen in Österreich im Jahr 2009, entspricht. Zzgl. der Gesamt-Wasserkraft betrug die Stromerzeugung auf Basis erneuerbarer Energieträger 81,2 %, womit der von der EU vorgegebene Zielwert erreicht wurde (E-CONTROL 2010).

1.2 Auswirkung des Ökostromgesetzes 2002 auf die Ökostromerzeugung aus Biogas

Die Einspeisetarifverordnung (BGBl.II Nr.508/2002), welche infolge des Ökostromgesetzes 2002 erlassen wurde, legte für die Einspeisung von Strom aus Biogas einen Stromtarif zwischen 10,3-16,5 ct/kWh$_{el}$ fest (bei Kofermentation von Abfallstoffen minus 25 %), der je nach Anlagengröße vergeben wurde. Strom aus kleineren Anlagen wurde demnach höher abgegolten als der von größeren Anlagen (vgl. Tabelle 1).

Die zunächst attraktiv wirkenden Einspeisetarife leiteten einen regelrechten Boom in der Errichtung von Biogasanlagen ein, der Ende 2007 seinen vorläufigen Höhepunkt erreichen sollte: 294 Biogasanlagen mit einer durchschnittlichen Kapazität von 267 kW$_{el}$ erzeugten 440 GWh/a (E-CONTROL 2008). Ab 2008 kam es praktisch wieder zu einem Stillstand in der Neuerrichtung von Biogasanlagen. Während die Energy-Control GmbH vor allem signifikante Kostensteigerungen (Stahlpreisanstieg, Rohstoffpreisanstieg) dafür verantwortlich machte (E-CONTROL 2009), sieht der Verfasser die Ursache für diese Entwicklung bereits in der Ökostromgesetz-Novelle 2006 begründet: Mit dieser wurde der Vertragszeitraum für die Ökostrom-Vergütung auf *10+2 (reduzierte) Jahre* verkürzt (BGBl.I Nr.105/2006). Das bedeutet, dass im elften Jahr des Betriebs der Anspruch auf 75 % der Einspeisetarife sinkt und im zwölften Jahr auf 50 %. In Anbetracht der vorgesehenen Einspeisetarife (vgl. Tabelle 1) konnte damit ein wirtschaftlicher Betrieb – selbst bei stabilen Rohstoffpreisen –nicht mehr gewährleistet werden. Außerdem wurde mit der Ökostromgesetz-Novelle 2006 ein Brennstoffnutzungsgrad (⌐[1]) von 60 % eingeführt, was für viele geplante Biogasanlagen bereits ein Ausschlusskriterium gewesen sein dürfte. Mit dieser Novelle wurde der Ausbau der Biogaslandschaft in Österreich praktisch gestoppt. Biogasanlagen, welche

---

[1] Ausgewählte Begriffe sind im Glossar am Ende der Arbeit erklärt, worauf bei erstmaliger Verwendung mit dem Symbol (⌐) hingewiesen wird.

in den Jahren 2006 und 2007 gebaut wurden, wurden noch vor der Ökostromgesetz-Novelle 2006 anerkannt (vgl. Abbildung 1, E-CONTROL 2011b).

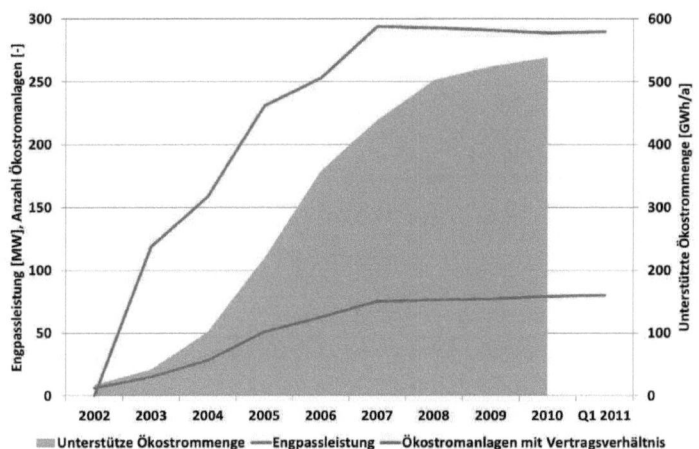

Abbildung 1: Entwicklung der Ökostromerzeugung aus Biogas in Österreich 2002-2011 (eigene Darstellung)

Aufgrund des Rohstoffpreisanstiegs ab Mai 2007 (E-CONTROL 2009) wurde mit den Ökostromgesetz-Novellen 2008 (BGBl.I Nr.44/2008 und BGBl.I Nr.114/2008) ein Rohstoffzuschlag eingeführt, der den Betreibern von Biogasanlagen zusätzlich zu den Einspeisetarifen gewährt wird. Seither wird alljährlich ein Rohstoffzuschlag vergeben, dessen Höhe je nach Marktsituation jeweils neu festgelegt wird.

Mit der zweiten Ökostromgesetz-Novelle 2008 (BGBl.I Nr.114/2008) wurde darüber hinaus die Einspeisetarif-Garantiedauer für rohstoffabhängige Ökostromtechnologien (Biomasse, Biogas) auf 15 Jahre ausgedehnt.

Ende 2010 waren mit 289 weniger Biogasanlagen in Betrieb als noch 2007, da einige Biogasanlagen während der Wirtschaftskrise in Konkurs gingen. 2010 wurden insgesamt 539 GWh/a (Brutto-Stromerzeugung) erzeugt, was rund 1 % des österreichischen Endenergieverbrauchs entspricht (E-CONTROL 2010). Abbildung 1 zeigt die Entwicklung der Ökostromerzeugung aus Biogas in Österreich in den Jahren 2002-2011 (Anm.: Engpassleistung und Anlagenzahl beziehen sich auf Biogasanlagen mit Vertragsverhältnis mit den

Ökobilanzgruppenverantwortlichen).

Tabelle 1: Einspeisetarife für Ökostromanlagen 2003 – 2009 (eigene Darstellung modifiziert nach E-CONTROL 2011a)

		Tarif in ct/kWh* 10 plus 2 (reduzierte) Jahre				Tarif in ct/kWh ** 13 Jahre
		2009	2008	2007	2006	ab 2003
Biogas aus landwirtschaftl. Produkten (wie Mais, Gülle)	bis 100 kW	16,93	16,94	16,95	17,00	16,50
	100 bis 250 kW	15,13	15,14	15,15	15,20	14,50
	250 bis 500 kW	13,98	13,99	14,00	14,10	14,50
	500 bis 1000 kW	12,38	12,39	12,40	12,60	12,50
	über 1000 kW	11,28	11,29	11,30	11,50	10,30
Biogas bei Kofermentation von Abfallstoffen		minus 30 %				minus 30 %

* gemäß BGBl.II Nr.401/2006 und BGBl.II Nr.59/2008
** gemäß BGBl.II Nr.508/2002

1.3 Aktuelle Ökostromverordnung

Mit der Ökostromverordnung 2010 (ÖSVO 2010, BGBl.II Nr.42/2010) wurde die Vergütung für elektrische Energie signifikant angehoben und die Einspeisetarif-Garantiedauer für rohstoffabhängige Ökostromtechnologien (Biomasse, Biogas) erneut auf 15 Jahre festgelegt. Für Neu-Anlagen wurde die Kofermentation von Abfallstoffen dahingehend verschärft, dass bei Einsatz von anderen als rein landwirtschaftlichen Substrat-Einsatzstoffen die festgesetzten Einspeisetarife um 20 % reduziert wurden. *Rein landwirtschaftliche Substrateinsatzstoffe* werden dabei definiert als „Wirtschaftsdünger sowie Pflanzen zum Zweck der Biogaserzeugung aus der Grünland- und Ackernutzung einschließlich deren Silage sowie feld- und hoffallende Ernterückstände" (BGBl.II Nr.42/2010, S 2). Das bedeutet, dass z. B. Rübenschnitzel, Treber, Trester und Pressrückstände, Molkerei und Käserückstände, sowie Abfälle aus der Speisezubereitung (nicht aus Großküche und Gastronomie) nur mehr mit Preisabschlägen für den erzeugten Strom eingesetzt werden dürfen, was bis dahin nicht der Fall war.

Darüber hinaus wird durch die ÖSVO 2010 für Anlagen, welche auf Basis von Biogas betrieben werden und für die erst nach dem 19. Oktober 2009 ein Antrag auf Abnahme von Ökostrom gestellt worden ist, ein Zuschlag von

2 ct/kWh gewährt, sofern diese Anlagen das 60 %-Effizienzkriterium (s.o.) erfüllen. Zündstrahlmotoren werden somit von diesem Zuschlag ausgeschlossen.

Mit der ÖSVO 2010 wurde zuletzt auch ein *Technologiebonus* eingeführt: Für elektrische Energie besteht ein Zuschlag von 2 ct/kWh „für jene Mengen an elektrischer Energie aus Gas (...), wenn die in das Netz eingespeisten Gase auf Erdgasqualität aufbereitet worden sind" (BGBl.II Nr.25/2011, S 4).

Ein bedeutendes Novum ist auch in der letzten Ökostromverordnung 2011 (ÖSVO 2011, BGBl.II Nr.25/2011) zu finden: Diese legt fest, dass Biogasanlagen mindestens 30 % (Masseanteil) tierischen Wirtschaftsdünger (⌐) einsetzen müssen.

Tabelle 2: Einspeisetarife für neue Ökostromanlagen 2010/2011 (eigene Darstellung nach BGBl.II Nr.25/2011)

		Tarif in ct/kWh
		Laufzeit 15 Jahre
Biogas aus landwirtschaftl. Produkten (wie Mais, Gülle)	bis 250 kW	18,50
	250 bis 500 kW	16,50
	über 500 kW	13,00
	Biogas bei Kofermentation von Abfallstoffen	Minus 20 %
	Zuschlag für Erzeugung in effizienter KWK	2,00
	Zuschlag bei Aufbereitung auf Erdgasqualität	2,00

Für die Praxis bedeuten die Gesetzestexte, dass neue Biogasanlagen inzwischen hohe Anforderungen erfüllen müssen:

- Brennstoffnutzungsgrad ≥ 60 %
- Benachteiligung von Zündstrahlmotoren
- Einsatz von mindestens 30 % (Masseanteil) tierischer Wirtschaftsdünger

Trotz der hohen Subvention (Stromerzeugung aus Biogas ist nach der Stromerzeugung aus Sonnenenergie mit Photovoltaik die zweitteuerste Ökostrom-Technologie) wird laut E-Control von Anlagenbetreibern behauptet, dass „ein kostendeckender Betrieb nicht möglich wäre, unberührt von der Tatsache der nach einer Preisspitze 2007/2008 in den vergangenen zwei Jahren nachweislich sinkenden Rohstoffpreise" (E-CONTROL 2010).

Zur aktuellen Entwicklung der Biogaslandschaft in Österreich meint die E-Control: „Die gegenwärtige Gesetzesregelung, dass Biogas-Stromerzeugung in Neuanlagen nur dann einen kostendeckenden, geförderten Einspeisetarif bekommen können, wenn zumindest die Brennstoffkosten (= Substratkosten, Anm. des Verfassers) durch ‚normale' nicht geförderte Stromerlöse abdeckbar sind, erlaubt kaum Neuerrichtungen in diese Technologie, da deren Brennstoffkosten wegen des geringen Wirkungsgrades oft höher sind. Sehr wohl zu beobachten sind Erweiterungen von bestehenden Biogasanlagen" (E-CONTROL 2010).

1.4 Grundlagen der Anaerobtechnologie

Im Verlauf dieser Arbeit wird immer wieder auf die Mikrobiologie und die Verfahrenstechnik der Anaerobtechnologie Bezug genommen, weshalb zunächst deren Grundlagen kurz erläutert werden.

Die Zersetzung organischen Materials unter Luftabschluss (anaerobe Bedingungen) und die Bildung energetisch nutzbaren Biogases (Hauptbestandteile CH_4 und CO_2) ist seit Jahrhunderten als ein in der Natur auftretender Vorgang bekannt und wird in Europa und den USA seit etwa 100 Jahren technisch genutzt. Vorrangiger Zweck der Methangärung (auch Vergärung, Faulung) war ursprünglich die anaerobe Stabilisierung von Abwasser bzw. Klärschlamm. In den siebziger Jahren wurden weiters zahlreiche Industrieanlagen zur anaeroben (Vor-)Reinigung von hoch belasteten Industrieabwässern errichtet. Erst in den letzten Jahrzehnten werden Faultürme auch zur Bioabfallbehandlung eingesetzt. Das anfallende Biogas der – aus Umweltschutzgründen in diesen Anwendungsbereichen – errichteten Faultürme war willkommenes Nebenprodukt, als alternative Energiequelle aufgrund des niedrigen Energiepreisniveaus jedoch nicht konkurrenzfähig (BISCHOFSBERGER et al. 2005).

Die frühen landwirtschaftlichen Biogasanlagen wurden ebenfalls primär zur Geruchsverminderung von Gülle, Vermeidung von Emissionen (NH_3) bzw. Düngerwertverbesserung errichtet. Ökonomisch gesehen waren diese Anlagen jedoch, auch unter Berücksichtigung des anfallenden Biogases, unwirtschaftlich und von substantiellen Förderungen abhängig. Die Mitverwertung so genannter *Kosubstrate* (⌐) verbesserte die Wirtschaftlichkeit dieser Anlagen aufgrund der erlösten Abfallbehandlungsbeiträge(BRAUN 1982). Erst mit der Einführung entsprechender Gesetze zur Förderung erneuerbarer Energien erfuhr die Anaerobtechnologie in zahlreichen Ländern Europas auch in der Landwirtschaft einen breiten Einzug.

1.4.1 Mikrobiologische Grundlagen

Bei der Methangärung bauen Bakterien Biomasse unter Freisetzung von Biogas ab. Unter Biogas wird ein Gasgemisch verstanden, das vor allem aus Methan (CH_4) und Kohlendioxid (CO_2) besteht. Dieser Vorgang ist ein wichtiger Stoffkreislauf der Natur, wo er in Sümpfen und Mooren, in der Schlammschicht von Seen, Flüssen und Meeren, aber auch in der Verdauung von Wiederkäuern stattfindet. Der Abbau des gebildeten Methans erfolgt sehr langsam, zum größten Teil durch Oxidation in höheren Schichten der Troposphäre bzw. in der Ozonschicht der Stratosphäre zu Kohlendioxid. Durch kontrollierte Gärprozesse lässt sich die Methangärung aber auch technisch nutzen. Dies geschieht heutzutage in kommunalen Kläranlagen (*Klärschlammfaulung*), Deponien und Biogasanlagen sowie in Industrie und Gewerbe zum Abbau der organischen Substanz von Abwässern (BRAUN 1982, KALTSCHMITT et al. 2009).

Im Gegensatz zur aeroben Fermentation bleibt bei der anaeroben Gärung die Energie des Ausgangsmaterials zum größten Teil in Form von Methan erhalten, nur ein geringer Teil der Energie wird für den Aufbau von Zellsubstanz durch die beteiligten Mikroorganismen verwendet (BRAUN 1982).

1.4.1.1 Der anaerobe Abbauprozess

Der Prozess der Biogasentstehung ist eine Folge von verketteten Teilschritten, bei denen das abbaubare Ausgangsmaterial durch eine Vielzahl von Bakterien fortlaufend zu kleineren Einheiten bis hin zum Methan und Kohlendioxid abgebaut wird. Kennzeichnend für die Methangärung ist dabei die Vergesellschaftung der Bakterien in einer Mischpopulation, die sich aufeinander abgestimmt etablieren und jeweils die Produkte der vorangegangenen Schritte verwerten (BayLfU 2004, KALTSCHMITT et al. 2009). Der Ablauf ist in Abbildung 2 „Reaktionsmodell der Methanbildung" im Überblick dargestellt.

- In einem ersten Schritt, der *Hydrolyse*, wird die oft ungelöste Biomasse, die aus biogenen Polymeren (Eiweißverbindungen, Kohlenhydrate und Lipide) besteht, durch eine Vielzahl von Bakteriengruppen mittels Exoenzymen in gelöste, niedermolekulare Bausteine umgewandelt (Monomere wie Monosacharide, Aminosäuren, kurzkettige Peptide, höhere Fettsäuren, Glyzerin). Ein Abbau von Lignin und Kohlenwasserstoffen ist durch anaerobe Fermentation nicht möglich. Diese Stoffe, wie anorganische Materialien, Kunststoffe sowie die gebildete Bakterienbiomasse, sind letztlich im anfallenden Gärrest zu finden (BRAUN 1982).

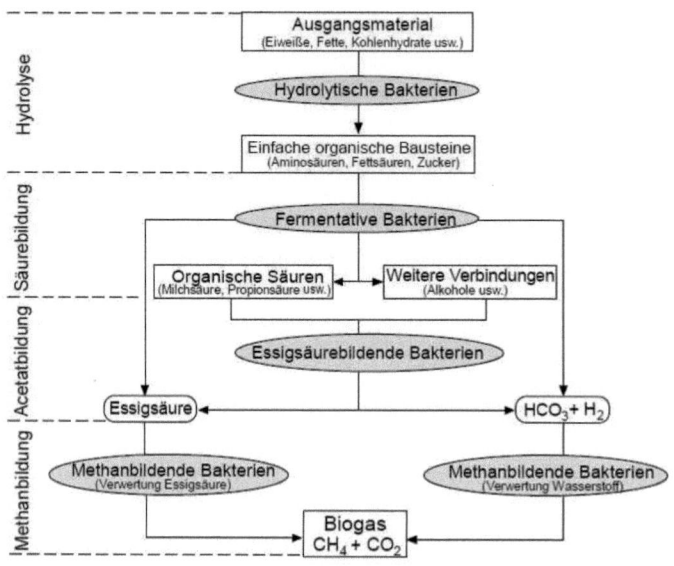

Abbildung 2: Reaktionsmodell der Methanbildung (KALTSCHMITT et al. 2009)

- In einem zweiten Schritt, der sogenannten *Acidogenese* (Versäuerung), werden die Hydrolyseprodukte von verschiedenen fakultativ und obligat anaeroben Bakterienarten aufgenommen und im eigenen Stoffwechsel weiter abgebaut zu niederen Fettsäuren (Propion-, Butter- und Essigsäure), Alkoholen, Ketonen, Ammoniak, Wasserstoff und Kohlendioxid. Von diesen Zwischenprodukten können die Methanbakterien jedoch nur Essigsäure, H_2 und CO_2 direkt zu Methan umwandeln.

- In einem dritten Schritt, der sogenannten *Acetogenese* (Essigsäurebildung), werden die Reaktionsprodukte des zweiten Schritts in die unmittelbaren Vorläufersubstanzen von Biogas, nämlich in Essigsäure, Kohlendioxid und Wasserstoff, umgewandelt.

- In der letzten Phase des anaeroben Abbaus, der *Methanogenese*, entsteht durch die eigentlichen Methanbakterien das Biogas. Rund 70 % des Biogases entsteht durch die Verwertung von Essigsäure durch acetogenotrophe Bakterien auf dem Wege der Decarboxilierung. Etwa 30 % entstehen durch die Verbindung von Wasserstoff (H_2) und

Kohlenstoffdioxid (CO_2) zu Methan (CH_4) und Wasser (H_2O) durch hydrogenotrophe Organismen.

Die erwähnten Abbaustufen laufen in einer Biogasanlage zwar gleichzeitig ab, jedoch nicht mit der gleichen Geschwindigkeit. Wenn frisches Substrat in eine Biogasanlage eingebracht wird, setzen rasch Hydrolyse und Versäuerung ein. Geschieht dies zu rasch (z. B. durch Substratüberschuss) werden in zunehmendem Maße niedere Fettsäuren gebildet und die acetogenen und methanogenen Bakterien können diese Zwischenprodukte nicht ausreichend rasch verarbeiten (BISCHOFSBERGER et al. 2005). Dies kann zu einem Absinken des pH-Werts führen, was zu einer Hemmung der methanogenen Bakterien führen kann. Es kommt in weiterer Folge zu einer Aufkonzentrierung der Fettsäuren unter gleichzeitigem Wachstum der Säurebildner, wodurch sich der Vorgang beschleunigt. Wird dem nicht durch eine rechtzeitige Unterbrechung der Substratzufuhr entgegengewirkt, kann im Extremfall die Methanogenese zum Erliegen kommen. Man spricht dann von einer *Versäuerung* des Fermenters, die die Zugabe von neutralisierenden Stoffen wie Kalk erfordern kann.

Weitere Prozesse

Neben der Methanogenese finden auch noch weitere Prozesse beim Substratabbau statt, wie etwa der Abbau von Stickstoffverbindungen zu Ammonium (NH_4^+) oder der Abbau von Schwefelverbindungen zu Schwefelwasserstoff (H_2S). Während sich das gebildete Ammonium vorwiegend im Faulschlamm wiederfindet, geht der gebildete Schwefelwasserstoff hauptsächlich in das Biogas, wo er ein unerwünschtes Nebenprodukt der Methangärung ist. Die bei der Verbrennung entstehenden Oxidationsprodukte (SO_2, SO_3) von Schwefelwasserstoff können zum einen Korrosionen an der Motorentechnik hervorrufen, zum anderen ist H_2S äußerst humantoxisch, was u.a. in Abfallverwertungsanlagen bereits zu tödlichen Betriebsunfällen geführt hat.

Um den Schwefelwasserstoff aus dem Biogas zu entfernen wird vorwiegend ein Verfahren zur biologischen Entschwefelung des Gases eingesetzt, die so genannte Schwefelwasserstoffoxidation durch Einblasen geringer Mengen Luft in den Gasraum des Fermenters (3,5 – 4,5 % der erzeugten Gasmenge). Dadurch wird der im Biogas enthaltene Schwefelwasserstoff durch aerobe Bakterien zu elementarem Schwefel oxidiert und so aus dem Biogas entfernt (BayLfU 2004).

1.4.1.2 Milieueinflüsse

Die Methangärung ist von zahlreichen Faktoren abhängig, auf die im Folgenden kurz eingegangen wird.

Temperatur

Die Methanbildung ist zwar in einem Temperaturbereich von 0-75 °C möglich, die meisten Biogasanlagen werden aber im mesophilen (33-45 °C) Bereich betrieben. Der überwiegende Teil der an der Methanbildung beteiligten Mikroorganismen zeigt ein Temperaturoptimum in diesem Bereich (BRAUN 1982).

Vorteil der Methangärung in diesem Temperaturbereich ist, dass die meisten Methanbildner ihre höchsten Substratumsatzraten in diesem Temperaturbereich haben und eine Mischpopulation mit hoher Artenvielfalt einen stabileren Abbau gewährleistet. Vorteil der Methangärung im thermophilen Temperaturbereich (45-60 °C) ist die niedrigere Viskosität des Faulschlamms und ein schnellerer Abbau des Substrates. Nachteil eines thermophilen Betriebes ist die zunehmende mikrobielle Instabilität des Fermenters. Ursachen hierfür sind:

- höheren Umsatzraten und schnellere Reaktion auf Störeinflüsse
- Zunahme von NH_3 aufgrund des Temperatur-abhängigen Dissoziationsgleichgewichts von NH_3/NH_4^+ (siehe unten); gleichzeitig zunehmender Sensibilität der Mikroorganismen gegenüber NH_3 (vor allem für Biogasanlagen mit hohem NH_3/NH_4^+-Stickstoff-Gehalt relevant)
- schlechtere Löslichkeit von CO_2 bei zunehmender Temperatur führt zu einer geringeren Pufferwirkung des Karbonat-Puffersystems

Auf Änderungen der Fermentationstemperatur reagiert eine über einen längeren Zeitraum adaptierte Mischpopulation sehr sensibel (BRAUN 1982, BayLfU 2004).

pH-Wert

In einer Gärung liegt aufgrund des gebildeten Kohlendioxids ein natürliches Karbonat-Puffersystem vor. Aufgrund dieses Puffersystems sowie der zusätzlichen Pufferwirkung basisch oder sauer reagierender Stoffwechselprodukte stellt sich bei der Methangärung im Reaktor im Allgemeinen ein günstiger pH-Bereich ein (BRAUN 1982). Dieser liegt in der Praxis meist zwischen 7,3 und 8,3, abhängig vom eingesetzten Substrat (LAABER et al. 2006).

Liegen jedoch ungünstige Einflüsse vor (z. B. hohe Substrat-Belastung, Anreicherung schwer verfügbaren Substrats), so können erhebliche pH-Wert-Verschiebungen und -Schwankungen im Faulschlamm auftreten und den pH-Wert in einen ungünstigeren Bereich verschieben.

Freie Flüchtige Fettsäuren, VFA

Unter Freien Flüchtigen Fettsäuren (Volatile Fatty Acids, VFA) versteht man Carbonsäuren der Kettenlänge C2 bis C5. Diese Säuren liegen in manchen Substraten von Haus aus in erheblicher Konzentration vor und werden durch die Abbauprozesse im Reaktor selbst laufend gebildet. Bei einem stabil verlaufenden Faulprozess befinden sich das Säureangebot und der Säureabbau durch die Bakterien im Gleichgewicht. Nach Kaltschmitt et al. (2009) wirken erhöhte Säurekonzentrationen bis zu einem gewissen Grad stimulierend, da entsprechend der Monod-Kinetik höhere Substratkonzentration auch höhere Wachstumsraten verursachen. Übersteigt das Säureangebot allerdings die Abbaukapazität der Methanbakterien, kommt es zu einem Anstieg der Konzentration an flüchtigen organischen Säuren, die wiederum hemmend auf den Stoffwechsel der Methanbakterien wirken. Die Auswirkung hoher Konzentrationen an flüchtigen Säuren hängt allerdings auch maßgeblich von der zur Adaption zur Verfügung stehenden Zeit ab (BRAUN 1982).

Die Fettsäuren unterliegen einem Dissoziationsgleichgewicht. Man geht davon aus, dass vornehmlich der undissoziierte Anteil der Säuren (UVA) hemmend oder toxisch wirkt. Der prozentuale Anteil ist sowohl von der Temperatur als auch vom pH-Wert abhängig (BRAUN 1982).

Ursachen für ein Überangebot an VFA können sein:

- zu hohe Raumbelastung
- Substratwahl (z. B. hohe Konzentration an Fetten)
- Hemmung der Methanbakterien (z. B. durch Ammoniumstickstoff oder Änderung der Betriebsbedingungen wie z. B. Temperatur)

Ammoniumstickstoff, NH_4-N oder TAN (Abk. für Total Ammonium Nitrogen)

Stickstoff liegt im Substrat überwiegend in Proteinen gebunden vor. Beim anaeroben Abbauprozess wird er zu Ammoniak abgebaut, welcher in Form des NH_4^+-Ions den meisten Bakterien der Mischpopulation zur N-Versorgung dient.

Bedeutung hat der Ammoniumstickstoff daneben auch in seiner toxischen Eigenschaft: Unter dem starken Einfluss von pH-Wert und Temperatur kann sich das Dissoziations-gleichgewicht von der dissoziierten ($NH_4^+OH^-$) zur undissoziierten Form (UAN = Undissociated Ammonium Nitrogen, Ammoniak, NH₃) verschieben, welche in erhöhten Konzentrationen auf Mikroorganismen toxisch wirkt (BRAUN 1982, KIRCHMAYR 2010).

$NH_4^+ + OH^- \leftrightarrow NH_3 + H_2O$

Dieses Gleichgewicht ist sehr stark von den Faktoren pH-Wert- und Temperatur-abhängig, wie Abbildung 3 veranschaulicht.

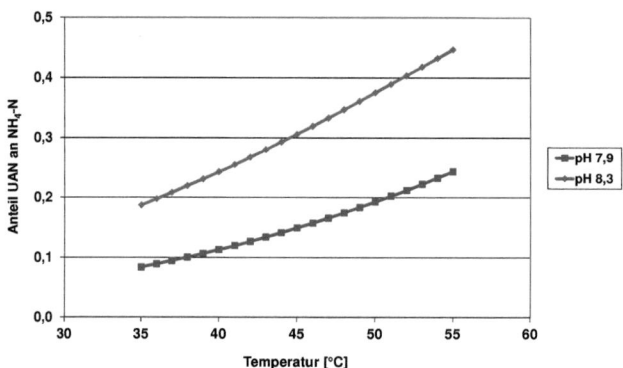

Abbildung 3: pH-Wert- und Temperaturabhängigkeit des Dissoziationsgleichgewichtes (polynome Datenregression nach Lide, eigene Darstellung)

Nach BRAUN (1982) hängt die Toxizität von Ammoniak nicht nur von der Absolutkonzentration ab, sondern auch von der Adaptionszeit, welche den Mikroorganismen zur Verfügung stand. Die Maximalkonzentration an Ammoniak reicht bei unadaptierten Kulturen von 80-100 mg/l NH₃ bis 700-1.100 mg/l NH₃ (KIRCHMAYR 2010).

Trockensubstanz (TS) und organische Trockensubstanz (oTS)

Mit zunehmender Trockenmassenkonzentration erwachsen bei der Durchmischung des Reaktors erhebliche Probleme. Erreicht die Feststoffkonzentration einen zu hohen Wert, kann keine ausreichende Durchmischung im Reaktor, und damit nur eine ungenügende Versorgung der Bakterien mit abbaufähigem Substrat gewährleistet werden. Unter diesen Voraussetzungen kommt es zur Diffusionslimitierung (BISCHOFSBERGER 2005).

Ein hoher TS-Gehalt wirkt sich außerdem negativ auf den Rührenergiebedarf aus, da mit zunehmendem TS-Gehalt auch die Viskosität und somit der Rührenergiebedarf steigen.

Nach BISCHOFSBERGER (2005) zeigt ein Feststoffgehalt bis zu 10 % keinen signifikanten Einfluss auf den Verlauf des Faulprozesses. Eigene Untersuchungen haben allerdings gezeigt, dass in der Praxis bereits ab einem Feststoffgehalt von 8 % vermehrt erhöhte Fettsäurebelastungen auftreten, die auf eine Hemmung im Abbauprozess schließen lassen.

Ein niedriger TS-Gehalt kann sich dagegen ebenso ungünstig auf die Durchmischbarkeit auswirken, da Schwimm- oder Sinkschichten entstehen können. Allerdings ist dieses Problem vorwiegend bei Biogasanlagen, welche nachwachsende Rohstoffe (NAWAROs ⁊) vergären, gegeben (vorwiegend in der Hochfahrphase oder bei verstärktem Einsatz von Gras- bzw. Kleegrassilage).

1.4.2 Anlagentechnik

Im Folgenden erfolgt eine allgemeine Darstellung der Betriebsweise von Biogasanlagen. Die Beschreibung beruht auf Praxiserfahrungen aus der Datenerhebung zu dieser Arbeit. Eine detailliertere Beschreibung aller relevanten Systemkomponenten bietet BayLfU (2004), dessen Lektüre für den Fall einer tiefergehenden Beschäftigung empfohlen wird.

1.4.2.1 Überblick

Alle Biogasanlagen zur Ökostromproduktion verfügen über folgende wesentlichen Verfahrensschritte (vgl. Abbildung 4 „Allgemeines Verfahrensschema einer typischen Biogasanlage"):

- Substratlagerung und –einbringung
- anaerobe Vergärung / Fermentation
- Gasspeicherung
- Gasnutzung (Verstromung oder Aufbereitung)
- Nachgärung und/oder Gärrest-Lagerung

Abfall-verwertende Anlagen verfügen über die genannten Verfahrensschritte hinaus meist über eine – mehr oder weniger aufwändige - Substrataufbereitung (wie z. B. Metallabscheidung, Zerkleinerung, Hygienisierung).

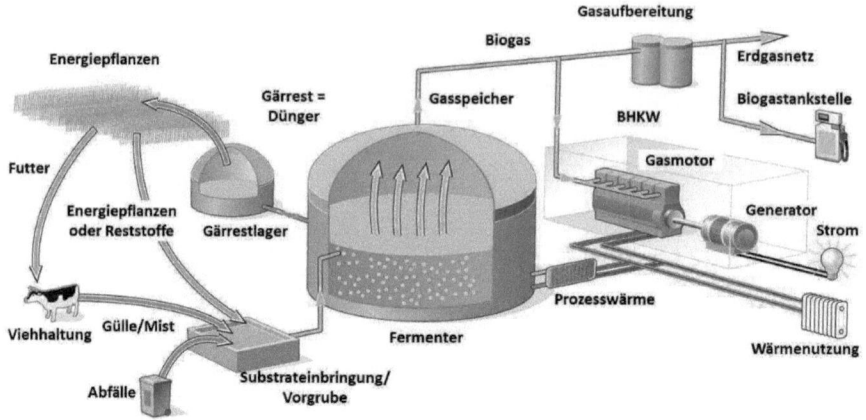

Abbildung 4: Allgemeines Verfahrensschema einer typischen Biogasanlage (abgeändert nach AGENTUR FÜR ERNEUERBARE ENERGIEN 2011)

1.4.2.2 Substratlagerung und Einbringung

Zur Lagerung der pflanzlichen Rohstoffe im Hinblick auf deren ganzjährige Verfügbarkeit werden hauptsächlich Fahrsilos, teilweise auch Hochsilos eingesetzt, analog zur landwirtschaftlichen Futterkonservierung (Silage).

Pumpbare Substrate wie z. B. Gülle fallen entweder vor Ort an oder werden mittels Tankwagen oder Güllefass angeliefert. Zur Zwischenspeicherung dienen Vorgruben, von wo aus das Substrat in den Fermenter gepumpt wird. Die Pump- und Fördertechnik der flüssigen Substrate ist der konventionellen landwirtschaftlichen Praxis entnommen.

Für die Dosierung der pflanzlichen Substrate werden hauptsächlich Feststoffdosierer (ähnlich Futtermischwagen) oder Schubboden-Vorratsbehälter eingesetzt, über welche das Substrat zeitlich getaktet über Förderschnecken in den Fermenter eingebracht wird. Teilweise erfolgt der Eintrag auch über Suspension von pflanzlichem Substrat mit dem Faulschlamm durch spezielle Zuführschnecken und Pumpsysteme. Einspül- oder Einwurfschächte, die bei Altanlagen häufig eingesetzt wurden, haben bei Ökostromanlagen keine relevante Bedeutung und sind daher kaum noch vorzufinden.

1.4.2.3 Fermentation

Die typische österreichische Biogasanlage ist eine Nassvergärungsanlage, das heißt die Fermentation wird bei einem Trockensubstanz- (TS-)Gehalt im Faulschlamm bis zu 10 % betrieben. Die Verdünnung erfolgt mit Wasser oder Gülle. Anlagen mit einem höheren TS-Gehalt (z. B. DRANCO-Verfahren) sind nur in der Abfallentsorgung anzutreffen und sind keine Ökostrom-Anlagen.

Die Vergärung erfolgt im Biogasreaktor bzw. Fermenter. Trotz der zahlreichen, unterschiedlichen Verfahrensweisen und Reaktortypen ist bei den konventionellen Biogasanlagen in Österreich vorwiegend die Speicherdurchflussanlage anzutreffen. Dabei handelt es sich um ein Anlagenkonzept, in dem die Fermenter über ein großes Volumen verfügen und ganzjährig den gleichen Füllstand haben (=*Speicher*). Wird Material zugegeben so fließt auf der anderen Seite durch einen Überlauf Material ab (=*Durchfluss*). Der Überlauf führt dabei entweder in einen Nachfermenter oder in das Endlager.

Hochleistungs-Reaktortypen, wie z. B. der IC-Reaktor, finden überhaupt nur in der Abwasser-Reinigung Anwendung.

Der Biogasreaktor wird auf unterschiedlichste Weise ausgeführt: in unterirdischer Betonbauweise bzw. in oberirdischer Beton- oder Stahlbehälterbauweise. Die stehende, zylindrische (=*Rührkessel-*)Bauweise überwiegt, es werden aber auch liegende, rechteckige Behälter realisiert. Andere Bautypen, wie z. B. der früher häufiger anzutreffende liegende Rohrfermenter, kommen in der Ökostromproduktion aufgrund des üblicherweise kleineren Fermentervolumens und der damit begrenzten Kapazität der Biogasanlage heute nur noch selten zum Einsatz.

Die Behältergrößen variieren je nach Anlagenleistung zwischen mehreren hundert Kubikmetern bis über 2.000 m³ und mehr. Die überwiegend anzutreffende Verfahrensweise ist *in Serie*, was bedeutet, dass ein Fermenter beschickt wird (*Hauptfermenter*) und der Faulschlamm in einen zweiten Fermenter (*Nachfermenter*) geleitet wird (mittels Überlauf, oder Pumpe). Der Nachfermenter dient der Erhöhung der Verweilzeit und des Abbaugrades und kann meistens auch mit Frischmaterial beschickt werden.

Durch die serielle Betriebsweise werden hydraulische Aufenthaltszeiten von meist 100 Tagen und mehr erreicht. Dadurch kann eine Biogasausbeute von über 90 % des theoretischen Potentials erzielt werden.

Üblicherweise verläuft die Biogasbildung im Temperaturbereich zwischen 35 und 55 °C. Zur Vermeidung von Abstrahlungsverlusten sind die Behälter entsprechend wärmegedämmt.

Eine besondere Bedeutung kommt der Rührwerkstechnik zu. Aufgabe der Rührwerke ist zum einen die gleichmäßige Durchmischung des Fermenterinhalts, um Wärme und Substrat gleichmäßig zu verteilen, Schwimm- und Sinkschichten zu vermeiden (speziell beim Einsatz bestimmter pflanzlicher Rohstoffe wie Kleegras) sowie um das Ausgasen des Biogases aus dem Faulschlamm zu ermöglichen. Die technischen Lösungen der verschiedenen Anbieter unterscheiden sich dabei erheblich.

Hydraulisches Mischen durch Umpumpen des Reaktorinhaltes ist ebenso Stand der Technik wie die (vorwiegende) Durchmischung mittels horizontaler Paddelrührwerke oder höhenverstellbarer Tauchmotorrührwerke und fix installierter Propeller- oder Blattrührwerke. Nach Erfahrungen aus der Praxis sind vor allem Paddelrührwerke mit horizontaler Achse nicht nur besonders effektiv in der Durchmischung der Faulbehälter, sondern nebenbei auch sehr sparsam im Energiebedarf.

Systeme mit Gasdruckwechselmischung haben bislang keine weite Verbreitung gefunden. Auch die Durchmischung durch Einpressen von Biogas hat sich in der Praxis als nicht besonders effektiv erwiesen.

1.4.2.4 Biogasspeicherung

Das anfallende Biogas wird in Membranspeichern gespeichert, wobei die durchschnittliche Gasspeicherkapazität zwischen 2 und 4 Stunden liegt, bei größeren Anlagen (≥500 kW_{el}) eher kürzer. Bei den Gasspeichern gibt es sehr unterschiedliche Ausführungen: Gasspeicher auf Fermenter (Gaszelt oder Tragluft-Speicher), Gassack auf Betriebsgebäude, Gasspeicher in extra Gebäude, etc.

Das Biogas wird fast immer biologisch durch Lufteintrag in den Fermenter entschwefelt und über einfache Kühlstrecken teilentwässert. Eine weitere Gasreinigung kommt in der Praxis nur selten vor.

1.4.2.5 Biogasnutzung

Bis auf wenige Pilot-Anlagen, welche das Biogas auf Erdgasqualität oder zu Kraftstoff aufbereiten, verstromen derzeit die Biogasanlagen das Biogas in Blockheizkraftwerken (BHKW). Der elektrische Wirkungsgrad der BHKW liegt in der Regel zwischen 33 und 40 %, der thermische Wirkungsgrad zumindest theoretisch bei etwa 40-45 %. Dies legt zwar den Schluss einer hohen Gesamtenergieeffizienz nahe, allerdings ist dies in der Praxis meist nicht der Fall: der Eigenstromverbrauch der Anlagen liegt in der Größenordnung von rund 5-10 % der produzierten Strommenge, und die Anlagen verfügen meist über keine ausreichende Wärmenutzung. Hier soll kurz ein Ergebnis aus der Arbeit vorweg dargestellt werden: Bei über 60 % der in diesem Projekt betrachteten Biogasanlagen werden weniger als 20% der im Biogas enthaltenen Energie in Form von Wärme genutzt. Vor allem größere Anlagen (≥250 kW$_{el}$) können häufig die anfallende Wärme nicht ausreichend nutzen, wodurch der Jahresnutzungsgrad (η) der derzeitigen Anlagen meist unter 50 % der im Biogas enthaltenen Energie beträgt, häufig sogar unter 40 %. Diesem Aspekt der Energieeffizienz wird erst seit der Ökostromgesetz-Novelle 2006 Rechnung getragen, wo als Bedingung für die Anlagengenehmigung ein Brennstoffnutzungsgrad von ≥60 % gefordert wird.

1.4.2.6 Gärrestlagerung und -ausbringung

Vom Nachfermenter gelangt Faulschlamm in das Endlager. Dieses muss jedenfalls die Kapazität für eine Lagerung von sechs Monaten aufweisen. Etwa 70 bis 90 % der organischen Trockensubstanz des Substrats werden bei der Fermentation mineralisiert bzw. zu Biogas abgebaut. Der Rest bleibt gemeinsam mit der wässrigen Phase als *Biogasgülle* bzw. *Gärrest* zurück. BMLFUW (2007) bezeichnet dabei als *Biogasgülle* den Fermentationsrückstand aus der Vergärung von Flüssig- und Festmist sowie andere Ausgangsmaterialien aus der landwirtschaftlichen Urproduktion. Als *Gärrest* wird dagegen der Fermentationsrückstand aus solchen Biogasanlagen verstanden, die Abfälle verwerten. In dieser Arbeit werden die beiden Begriffe dagegen synonym verwendet.

Die Aufbereitung von Gärrest (z. B. Ammoniak-Strippung, Ultrafiltration oder Umkehrosmose) findet in Österreich derzeit noch keine praktische Anwendung und befindet sich vorwiegend noch im Versuchsstadium (FUCHS und DROSG 2010). Lediglich die fest-flüssig-Trennung mittels Separator ist etabliert und wird von zahlreichen Anlagen angewendet. Der Gärrest gelangt somit meist direkt in das Endlager, von wo er für die Ausbringung auf den Feldern als Dünger entnommen wird.

2 Zielsetzung und Abgrenzung der Fragestellung

2.1 Zielsetzung der Fragestellung

In der vorliegenden Arbeit sollen jene Faktoren identifiziert werden, welche zu einer besonders ökologischen und sozioökonomischen Betriebsweise von Biogasanlagen führen.

Dazu soll ein repräsentativer Datensatz von zumindest 40 Biogasanlagen erhoben und analysiert werden, welcher das Spektrum österreichischer Biogasanlagen weitgehend abdeckt.

Basierend auf den Ergebnissen der Arbeit sollen konkrete Optimierungsmaßen erarbeitet werden, welche in einem Vorschlag für ein Gütesiegel für Biogasanlagen zusammengefasst werden sollen.

2.2 Abgrenzung der Fragestellung

Im Bereich der Ökobilanzierung soll sich die Untersuchung auf folgende Umweltauswirkungen / Teilaspekte beschränken:

– Treibhausgas-Emissionen

– Luftschadstoff-Emissionen

– Kumulierter Energieaufwand

Weitere Kennzahlen, welche in Ökobilanzen häufig untersucht werden (z. B. Versauerungspotential), sollen nicht betrachtet werden.

Im Falle der Verwertung von Abfällen sind darüber hinaus keine Referenzszenarien (z. B. Kompostierung) zu berücksichtigen – mit Ausnahme der Vermeidung von Emissionen durch den Einsatz von Wirtschaftsdüngern.

Auch weiterführende Maßnahmen im Ackerbau, wie etwa solche zur Einhaltung des Landschaftsbilds oder zur Förderung der Biodiversität (z. B. ÖPUL), sollen nicht betrachtet werden, da diese bereits durch entsprechende Programme abgedeckt werden.

Der Schwerpunkt zur Bewertung der *sozio*-ökonomischen Auswirkungen von Biogasanlagen soll in dieser Arbeit auf Parameter gelegt werden, welche die nicht monetär messbaren Auswirkungen einer Biogasanlage auf die Betreiber, Angestellten und Stakeholder außerhalb des landwirtschaftlichen Umfeldes abbilden. Nicht zu betrachten sind dagegen volkswirtschaftliche Auswirkungen der Biogastechnologie (Beschäftigungseffekte, Wertschöpfung, fiskalische Effekte).

Letztlich soll sich der Vorschlag für ein Gütesiegel auf die Definition von Gütekriterien beschränken und keine Instrumentarien zur Überprüfung der Kriterien (z. B. Audits, messtechnische Nachweise, Dauer und Gültigkeit der Ausstellung, etc.) diskutiert werden.

3 Datengrundlagen, Material und Methoden

3.1 Konzeption der Arbeit

Die Arbeit wurde in folgende Arbeitsabschnitte unterteilt, die zur Definition eines Gütesiegels führen:

1 Identifikation von Kennzahlen für die vergleichende Bewertung von Biogasanlagen
2 Erhebung der prozesscharakterisierenden Daten österreichischer Biogasanlagen
3 Datenanalyse und Erstellung der Energie-, Sach- und Ökobilanzen
4 Entwicklung eines Kriterienkatalogs zur Vergabe eines Gütesiegels für Biogasanlagen

3.1.1 Identifikation von Kennzahlen

Zu Beginn der Arbeit stand neben einer intensiven Literaturrecherche eine Exkursionsreise, um einen Eindruck von den unterschiedlichen Anlagensystemen und Verfahrensweisen von Biogasanlagen zu erhalten, sowie zahlreiche Gespräche mit einschlägigen Experten aus dem Bereich Biogas.

Aus diesen Erfahrungen sollte eine Liste von Parametern und Kennzahlen erstellt werden, welche zur Charakterisierung einer Biogasanlage herangezogen werden können. Diese Liste orientierte sich in seinem Aufbau an der Biogas-Wertschöpfungskette (vgl. Abbildung 5 „Darstellung der Biogas-Wertschöpfungskette": A: Substrat, B: Fermentation, C: Gasnutzung, D: Gärrest-Handhabung) und diente im Rahmen zweier Expertenrunden als Diskussionsgrundlage, welche im Rahmen eines Symposiums (*Bewertung der Biogasgewinnung aus nachwachsenden Rohstoffen*, 13.-14.9.2004) am IFA-Tulln tagten.

Als Resultat dieses Arbeitsschrittes wurde ein Fragebogen erarbeitet, bestehend aus rund 400 Parametern und Kennzahlen, die eine umfangreiche Beschreibung einer Biogasanlage ermöglichen. Der Fragebogen ist in tabellarischer Form im Anhang dargestellt. Er umfasst Parameter zur technisch-funktionellen Anlagenbeschreibung (Abschnitt A in der Tabelle), also Parameter, welche die Technik (z. B. eingesetzte Maschinen und Materialien, etc.) ebenso beschreiben wie die Verfahrensweise (z. B. Häufigkeit der Beschickung, Stufigkeit des Prozesses, etc.).

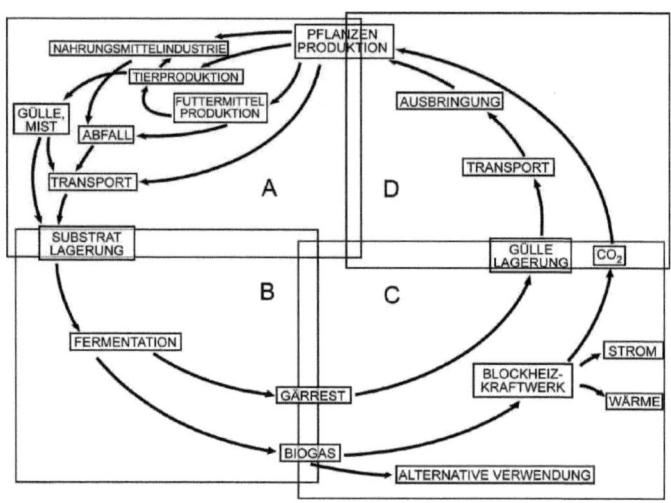

Abbildung 5: Darstellung der Biogas-Wertschöpfungskette (LAABER et al. 2005)

Dabei werden auch messbare Parameter berücksichtigt, die z. B. Substrateigenschaften (Mengen und Zusammensetzungen), Prozess- und, Fermentationsparameter (pH-Wert, Stickstoff-Gehalt, etc.), Gärresteigenschaften (Mengen und Zusammensetzungen) oder die Gaszusammensetzung (Methan, Kohlendioxid, Schwefelwasserstoff, etc.) charakterisieren. Aber auch ökonomische Größen werden abgefragt, wie etwa Substratkosten, Personalkosten, Wartungskosten etc. (der Einfachheit halber teilweise bereits unter Abschnitt A, sonst unter B). Die verwendeten Baumaterialien für die Errichtung der gesamten Biogasanlage werden in Abschnitt C aufgelistet. Ihre Bedeutung ist vor allem für die Ökobilanzierung relevant.

Die Erstellung der Kriterien im Bereich Sozioökonomie wurde später durch Lisa Bohunovsky ergänzt (Bohunovsky 2005), die wertvolle Beiträge zum Thema *Soziale Nachhaltigkeit von Biogasanlagen* beisteuerte.

3.1.2 Datenerhebung

Die systematische Erfassung der Daten wurde vorwiegend von November 2004 bis Juni 2005 mittels Interviews direkt bei den Biogasanlagen durchgeführt. Input-Mengen (z. B. Dieselmenge, Substratmenge) und Output-Mengen (produzierte Menge Ökostrom, verkaufte Menge Wärme, ausgebrachte Gärrestmenge) wurden über die Aufzeichnungen der Anlagenbetreiber erhoben. Substrat-, Fermenter oder Gärrest-Analysen wurden ebenfalls von den Anlagenbetreibern erhoben, bzw. wurden die Biogasanlagen bei fehlenden Analysen selber beprobt und analysiert. Im Falle der Analyse des Biogases wurde ein mobiles Gasmessgerät (Gas Data Ltd UK Multigas Analyser LMSx) verwendet, welches auf Basis eines IR-Detektors Methan und Kohlendioxid erfasst (Messgenauigkeit: ±0,1 % im Messbereich von 0-10 vol.%, und ±1 % im Messbereich von 10-80 vol.%).

Daten, welche für die Auswertung noch fehlten, sowie die Indikatoren zur Messung der sozialen Nachhaltigkeit von Biogasanlagen wurden später mittels Telefoninterviews erhoben.

Insgesamt wurden 43 Biogasanlagen besucht, wobei 41 Datensätze vollständig aufgenommen werden konnten. Sämtliche erhobenen Daten beschreiben Durchschnitts- bzw. Summenwerte im Zeitraum eines Betriebsjahres. Die Daten fließen in anonymisierter Form in die Arbeit ein, sodass für dritte kein Rückschluss auf die Herkunft der Daten möglich ist.

Die Standorte der für die Auswertung herangezogenen Biogasanlagen sind in Abbildung 6 „Standorte der untersuchten Biogasanlagen" dargestellt.

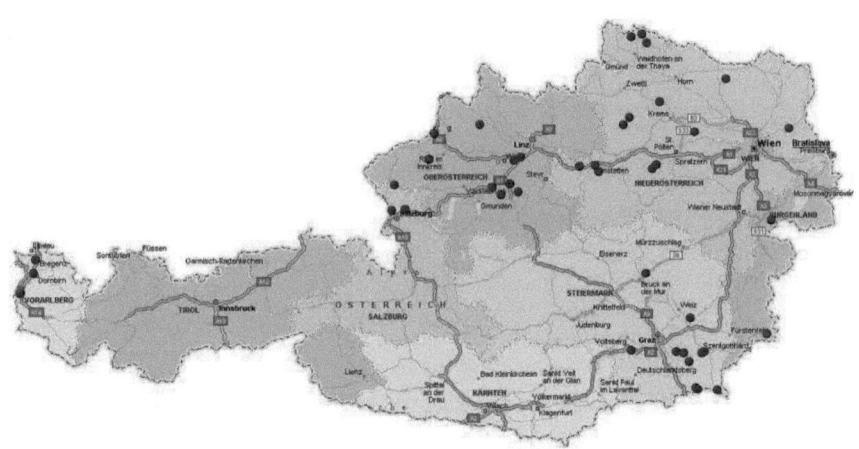

Abbildung 6: Standorte der untersuchten Biogasanlagen

Bei der Anlagenauswahl wurde versucht, das Spektrum der in Österreich existierenden Bio-gasanlagen möglichst vollständig abzudecken. Daher wurden kleine Anlagen mit einer Leistung ab 18 kW$_{el}$ ebenso berücksichtigt wie Großanlagen bis max. 1.642 kW$_{el}$. Die Wahl der Substrate sollte ebenfalls so breit als möglich abgedeckt werden, um die erfolgsbestimmenden Faktoren zu identifizieren. So wurden sowohl Anlagen besucht, die ausschließlich nachwachsende Rohstoffe vergären, als auch Anlagen, die praktisch ausschließlich organische Abfälle vergären.

Die Auswahl der Anlagen wurde dabei zufällig getroffen. Es wurde allerdings darauf geachtet, dass in erster Linie solche Biogasanlagen betrachtet werden, die auch für eine national relevante Ökostromproduktion von Interesse sind, d.h. Anlagen mit einer Leistung ≥100 kW$_{el}$, sowie Anlagen, die hauptsächlich nachwachsende Rohstoffe (NAWAROs) vergären.

In Niederösterreich wurde die Datenerhebung mit einem Biogasanlagen-Monitoring verbunden, das im Rahmen der *niederösterreichischen Biogasoffensive* (eine Initiative des Landes Niederösterreich zur Betreuung und Optimierung der in Niederösterreich errichteten Biogasanlagen) durchgeführt wurde. Auf die im Rahmen der Biogasoffensive gemachten Fermenter-Analysen konnte zurückgegriffen werden, weshalb hier wertvolle Erkenntnisse bezüglich Fermentationsparameter und Anlagenstabilität erhalten wurden.

3.1.3 Datenanalyse

3.1.3.1 Erstellung der Energie-, Sach- und Ökobilanzen

Die erhobenen Daten wurden im Anschluss ausgewertet und die Energie- und Sachbilanzen analog dem in Kapitel 3.2 beschriebenen Prozedere berechnet.

Die Berechnung der Ökobilanzen erfolgte mit Hilfe des Computerprogramms GEMIS (Österreich-Ausgabe, Version 4.3).

GEMIS, Version 4.3

GEMIS (Globales Emissions-Modell Integrierter Systeme) ist eine Datenbank mit Bilanzierungs- und Analysemöglichkeiten für Lebenszyklen von Energie-, Stoff- und Transportprozessen sowie ihrer beliebigen Kombination.

GEMIS 4 umfasst Grunddaten zur Bereitstellung von *Energieträgern* (Prozessketten- und Brennstoffdaten) sowie verschiedener Technologien zur Bereitstellung von Wärme und Strom (Heizungen, Warmwasser, Kraftwerke aller Größen und Brennstoffe, Heizkraftwerke, BHKW ...).

In der Datenbasis sind auch Prozesse enthalten, die *Stoffe* bereitstellen (vor allem Grundstoffe wie Baumaterialien und Lebensmittel).

GEMIS enthält auch Prozesse für *Verkehrsdienstleistungen*, d.h. Daten für Personenkraftwagen (für Benzin, Diesel, Strom, Biokraftstoffe), Öffentliche Verkehrsmittel (Bus, Bahn) und Flugzeuge sowie Prozesse zum Gütertransport (Lastkraftwagen, Bahn, Schiffe und Pipelines). (FRITSCHE und SCHMIDT 2004)

GEMIS berücksichtigt von der Primärenergie- bzw. Rohstoffgewinnung bis zur Nutzenergie bzw. Stoffbereitstellung alle Schritte und bezieht auch den Hilfsenergie- und Materialaufwand zur Herstellung von Energieanlagen und Transportsystemen mit ein (PÖLZ 2006).

Die Datenbasis enthält für alle diese Prozesse Angaben bezüglich:

− Nutzungsgrad, Leistung, Auslastung, Lebensdauer

− Direkte Luftschadstoffemissionen (SO_2, NO_x, Halogene, Staub, CO)

− Treibhausgasemissionen (CO_2, CH_4, N_2O sowie alle FCKW/FKW)

− Kumulierte Energieaufwendungen

− Sowie weitere Angaben (z. B. feste und flüssige Reststoffe, Flächenbedarf)

Abbildung 7 veranschaulicht die Zusammenhänge zwischen einem Produkt und seiner vorgelagerten Prozesse anhand der Funktionsübersicht von GEMIS 4.3.

GEMIS Österreich

Die Bereitstellungsemissionen sind in GEMIS mit Länderherkunft versehen und sind somit regional bzw. national zuordenbar. Dadurch ergibt sich eine genaue Aufteilung in Bereitstellungsemissionen und Emissionen, welche durch den Energieeinsatz vor Ort entstehen.

GEMIS-Österreich beinhaltet im Vergleich zum Basismodell GEMIS eine Weiterentwicklung der Datenbasis, insbesondere Österreich-spezifische Datensätze, die eine Anwendung des Computermodells für Fragestellungen in Österreich ermöglichen (PÖLZ 2006).

In der vorliegenden Arbeit wurde die Version GEMIS-Österreich herangezogen.

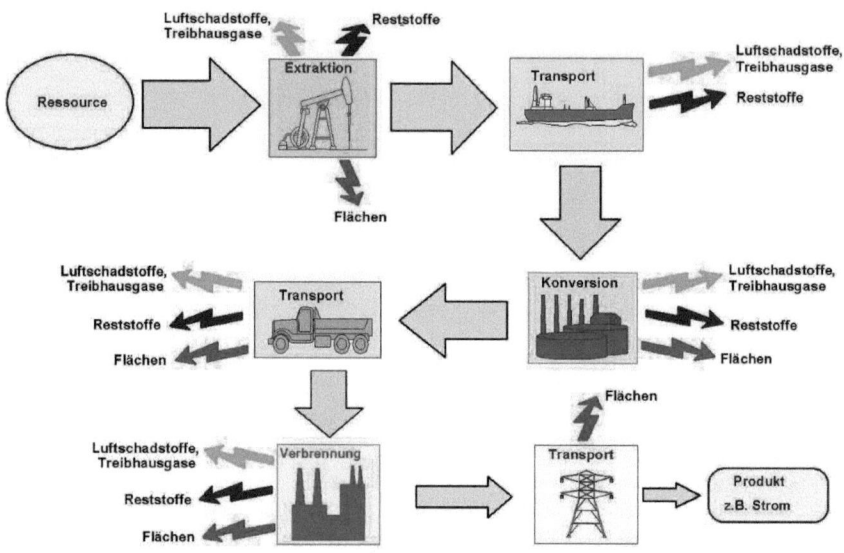

Abbildung 7: Funktionsübersicht des Computerprogramms GEMIS 4 (PÖLZ 2006)

3.1.3.2 Bewertung der biologischen Stabilität von Biogasanlagen

Ein zentrales Kapitel dieser Arbeit neben der ökologischen und sozioökonomischen Analyse ist die praktisch relevante Bewertung der biologischen Stabilität von Biogasanlagen. Die Fragestellung ergab sich infolge zahlreicher Anfragen von Anlagenbetreibern, Firmen, Interessensvertretung und Behörden, welche Parameter einen stabilen Biogasprozess kennzeichnen. Literaturwerte eignen sich dazu kaum, da diese meist aus Laborversuchsanlagen abgeleitet werden und nur bedingt auf Praxisbedingungen übertragbar sind.

Um Empfehlungen abzugeben, unter welchen mikrobiologischen Rahmenbedingungen ein Fermenter in der Praxis betrieben werden kann, wurden Fermenteranalysen einer statistischen Auswertung unterzogen, die in den Jahren 2004/2005 am IFA-Tulln gemacht wurden. Aus den Analyseergebnissen wurden Häufigkeitsverteilungen ermittelt, die einen Rückschluss darüber erlauben sollen, bei welchen Konzentrationen der jeweiligen Fermentationsparameter ein Fermenter problemlos betrieben werden kann, und ab wo Gefahr droht, dass Belastungszustände auftreten. Insgesamt wurden 280 Analysen von 34 NAWARO-Anlagen und 206 Analysen von 17 Abfall-Anlagen ausgewertet.

3.1.4 Entwicklung eines Gütesiegels für Biogasanlagen

Aufbauend auf den Ergebnissen dieser Arbeit sollte der Entwurf eines Gütesiegels für Biogasanlagen erarbeitet werden. Dieses Qualitätslabel soll sicherstellen, dass die Energie der Biomasse bestmöglich genutzt wird und die Stromgewinnung bzw. die Energieumwandlung unter nachhaltigen Bedingungen erfolgt.

3.2 Berechnungsmodi

Im diesem Kapitel werden die einzelnen Kennzahlen näher erläutert sowie deren Berechnungsmodus aus den erhobenen Parametern dargestellt. Dabei wird unterschieden in

- Kennzahlen zur technisch-funktionellen Anlagenbeschreibung,
- Kennzahlen zur Charakterisierung der betriebswirtschaftlichen Effizienz,
- Sozioökonomische Kennzahlen, und
- Ökologische Kennzahlen

Am Ende dieses Kapitels wird darüber hinaus die Vorgehensweise bei der Bewertung der biologischen Stabilität von Biogasanlagen kurz erläutert.

3.2.1 Technisch-funktionelle Kennzahlen

Im Bereich der technisch-funktionellen Bewertung werden Anlagenkennzahlen, Kennzahlen zur Charakterisierung der Substrateffizienz sowie Kennzahlen zur Charakterisierung der Energieeffizienz erhoben.

3.2.1.1 Anlagenkennzahlen

Die Anlagenkennzahlen beschreiben den Input einer Biogasanlage und charakterisieren die Größe der Anlage sowie die Belastung der Fermenter (Durchschnittswerte werden über ein Jahr gemittelt):

Substratmenge M_S

Jährlich, als Frischmasse zugeführte Substratmenge (ohne Wasser)

$$M_S = \sum M_{S,i} \qquad \text{t/a, mit} \qquad (1)$$

$M_{S,i}$ ... jährliche Menge von Substrat i t/a

Substratmenge als organische Trockensubstanz $M_{S,oTS}$

Die organische Trockensubstanz (oTS) erfasst all jene organischen Substanzen, die während des vorhergehenden Trocknungsvorgangs bei 105 °C nicht verflüchtigt wurden und bei Temperaturen bis 550°C in Gegenwart von Luft zu Kohlendioxid (CO_2) und Wasser (H_2O) verbrennen.

$$M_{S,oTS} = \sum (M_{S,i} \cdot oTS_i) \qquad t_{oTS}/\text{a, mit} \qquad (2)$$

oTS_i ... durchschnittlicher oTS-Anteil von Substrat i -

Hydraulische Verweilzeit HRT

Die hydraulische Verweilzeit (HRT, engl. für *Hydraulic Retention Time*) ist ein Näherungswert für die durchschnittliche Verweilzeit eines Substrats in der Biogasanlage. In dieser Arbeit werden sämtliche gasdicht ausgeführten Behälter hinzugezählt, also auch Endlager, welche an die Gaserfassung angeschlossen sind. Der Begriff kommt ursprünglich aus der Abwassertechnik und wird in m³/d angegeben, wo allerdings als Eingangssubstrat Wasser mit einer Dichte von ca. 1 kg/l verwendet wird. Bei Biogasanlagen gehen allerdings Substrate mit unterschiedlichen Schüttraumdichten ein. Allerdings kann auch bei Silagen die Dichte (abzgl. des Porenvolumens) näherungsweise mit 1 kg/l angenommen werden: HELFFRICH (2005) hat in Untersuchungen nachgewiesen, dass in den Fermenterinhalt eingerührte NAWAROs von der Dichte 1 kg/l um höchstens 4 % abweichen.

$$HRT = \frac{365 \cdot V_{FR}}{M_S + M_W} \qquad d \qquad (3)$$

V_{FR} ... Faulraumvolumen (Nutzvolumen) sämtlicher
gasdicht geschlossener Gärbehälter   m³$_{FR}$

M_W ... jährlich zugeführte Wassermenge (inkl.
Niederschlagswasser und Grauwasser)   m³/a

Organische Raumbelastung des Hauptfermenters RL_o

Die organischen Raumbelastung ist ein Kennwert für die Anlagenauslegung. Sie stellt ein Maß für die Belastung des Reaktors mit organischem Material dar und beschreibt die täglich zugeführte Menge an oTS pro m³ Nutzvolumen des Hauptfermenters.

$$RL_o = \frac{M_{S,oTS}}{365 \cdot V_{F1}} \qquad kg_{oTS}/(m^3_{FR} \cdot d) \qquad (4)$$

V_{F1} ... Nutzvolumen des Hauptfermenters   m³

CSB-Raumbelastung des Hauptfermenters RL_{CSB}

Der Chemische Sauerstoffbedarf (CSB) ist ein Parameter, der aus der Abwasserreinigung stammt. Der CSB erfasst alle oxidierbaren Stoffe, woraus das Methanbildungspotential von Substraten berechnet werden kann. In diesem

Fall wird der CSB als Bemessungsgröße für Anaerobreaktoren ähnlich der organischen Raumbelastung verwendet.

$$RL_{CSB} = \frac{M_S}{365 \cdot V_{F1}} \cdot \overline{CSB} \qquad \text{kg}_{CSB}/(\text{m}^3{}_{FR}\cdot\text{d}) \qquad (5)$$

$\overline{CSB}$ ... durchschnittlicher CSB-Gehalt des Substrats [kg$_{CSB}$/t] mit

$$\overline{CSB} = \frac{\sum (M_{S,i} \cdot CSB_i)}{M_S} \qquad \text{kg}_{CSB}/\text{t} \qquad (6)$$

3.2.1.2 Charakterisierung der Substrateffizienz

Diese Kennzahlen beschreiben den Output einer Biogasanlage und erlauben einen Rückschluss auf Ineffizienzen (z. B. Überdimensionierung, schlechte Gasqualität, Stromsenken, etc.)

Heizwert des Biogases $H_{u,B}$

Da in der Regel Luft zur biologischen Entschwefelung in den Fermenter eingeblasen wird, muss zur Ermittlung der originalen Biogas-Zusammensetzung (=Reinbiogas) der Anteil der eingetragenen Gase (Sauerstoff und Stickstoff) von der gemessenen (Roh~)Biogaszusammensetzung abgezogen werden. Es wird zur Vereinfachung angenommen, dass das Biogas vor dem Lufteintrag lediglich aus Methan und Kohlendioxid besteht, womit gilt:

$$c_{CH_4,0} + c_{CO_2,0} = 100 \qquad \% \qquad (7)$$

mit $c_{CH_4,0}$ und $c_{CO_2,0}$ als die Konzentrationen an Methan und Kohlendioxid im Reinbiogas [%].

Da das Verhältnis von CH_4 zu CO_2 vor und nach dem Lufteintrag dasselbe ist, kann die originäre CH_4-Konzentration berechnet werden über

$$c_{CH_4,0} = c_{CH_4} / (c_{CH_4} + c_{CO_2}) \qquad \% \qquad (8)$$

mit c_{CH_4} und c_{CO_2} als die gemessenen Konzentrationen an Methan und Kohlendioxid im Rohbiogas (= Biogas-Luft-Gemisch).

Falls anstatt der CO_2-Konzentration die O_2-Konzentration bekannt ist, kann die CO_2-Konzentration näherungsweise über

$$c_{CO_2} = 100 - c_{CH_4} - c_{O_2} \cdot (1 + 78{,}1/20{,}93) \qquad \% \qquad (9)$$

berechnet werden, wobei c_{O_2} die O_2-Konzentration im Rohbiogas bezeichnet und der Bruch 78,1/20,93 das N_2/O_2-Verhältnis in Luft wiedergibt. Der O_2-

Verbrauch durch die biologische Entschwefelung wird dabei vernachlässigt, da dieser von Anlage zu Anlage sehr unterschiedlich ist (abhängig von den eingesetzten Rohstoffen und der Effizienz der Entschwefelung) und in der Regel unter 1.000 ppm liegt.

Der durchschnittliche Heizwert des Reinbiogases lässt sich damit berechnen mit

$$H_{u,B} = c_{CH_4,0} \cdot 9{,}97/100 \qquad \text{kWh/Nm}^3_{BG} \qquad (10)$$

wobei 9,97 der Heizwert von Methan (in kWh/Nm³$_{CH4}$) ist.

Biogasmenge $V_{B,0}$

Jährlich erzeugte Biogasmenge: diese wird bei den Berechnungen als Mittelwert über drei unterschiedliche Berechnungsmodi ermittelt: Da jeder Berechnungsmodus aufgrund von Erhebungs- und Messfehlern nur einen Näherungswert darstellen kann, wird durch die Mittelung der unterschiedlichen Berechnungsmodi eine Verringerung des Rechenfehlers angenommen.

1) Berechnung über die elektrische Jahresarbeit, den Methan-Gehalt des Biogases und den Wirkungsgrad des Blockheizkraftwerks (BHKW)

$$V_{B,0} = \frac{W_{el}}{H_{u,B} \cdot \eta_{el}} \qquad \text{Nm}^3/\text{a} \qquad (11)$$

W_{el} ... Jahresarbeit elektrisch   kWh$_{el}$/a

η_{el} ... Wirkungsgrad des BHKW   -

2) Berechnung über den Biogasbedarf der BHKW

Durch das Verhältnis von der Konzentration von Methan im Rohbiogas zu der im ursprünglichen Biogas kann die jährliche Biogasmenge berechnet werden mit der Formel

$$V_{B,0} = V_B \cdot \frac{c_{CH_4}}{c_{CH_4,0}} \qquad \text{Nm}^3/\text{a} \qquad (12)$$

mit V_B als die jährliche Menge an Rohbiogas. Diese wird erhalten über

$$V_B = \dot{V}_B \cdot h_a \qquad \text{Nm}^3/\text{a} \qquad (13)$$

$\dot{V}_B$ ... Rohbiogas-Bedarf der BHKW bei Volllast unter Normbedingungen   Nm³/h

h_a ... Volllaststunden pro Jahr h/a

Wird das anfallende Biogas jedoch nicht unter Normalbedingungen gemessen (p = 1,013 bar, T = 273 K), muss das durchschnittliche Normvolumen über die allgemeine Zustandsgleichung idealer Gase wie folgt berechnet werden:

allgemeine Gasgleichung: $p \cdot V = n \cdot R \cdot T$ (14)

p ... Druck bar

V ... Volumen l

n ... Molzahl mol

R ... allgemeine Gaskonstante = 0,08314 l·bar/(mol·K)

T ... Temperatur K

Da das Produkt $n \cdot R$ konstant ist kann die Konstante $k = n \cdot R$ eingeführt werden. Dadurch kann die allgemeine Gasgleichung in der Form

$$p \cdot V = k \cdot T \qquad (15)$$

dargestellt werden. Da auch der Bruch

$$k = \frac{p \cdot V}{T} \qquad \text{bar·l/K} \qquad (16)$$

eine Konstante darstellt, kann die Konstante k nun aus den Messbedingungen berechnet werden mit der Formel

$$k = \frac{p_M \cdot \dot{V}_{B,M}}{273 + T_M} \qquad \text{bar·m}^3/(\text{h·K}) \qquad (17)$$

p_M ... Druckverhältnisse unter Messbedingungen bar

$\dot{V}_{B,M}$ ... Rohbiogas-Bedarf der BHKW bei Volllast
   unter Messbedingungen m³/h

T_M ... Temperatur unter Messbedingungen °C

p_M setzt sich dabei aus dem Umgebungsdruck p_U und dem Überdruck $p_{\ddot{U}}$ zusammen. Der Einfachheit halber wird als Näherung p_U = 1 bar angenommen, womit gilt

$$p_M = 1 + p_{\ddot{U}} \qquad \text{bar} \qquad (18)$$

Damit wird

$$k = \frac{(1+p_U) \cdot \dot{V}_{B,M}}{273+T_M} \qquad \text{bar·m}^3/(\text{h·K}) \qquad (19)$$

Mit Formel (16) kann nun das jährliche Rohbiogas-Volumen unter Normalbedingungen berechnet werden, wobei auch die jährlichen Volllaststunden berücksichtigt werden:

$$V_B = k \cdot \frac{T_N}{p_N} \cdot h_a = k \cdot \frac{273}{1{,}013} \cdot h_a \qquad \text{Nm}^3/\text{a} \qquad (20)$$

h_a ... jährliche Volllaststunden   h/a

Somit kann die jährliche Biogasmenge $V_{B,0}$ wieder mit Formel (12) berechnet werden.

3) Berechnung der Biogasmenge über den Substratabbau

Diese Methode setzt voraus, dass die Biogasanlage bereits über mehrere hydraulische Verweilzeiten hinweg in Betrieb ist, und die oTS-Gehalte sowohl der Substrate als auch des Gärrests bekannt sind. Außerdem wird vereinfachend der Wassergehalt als konstant angenommen, was in der Realität aufgrund der Hydrolyse von organischen Verbindungen sowie aufgrund des Austrags mit dem Biogas in Form von Wasserdampf nicht der Fall ist.

Zunächst wird die Masse an Biogas berechnet, die jährlich entsteht:

$$M_{B,o} = M_{S,oTS} \cdot \Delta_{oTS} / 100 \qquad \text{t/a} \qquad (21)$$

$M_{B,o}$ ... Biogas-Menge in originaler Zusammensetzung t/a

Δ_{oTS} ... oTS-Abbaugrad   %

Der oTS-Abbaugrad wiederum lässt sich berechnen nach

$$\Delta_{oTS} = 100 \cdot \left(1 - \frac{M_G \cdot oTS_G}{M_{S,oTS}}\right) \qquad (22)$$

M_G ... Menge an Gärrest   t/a

oTS_G ... oTS-Anteil im Gärrest   -

Mit der durchschnittlichen Molzahl vom originalen Biogas $A_{B,o}$

$$A_{B,0} = \frac{1.000 \cdot 100}{\sum (V_{m,i} \cdot c_{i,0})} \qquad \text{mol/Nm}^3 \qquad (23)$$

$V_{m,i}$ ... Molvolumen von Gas i (CH$_4$ oder CO$_2$)   l/mol

und dem Molgewicht m_i vom originalen Biogas

$$m_{B,0} = \sum (c_{i,0} \cdot m_i) \qquad \text{g/mol} \qquad (24)$$

m_i ... Molgewicht von Gas i (CH$_4$: 16,04, CO$_2$: 44,01)g/mol

lässt sich die durchschnittliche Biogasmenge wie folgt berechnen

$$V_{B,0} = \frac{M_{B,0} \cdot 10^6}{A_{B,0} \cdot m_{B,0}} \qquad \text{Nm}^3/\text{a} \qquad (25)$$

Über die Mittelung der drei Berechnungsmodi lässt sich nun die durchschnittliche jährliche Biogasmenge berechnen.

Volumenspezifische Biogasproduktivität $\dot{V}_{B,FR}$

Tägliche Biogasmenge bezogen auf das Faulraumvolumen

$$\dot{V}_{B,FR} = \frac{V_{B,0}}{365 \cdot V_{FR}} \qquad \text{Nm}^3/(\text{m}^3_{FR}\cdot\text{d}) \qquad (26)$$

oTS-Abbaugrad Δ_{oTS}

Abbau der zugeführten Menge organischer Trockensubstanz im geschlossenen System

$$\Delta_{oTS} = 100 \cdot \left(1 - \frac{M_G \cdot oTS_G}{M_{S,oTS}}\right) \qquad \% \qquad (22)$$

Methanausbeute $Y_{M,oTS}$

Durchschnittliche Methanausbeute des zugeführten Substrats, bezogen auf oTS

$$Y_{B,oTS} = \frac{V_{B,0} \cdot c_{CH_4,0}}{M_{S,oTS} \cdot 1.000} \qquad \text{Nm}^3/\text{kg}_{oTS} \qquad (27)$$

3.2.1.3 Charakterisierung der Energieeffizienz

Diese Kennzahlen beschreiben die Verfügbarkeit der Biogasanlage, charakterisieren die Qualität der Energieumwandlung und beschreiben den Grad der Energienutzung (sowohl elektrisch als auch thermisch).

Brennstoffenergie $Q_{therm,B}$

Beschreibt die im Biogas enthaltene Energie; relevant für die Berechnung des Jahresnutzungsgrades

$$Q_{therm,B} = V_{B,0} \cdot H_{u,B} \qquad \text{kWh/a} \qquad (28)$$

Volllaststunden h_a

Jahresvolllaststunden der Biogasanlage bezogen auf die genehmigte el. Leistung; Maß für die Wirtschaftlichkeit von Biogasanlagen

$$h_a = \frac{Q_{el}}{P_{el}} \qquad \text{h/a} \qquad (29)$$

P_{el} ... installierte und genehmigte el. Leistung kW$_{el}$

Q_{el} ... Jahresarbeit elektrisch kWh$_{el}$/a

Anlagenverfügbarkeit AV

Verhältnis der Volllaststunden einer Biogasanlage zu den Stunden eines Jahres (8.760 h/a)

$$AV = 100 \cdot \frac{h_a}{8.760} \qquad \% \qquad (30)$$

Nettostromproduktion $Q_{el,netto}$

Beschreibt die Jahresarbeit elektrisch abzgl. der für den Betrieb der Biogasanlage benötigten Strommenge (el. Eigenbedarf); relevant für die Berechnung des Jahresnutzungsgrades

$$Q_{el,netto} = Q_{el} - Q_{el,E} \qquad \text{kWh}_{el}/a \qquad (31)$$

$Q_{el,E}$ ... elektrischer Eigenbedarf kWh$_{el}$/a

Wärmenutzung $Q_{therm,N}$

Gesamtmenge an extern genutzter Wärmeenergie pro Jahr (exklusive therm. Eigenbedarf der Biogasanlage und der Betriebsgebäude)   kWh$_{therm}$/a

Elektrischer Jahresnutzungsgrad H_{el}

Verhältnis der nutzbar abgegebenen elektrischen Energie (= produzierte elektrische Nettoenergiemenge) zur gesamten zugeführten Brennstoffenergie $Q_{therm,B}$

$$H_{el} = 100 \cdot \frac{Q_{el,netto}}{Q_{therm,B}} \qquad \% \qquad (32)$$

Thermischer Jahresnutzungsgrad H_{therm}

Verhältnis der nutzbar abgegebenen thermischen Energie (= tatsächlich genutzten) zur gesamten zugeführten Brennstoffenergie $Q_{therm,B}$

$$H_{therm} = 100 \cdot \frac{Q_{therm,N}}{Q_{therm,B}} \qquad \% \qquad (33)$$

Gesamter Jahresnutzungsgrad H_{ges}

Verhältnis der gesamten (elektrischen und thermischen) nutzbar abgegebenen Energie (= produzierte und genutzte Nettoenergiemenge) zu $Q_{therm,B}$

$$H_{ges} = 100 \cdot \frac{Q_{el,netto} + Q_{therm,N}}{Q_{therm,B}} = H_{el} + H_{therm} \qquad \% \qquad (34)$$

3.2.2 Betriebswirtschaftliche Kennzahlen

Im Rahmen der Erhebung sollten auch ökonomische Daten der Biogasanlagen aufgenommen werden. Dazu zählen neben herkömmlichen ökonomischen Kennzahlen für die Anlage (spezifische Investitionskosten, Substratkosten, Betriebskosten und Stromgestehungskosten) ebenso der Arbeitszeitbedarf für den Betrieb der Biogasanlage. Auch hier wurden für die Auswertung Betreiberangaben verwendet.

Spezifische Investitionskosten $K_{I,s}$

Gesamtinvestitionssumme K_I bezogen auf die installierte und genehmigte elektrische Leistung P_{el}

$$K_{I,s} = \frac{K_I}{P_{el}} \qquad \text{€/kW}_{el} \qquad (35)$$

Spezifische Substratkosten $K_{S,s}$

Jährliche Kosten für Substratbeschaffung bezogen auf die Jahresarbeit elektrisch Q_{el}

$$K_{S,s} = \frac{K_S}{Q_{el}} \qquad \text{Cent/kWh}_{el} \qquad (36)$$

K_S ... Substratkosten €/a

Spezifische Betriebskosten $K_{B,s}$

Jährliche Kosten für sämtliche betriebsgebundene Aufwendungen (Personal, Wartung, Instandhaltung und Reparatur, ausgen. Annuitätentilgung), bezogen auf Q_{el}

$$K_{B,s} = \frac{K_B}{Q_{el}} \qquad \text{Cent/kWh}_{el} \qquad (37)$$

K_B ... Betriebskosten €/a

Spezifische Stromgestehungskosten $K_{G,s}$

Jährliche Kosten für sämtliche verbrauchs- und betriebsgebundene Aufwendungen, bezogen auf die Jahresarbeit elektrisch Q_{el}

$$K_{G,s} = K_{S,s} + K_{B,s} \qquad \text{Cent/kWh}_{el} \qquad (38)$$

Arbeitszeitbedarf Ah

Arbeitsbedarf für den Betrieb, Wartung und Instandhaltung der Anlage (inkl. Organisation, z. B. Büroaufwand, etc.).   h/a

3.2.3 Sozioökonomische Kennzahlen

Es gibt zahlreiche Disziplinen, die derzeit von der Ökonomie noch nicht ausreichend integriert werden, wie z. B. die sozialwissenschaftlichen Nachbardisziplinen der Wirtschaftswissenschaften. Daneben existieren auch Probleme, die bisher von der Ökonomie eher vernachlässigt wurden, insbesondere Fragen der Ökologie, die ungleiche Verteilung von Wohlstand, die Globalisierung der Märkte und der Strukturwandel in Wirtschaft und Gesellschaft. All das sind Themen, die zwar mit der Ökonomie in direktem Zusammenhang stehen, zumeist aber von dieser ausgeklammert oder getrennt betrachtet werden.

All diese Themen lassen sich unter dem Begriff *Sozioökonomie* vereinen, wodurch die enorme thematische Bandbreite des Begriffs deutlich wird. Daher erscheint es umso notwendiger zu präzisieren, was das typisch sozioökonomische in der jeweiligen Thematik ausmacht, bzw. welche sozioökonomischen Faktoren konkret betrachtet werden.

In der Statistik wird unter einer sozioökonomischen Bewertung häufig eine Input-Output-Analyse (IO-Analyse) nach Leontief verstanden (LEONTIEF 1941). Darunter ist eine detaillierte und umfassende Abbildung der Bezugs- und Lieferströme zu verstehen, die als Input- und Outputströme zwischen den Wirtschaftsbereichen einer Volkswirtschaft, sowie zum Ausland fließen. Eine solche IO-Analyse ist allerdings eher für die Untersuchung der volkswirtschaftlichen Auswirkungen der gesamten Biogastechnologie geeignet (Beschäftigungseffekte, Wertschöpfung, fiskalische Effekte), was den Umfang dieser Arbeit sprengen würde.

In dieser Arbeit wird dagegen der Schwerpunkt zur Bewertung der *sozioökonomischen* Auswirkungen von Biogasanlagen auf Parameter gelegt, welche die nicht monetär messbaren Auswirkungen eine Biogasanlage auf den Betreiber, Angestellte und Stakeholder außerhalb des landwirtschaftlichen Umfeldes (*public participation*) abbilden. Dies betrifft die Bereiche

- Konkurrenz in der Landnutzung
- Verkehr: Beeinträchtigung der Lebensqualität von Anrainern
- Verkehr: Externe Effekte (Kosten, die die Allgemeinheit zu tragen hat)
- Soziale Nachhaltigkeit

3.2.3.1 Konkurrenz in der Landnutzung

Besonders attraktive Regionen zur Biogasgewinnung stellen häufig auch attraktive Regionen zur Lebens- und Futtermittelproduktion dar. Dadurch kann eine Konkurrenzsituation um das zur Verfügung stehende Land entstehen.

Um die Eignung eines Standortes zur Ökostromproduktion durch Biogastechnologie abzuschätzen, wurde eine Kennzahl entwickelt, die mit Hilfe von Skalen diese Eignung überprüft. Die Kennzahl wurde in Anlehnung an die Ergebnisse aus dem EdZ-Forschungsprojekt *„Erstellung eines Bewertungstools für die regionale Akzeptanz von Biogasanlagen mit Energiepflanzen sowie deren Eignung und Verfügbarkeit"* (HANDLER et al. 2005) entwickelt. Darin wird ein Überblick über die derzeitige Nutzung der landwirtschaftlichen Nutzfläche in Österreich dargestellt und Flächenpotentiale für einen Energiepflanzenanbau in Österreich ausgewiesen.

Als Datenbasis für die notwendigen Berechnungen diente InVeKoS (Integriertes Verwaltungs- und Kontrollsystem für die Förderungsabwicklung in der Landwirtschaft) mit den Daten des Jahres 2003. InVeKoS dient ursprünglich der Abwicklung und Kontrolle der EU-Förderungsmaßnahmen und umfasst eine vollständige Datenbank über den Pflanzen- und Tierbestand in Österreich. Die Lebensmittelproduktion für menschlichen Verzehr wurde in den InVeKoS - Daten nicht berücksichtigt (nur Futtermittelproduktion und Sonderkulturen).

HANDLER et al. (2005) erarbeiteten Tabellen bzw. Landkarten von so genannten *Kleinproduktionsgebieten*, die eine eventuelle Unterversorgung bzw. Überschüsse von Flächen für die jeweilige Nutzung charakterisieren. Unter einem Kleinproduktionsgebiet (KPG) versteht man ein kleinräumiges Gebiet mit ähnlichen natürlichen, wirtschaftlichen und agrarstrukturellen Produktionsbedingungen. Die Fläche Österreichs umfasst 87 Kleinproduktionsgebiete, die je nach Lage dieser Gebiete aus nur wenigen (5–10) bis vielen (über 100) Gemeinden bestehen.

Die im Rahmen dieser Arbeit betrachteten Biogasanlagen wurden zunächst ihrem KPG zugeordnet und in weiterer Folge hinsichtlich ihrer Konkurrenzsituation gegenüber der konventionellen Landwirtschaft am betreffenden Standort bewertet.

Als Bewertungskriterien zur standortbezogenen Abschätzung der alternativen Biomasse-Nutzung auf landwirtschaftlichen Nutzflächen dienten

- das Ackerflächenpotenzial für einen Energiepflanzenanbau (verbleibende Ackerfläche nach Abzug der Sonderkulturen und der Tierhaltung)

- die Versorgung mit Biomasse aus dem Grünland (Bilanz zwischen Futterbedarf und Futterproduktion)
- der Tierbesatz bezogen auf die (reduzierte) landwirtschaftliche Nutzfläche zur Abschätzung des Wirtschaftsdüngeranfalls

Die Substratmenge (t_{FM}), die in einer Anlage verwertet wird, wurde auf die organische Trockensubstanz der jeweiligen Substrate umgerechnet (t_{oTS}), um den potenziell maximalen organischen Anteil für die Vergärung von vier definierten Substratgruppen anzugeben:

- Pflanzen aus Ackerbau (z. B. Getreide und dessen Silagen)
- Grünland-Pflanzen (Weiden und Wiesen)
- organische Abfälle
- Wirtschaftsdünger (Gülle bzw. Mist)

Mit dieser Einteilung wurde dem Umstand Rechnung getragen, dass in jedem Kleinproduktionsgebiet unterschiedliche landwirtschaftliche Nutzflächen zur Verfügung stehen.

Anschließend wurde der oTS-Anteil der jeweiligen Substratgruppe als Anteil an der durchschnittlichen, täglichen Substratmenge ausgedrückt. Dieser Anteil wurde mit einem standortbezogenen Faktor (1–6) bewertet, der von den Gegebenheiten in einem KPG abhängt. Dabei kennzeichnet eine Bewertung mit 1 stets ein ungünstiges Angebots-Nachfrageverhältnis (hoher Flächenmangel versus Substrat-Flächenbedarf für die Biogasproduktion), eine Bewertung mit dem Faktor 6 kennzeichnet einen günstigen Standort (großer Flächenüberschuss). Die Bewertungskategorien sind in Tabelle 3 dargestellt:

Tabelle 3: Einteilung der Substratkomponenten nach Herkunft sowie Darstellung des Bewertungsschemas

	oTS-Anteil von Substraten	Faktor	Anteil oTS x Faktor
	Anteil Substrat % oTS Ackerland	1-6	
	Anteil Substrat % oTS Grünland	1-6	
	Anteil Substrat % oTS Abfälle	1-6	
	Anteil % oTS Gülle / Mist	6	
Summe 100 %	100 %		Gesamtbewertung (1–6)

Bei Verwertung von Wirtschaftsdüngern wurde immer ein Faktor von 6 angenommen, da im Falle einer Verwertung von Tierexkrementen keine

Konkurrenzsituation entsteht: diese würden auch ohne die Biogasanlage vor Ort anfallen und üben daher keinen negativen Einfluss auf die Flächenverfügbarkeit aus. Vielmehr ist das Gegenteil zu Konkurrenz der Fall: die Verwertung von Wirtschaftsdünger kann bei Mangel an sonstigen Substraten eine Alternativlösung darstellen. Darüber hinaus bewirkt die anaerobe Fermentation - neben positiven ökologischen Aspekten - in den meisten Fällen eine Verbesserung der Düngereigenschaften von Wirtschaftsdüngern: z. B. Minderung der Geruchsintensität, Verbesserung der Nährstoffverfügbarkeit, Verbesserung der Viskositätseigenschaften, weniger Verätzungsschäden an Pflanzen, etc. (GALLER 2005; PETZ 2000).

Auch der Einsatz organischer Abfälle ist gesondert zu bewerten. Hier wurde nicht nach Substratangebot sondern gegenüber dem Aufkommen an Wirtschaftsdünger bewertet. Falls ein Überangebot an Wirtschaftsdünger im betreffenden KPG vorherrscht, so müssten die Gärreste mit höherem Aufwand verbracht werden.

Ackerflächen

Basierend auf der *Darstellung des Ackerflächenpotenzials für einen Energiepflanzenanbau in den österreichischen Kleinproduktionsgebieten* (siehe Abbildung 8), wurde der Standort jeder Biogasanlage anhand des für eine Biogas-Nutzung verbleibenden Ackerflächenpotenzials zum Anbau von Energiepflanzen bewertet.

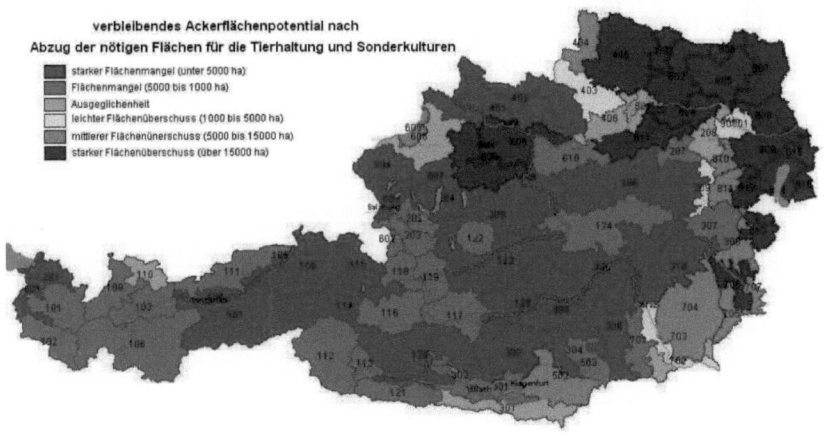

Abbildung 8: Ackerflächenpotenzial für einen Energiepflanzenanbau in den österreichischen Kleinproduktionsgebieten (HANDLER et al. 2005, 151)

Aus Abbildung 8 geht hervor, dass insbesondere in Ostösterreich ein Flächenüberschuss zu verzeichnen ist, während in Westösterreich ein teils starker Flächenmangel feststellbar ist.

Für die Bewertung wurde der Substratanteil der aus dem Ackerbau stammenden organischen Trockensubstanz mit dem standortspezifischen Faktor (abhängig vom KPG) multipliziert:

Tabelle 4: Bewertungsfaktoren für das Ackerflächenpotenzial in den Kleinproduktionsgebieten

Bewertungsfaktor	Verbleibendes Ackerflächenpotenzial nach Abzug der nötigen Flächen für die Tierhaltung und Sonderkulturen
1	Starker Flächenmangel (unter 5.000 ha)
2	Flächenmangel (5.000 bis 1.000 ha)
3	Ausgeglichenheit
4	Leichter Flächenüberschuss (1.000 bis 5.000 ha)
5	Mittlerer Flächenüberschuss (5.000 bis 15.000 ha)
6	Starker Flächenüberschuss (über 15.000 ha)

Grünland

Die Standortbewertung von Biogasanlagen hinsichtlich des zur Verfügung stehenden Grünlandbiomasse-Potenzials wurde analog zur Bewertung in Bezug auf Ackerflächenpotenzial vorgenommen. Als Datengrundlage hierfür diente die Karte „Bilanz zwischen Futterbedarf und Futterproduktion des Grünlandes in Österreich" (vgl. Abbildung 9).

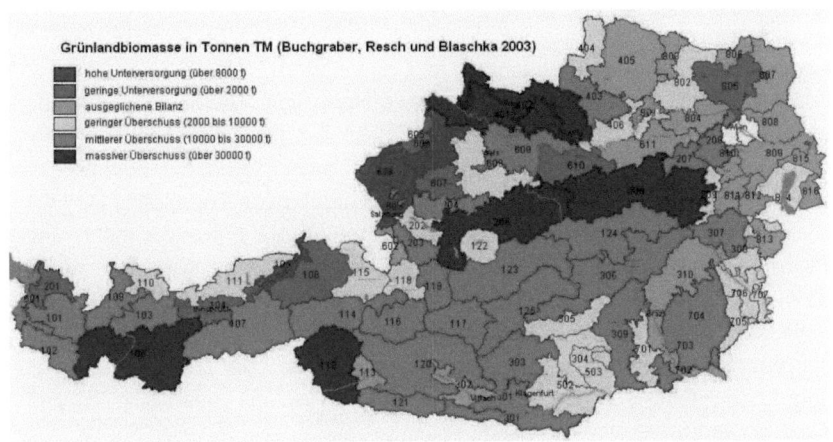

Abbildung 9: Darstellung des möglichen Grünlandbiomassepotenzials für Biogas in den österreichischen Kleinproduktionsgebieten (HANDLER et al. 2005, 158)

Analog zum Ackerflächenpotenzial wurde der aus Grünlandbiomasse stammende oTS-Anteil mit dem für das betreffende Kleinproduktionsgebiet ausschlaggebenden Bewertungsfaktor multipliziert (siehe Legende Abbildung 9):

Tabelle 5: Bewertungsfaktoren für das Grünlandbiomassepotenzial in den Kleinproduktionsgebieten

Bewertungsfaktor	Grünlandbiomassepotenzial in t Trockenmasse
1	Hohe Unterversorgung (über 5.000 t)
2	geringe Unterversorgung (über 2.000 t)
3	Ausgeglichene Bilanz
4	geringer Überschuss (2.000 bis 10.000 t)
5	mittlerer Überschuss (10.000 bis 30.000 t)
6	massiver Überschuss (über 30.000 t)

Abfälle

Abfälle wurden in dieser Betrachtung im Gegensatz zu NAWAROs als „externe" Substrate klassifiziert. Bei der Bewertung von Abfall verwertenden Biogasanlagen wird davon ausgegangen, dass der dabei entstehende Gärrest auf landwirtschaftlichen Flächen ausgebracht wird, wodurch ein Nährstoffeintrag in den Boden erfolgt (bei Vergärung von Energiepflanzen wird dem Boden idealerweise nicht mehr zurückgeführt als ihm zuvor entnommen wurde). Dieser könnte den durch Tierbestand anfallenden Wirtschaftsdünger (Gülle / Mist) ergänzen, falls der Tierbestand/Fläche gering ist. Auf der anderen Seite steht eine mögliche Überversorgung - vor allem von Stickstoff - bei relativ großem Tierbestand/Fläche in einem KPG, die die Ausbringung des anfallenden Gärrests erschwert. Grund dafür ist die gesetzlich limitierte Ausbringmenge je ha:

- Laut Aktionsprogramm 2003 zum Schutz der Gewässer vor Verunreinigung durch Nitrat aus landwirtschaftlichen Quellen (BMLFUW 2003) dürfen nur 170 kg Stickstoff (N) pro ha und Jahr in Form von Wirtschaftsdünger ausgebracht werden. Die Grenze von 170 kg pro ha und Jahr gilt jedoch nur für den Anteil der tierischen Ausscheidungen (Dung-N-Anteil) in den Fermentationsrückständen (BMLFUW 2007).

- „Basierend auf dem Wasserrechtsgesetz können auf Ackerland bewilligungsfrei 175 kg N/ha und Jahr ausgebracht werden bzw. auf landwirtschaftlichen Nutzflächen mit Gründeckung einschließlich Dauergrünland oder mit stickstoffzehrenden Fruchtfolgen 210 kg N/ha und Jahr. Dafür darf die unter Zusammenrechnung der über Wirtschaftsdünger, Kompost und anderen zur Düngung ausgebrachten Abfälle und Handelsdünger eingesetzte Stickstoffmenge die genannten Höchstgrenzen nicht überschreiten. Zur Ermittlung des anrechenbaren Stickstoffs (= feldfallend laut Wasserrecht) sind die Stickstoffanalysenwerte (Stickstoff gesamt) der Biogasgülle und der Gärrückstände mit 0,87 zu multiplizieren. Die rechnerische Differenz zwischen Analysenwert und anrechenbarem Stickstoff ergibt sich auf Grund von unvermeidbaren gasförmigen Stickstoffverlusten." (BMLFUW 2007, S. 25)

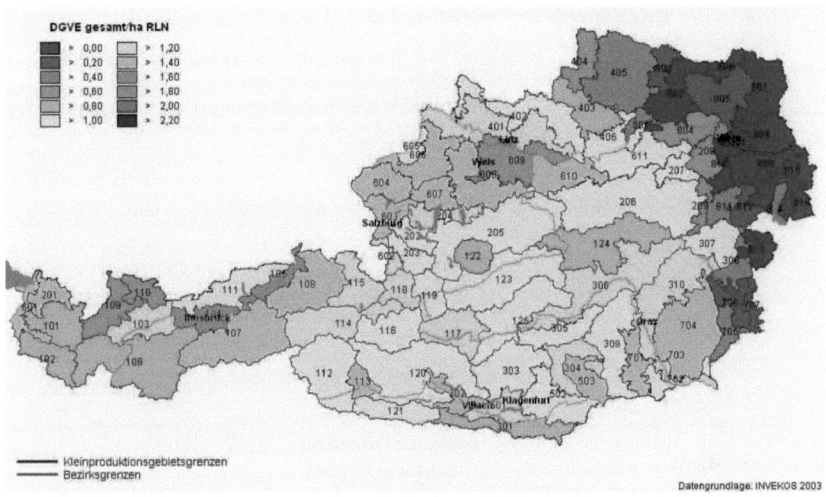

Abbildung 10: Gesamt-DGVE/ha reduzierter landwirtschaftlicher Nutzfläche in Österreich (HANDLER et al. 2005, 145)

Der Tierbesatz in Bezug auf Fläche und Düngeranfall wurde als Düngergroßvieheinheit (DGVE) pro *reduzierter landwirtschaftlicher Nutzfläche* (RLN^2) umgerechnet. Die Vergärung von Abfällen wurde daher in einem KPG mit hoher Anzahl DGVE/ha RLN mit einem niedrigen Faktor bewertet, in einem KPG mit einer niedrigeren Anzahl DGVE/ha RLN entsprechend höher.

Tabelle 6: Bewertungsfaktoren der Abfallverwertung in Biogasanlagen in Abhängigkeit vom Tierbesatz

Bewertungsfaktor	DGVE/ha RLN
6	0,00 – 0,40
5	0,41 – 0,80
4	0,81 – 1,20
3	1,21 – 1,60
2	1,61 – 2,00
1	über 2,00

---

[2] Die reduzierte landwirtschaftliche Nutzfläche setzt sich zusammen aus den normalertragsfähigen Flächen (Ackerland, Hausgärten, Obstanlagen, Weingärten, Reb- und Baumschulen, Forstbaumschulen, mehrmähdigen Wiesen, Kulturweiden) und den mit Reduktionsfaktoren umgerechneten extensiven Dauergrünlandflächen (einmähdige Wiesen, Hutweiden, Streuwiesen, Almen und Bergmähder).

Beispiel einer Bewertung

Zur Veranschaulichung der Bewertung soll folgendes Praxisbeispiel dienen:

Eine Biogasanlage befindet sich in einem Kleinproduktionsgebiet, das durch die Standortbedingungen in Tabelle 7 charakterisiert ist.

Tabelle 7: Standortbedingungen für eine Biogasanlage in einem definierten Kleinproduktionsgebiet

Art des Potenzials	Ausprägung des Potenzials	Bewertungsfaktor
Einsatz von Wirtschaftsdüngern	*grundsätzlich*	6
Ackerland	Starker Flächenüberschuss (über 15.000 ha)	6
Grünlandbiomasse	geringer Überschuss (2.000 bis 10.000 t)	4
Einsatz von Abfallstoffen aufgrund Wirtschaftsdüngeranfall	1,21 – 1,60 DGVE/ha RLN	3

Die Substratbestandteile werden gemäß ihrer Herkunft untergliedert, die oTS-Anteile der Substratkomponenten mit den entsprechenden Bewertungsfaktoren multipliziert und zur Gesamtbewertung entsprechend Tabelle 8 summiert.

Die relative Eignung der Anlage beträgt für den Standort bei dem gewählten Substratmix somit 5,18 (von 6 maximal möglichen Bewetungspunkten).

Tabelle 8: Beispiel für die Bewertung einer Biogasanlage in einem Kleinproduktionsgebiet

Substrat	Kategorie	[KPG]	Frisch-masse t/d	Anteil oTS %	Masse oTS t_{oTS}/d	Anteil % (oTS)	Anteil · [KPG]
Maissilage	Ackerland	6	1,34	30,08	0,40	23,4	1,40
Grassilage	Grünland	4	1,16	31,19	0,36	21,0	0,84
Hühnerkot	Gülle/Mist	6	1,07	38,50	0,41	23,8	1,43
Schweinegülle	Gülle/Mist	6	10,68	2,71	0,29	16,9	1,01
Pferdemist	Gülle/Mist	6	0,15	17,00	0,03	1,7	0,10
Getreideausputz	Abfall	3	0,29	79,28	0,23	13,3	0,40
		Summe	**14,69**		**1,72**		**5,18**

3.2.3.2 Beeinträchtigung der Lebensqualität von Anrainern durch Verkehr

Der Zu- und Abtransport von Substrat stellt hohe logistische Herausforderungen an den Betreiber einer Biogasanlage. Die Frequenz von Zulieferfahrzeugen sowie Fahrten zur Ausbringung der Biogasgülle stellt jedoch vor allem auch für die unmittelbaren Anrainer eine Beeinträchtigung ihrer Lebensqualität dar. Dies kann nicht zuletzt ausschlaggebend sein für das Zustandekommen oder Scheitern eines Biogas-Projektes. Die Anzahl an Fahrten soll daher als relatives Vergleichsmaß für die unmittelbaren Belastungen der Anrainer im Verkehrsbereich dienen.

Im Fragebogen werden dafür die Mengen an Substrat und Gülle mit den Kapazitäten bzw. durchschnittlichen Beladungen der Transportfahrzeuge in Verbindung gesetzt. Daraus kann die Anzahl der Fahrten v_T zu und von der Biogasanlage berechnet werden:

$$v_T = \sum \frac{M_{S,i}}{Beladung_{S,i}} + \frac{M_G}{V_{T,G}} \qquad \text{1/a} \qquad (39)$$

$Beladung_{S,i}$ ... durchschnittliche Beladung des Transportfahrzeuges für das Substrat i t

$V_{T,G}$ ... durchschnittliches Transportvolumen des Gülle-Transportfahrzeuges m³

Da aus dieser Kennzahl nicht hervorgeht, in welcher Nähe eine Biogasanlage zu Wohngebieten liegt bzw. welche Wege für den Zu- und Abtransport von Substrat und Gülle gewählt werden, müsste diese Kennzahl um diese Faktoren noch erweitert werden. Da diese Einflüsse allerdings nicht erhoben wurden, werden sie nicht berücksichtigt.

3.2.3.3 Externe Effekte von Verkehr

Vor allem bei großen Biogasanlagen oder Biogasanlagen, welche Abfälle entsorgen, werden Substrate teilweise über weite Strecken transportiert. Die Einflüsse dieser Verkehrswege und die dadurch verursachten Kosten hat die Allgemeinheit zu tragen, werden allerdings – wie bei allen Industrie- und Gewerbeprozessen üblich – nicht in der Kostenrechnung einer Biogasanlage berücksichtigt. Eine Berücksichtigung dieser externen Effekte soll die erzielbaren Skalenvorteile (*Economies of Scale*) bzw. den Transport von Abfällen über weite Strecken hinweg relativieren.

Als Maß für die externen Effekte dient die Gesamtanzahl an Kilometern, die für den Transport von Substrat, die Substratproduktion und den Transport der

Gülle aufgewendet werden. Sie wird – analog zur Kennzahl *Beeinträchtigung der Lebensqualität von Anrainern durch Verkehr* – über die Anzahl der aufgewendeten Fahrten in Kombination mit den durchschnittlichen Entfernungen berechnet:

$$km_\Sigma = km_{Transport} + km_{Ackerbau} + km_{Gülleausbringung} \qquad \text{km/a} \qquad (40)$$

$$km_{Transport} = \frac{M_{S,i}}{Beladung_{S,i}} \cdot km_{S,i,\overline{Q-BGA}} \qquad \text{km/a} \qquad (41)$$

$km_{S,i,\overline{Q-BGA}}$ ... Substrat-spezifische Entfernung: durchschnittliche Entfernung von der Substratquelle (Acker oder Unternehmen) zur Biogasanlage für den Transport des Substrates i km

$$km_{Ackerbau} = Z_{S,i} \cdot \frac{A_{S,i}}{Schlaggröße_{S,i}} \cdot km_{S,i,\overline{B-F}} \qquad \text{km/a} \qquad (42)$$

$Z_{S,i}$ ... Anzahl an Arbeitsgängen zur Substratproduktion von Substrat i [3] -

$A_{S,i}$ ... gesamte Erntefläche von Substrat i ha/a

$Schlaggröße_{S,i}$ ... durchschnittliche Schlaggröße von Substrat i [4] ha

$km_{S,i,\overline{B-F}}$ ... durchschnittliche Entfernung vom Bauernhof zum Feld km

Falls $A_{S,i}$ nicht bekannt ist, kann diese aufgrund der durchschnittlichen Hektarerträge berechnet werden:

$$A_{S,i} = \frac{M_{S,i}}{E_{S,i}} \qquad \text{ha} \qquad (43)$$

$E_{S,i}$ ... durchschnittlicher Hektarertrag[5] t/ha

$$km_{Gülleausbringung} = \frac{M_G}{V_{T,G}} \cdot km_{\overline{BGA-F}} \qquad \text{km/a} \qquad (44)$$

---

[3] Bodenbearbeitung, Düngung (ohne Gülle), Aussaat, Pflanzenschutz und Ernte → siehe Tabelle 10

[4] *Schlag* = kleinste geschlossene Flächeneinheit, auf der eine Kulturart angebaut wird

[5] Als Grundlage für den durchschnittlichen Hektarertrag werden die Erträge aus den Standarddeckungsbeiträgen (BMLFUW 2002a) angenommen. Eine Zusammenfassung ist Tabelle 30 im Anhang zu entnehmen.

$km_{\overline{BGA-F}}$ ... durchschnittliche Entfernung von der Biogasanlage zum Feld (Ausbringflächen) km

3.2.3.4 Soziale Nachhaltigkeit von Biogasanlagen

Soziale Nachhaltigkeit meint die Berücksichtigung und Erfüllung von sozialen und kulturellen Bedürfnissen. Sie besteht als Forderung auf volkswirtschaftlicher aber auch auf betrieblicher Ebene - und kann somit auch für Betreiber von Biogasanlagen erhoben werden. Als eine der drei Säulen einer nachhaltigen Entwicklung sollte sie von den Betreibern der Anlagen neben ökologischen und ökonomischen Aspekten als gleichrangiges Ziel verfolgt werden.

Angelehnt an vorhandene Checklisten und Methoden zur Bewertung von sozialer Nachhaltigkeit auf Unternehmensebene (z. B. Verein für Konsumenteninformation, Institut für Markt-Umwelt-Gesellschaft, NachhaltigkeitsTATENbank) werden in der Folge Kriterien und Indikatoren beschrieben, um Biogasanlagen hinsichtlich ihrer Bemühungen um soziale Nachhaltigkeit zu bewerten. Die Beschreibung der Indikatoren soll in weiterer Folge erlauben, diese direkt an die Betreiber der Biogasanlagen heranzutragen, um ihre (subjektive) Einschätzung der sozialen Nachhaltigkeit der betroffenen Biogasanlage zu erheben. Zunächst erfolgt eine kurze Erläuterung von sozialer Nachhaltigkeit in Abhängigkeit vom jeweiligen Kontext:

<u>Soziale Nachhaltigkeit (allgemein):</u> Je nach Konzeptualisierung von Nachhaltigkeit sind soziale Fragen unterschiedlich in das Gesamtkonzept eingebettet. Tatsache ist, dass soziale Nachhaltigkeit oft in den Hintergrund tritt, kaum spezifiziert wird und eine grundlegende theoretische Untermauerung noch fehlt (EMPACHER und WEHLING 2002; LITTIG und GRIEßLER 2004). Themen sozialer Nachhaltigkeit sind meist Gleichheit, Gesundheit, Bevölkerung, Sicherheit, Bildung (vgl. z. B. UN-Nachhaltigkeitsindikatoren).

<u>Soziale Nachhaltigkeit von Unternehmen</u>: Auf Unternehmensebene wird soziale Nachhaltigkeit meist mit der Frage verbunden, inwieweit Profitorientierung überhaupt die Berücksichtigung sozialer Aspekte erlaubt. Das Thema gewann vor allem dadurch an Bedeutung, dass Kunden immer öfter an die ethische Komponente ihres Konsums dachten. Als Konsequenz daraus wurden von verschiedenen Institutionen Kriterien für (öko-)soziale Nachhaltigkeit von Unternehmen entwickelt. Themen dabei sind z. B. soziale Leistungen für Mitarbeiter, Berücksichtigung von generellen Interessen von Beschäftigten

(z. B. Weiterbildung), Förderungsmaßnahmen für Frauen, Familienfreundlichkeit, umfangreiche Informationspolitik, Einsatz für Verbraucherinteressen und die Interessen weiterer Stakeholder sowie internationale Verantwortung (LITTIG und GRIEßLER 2004; HENSELING et al. 1999).

Soziale Nachhaltigkeit von landwirtschaftlichen Biogasanlagen: Der Schritt von Kriterien und Indikatoren betrieblicher sozialer Nachhaltigkeit zu solchen, die speziell auf die Situation von Biogasanlagen ausgerichtet sind, bildet den eigentlichen Kern dieser Bewertungskategorie.

Die Herausforderungen dabei bestehen vor allem in der Heterogenität heimischer Biogasanlagen hinsichtlich ihrer Größenordnung. Dies wirkt sich insbesondere auf folgende Themenfelder aus:

- *Wirkungskreis von Biogasanlagen*:
  Auswirkungen von Biogasanlagen beschränken sich auf einen relativ kleinen – ev. je nach Windverhältnissen mehr oder weniger ausgedehnten – Umkreis der Anlage. Auch die Partnerunternehmen sind – speziell bei Anlagen ≤250 kW_{el} – meist auf wenige beschränkt. Die Anzahl der Betroffenen hält sich dadurch in Grenzen.

- *Umgang mit Arbeitern und Angestellten*:
  Biogasanlagen in Österreich entstehen meist in Kombination mit landwirtschaftlichen Betrieben, die durch die Produktion von Biogas bzw. Strom und Wärme ein weiteres wirtschaftliches Standbein aufbauen. Speziell bei kleineren Anlagen (≤250 kW_{el}) sind keine eigens Angestellten beschäftigt – die Anlage wird in der Regel von den Eigentümern selbst betrieben und gewartet. Ein Großteil der in der Literatur vorkommenden Kriterien und Indikatoren sozialer Nachhaltigkeit auf Unternehmensebene betrifft allerdings die Frage, wie Firmen mit ihren Arbeitern und Angestellten umgehen (soziale Leistungen, Berücksichtigung von Interessen der Mitarbeiter, Förderungsmaßnahmen, Genderaspekte, etc.). Diese sind für Biogasanlagen zumeist irrelevant bzw. nur stark abgewandelt zu verwenden.

Eine umfassende Bewertung von Biogasanlagen hinsichtlich ihrer sozialen Nachhaltigkeit würde es erfordern, Anrainer, Zulieferer und andere Betroffene zu befragen. Da dies jedoch den finanziellen und zeitlichen Rahmen sprengen würde, wurde auf Auskünfte der betroffenen Unternehmen vertraut. Diese Vorgangsweise setzt die Kooperation der Anlagenbetreiber voraus – sie müssen bereit sein, sich auf das Thema einzulassen und sich den Fragen aufrichtig zu stellen.

Messbarkeit und Skalenbildung:

Bei der Befragung wurde darauf Wert gelegt, das Thema und die Kriterien im Rahmen der Datenerhebung zuerst zu *erklären* (definieren) und dann einzelne Aspekte über Indikatoren *abzufragen* (messen). Damit sollte das Verständnis für soziale Aspekte einer Biogasanlage gefördert werden – das im Gegensatz zu wirtschaftlichen Fragen und Fragen der technischen Effizienz und Umweltrelevanz mit hoher Wahrscheinlichkeit nicht im gleichen Maße gegeben ist.

Da eine Messung der Befragungspunkte im Vordergrund stand, wurde zur Beantwortung der einzelnen Fragen eine fünfstufige Skala eingeführt. Die Fragestellungen sind der Art nach an jene der NachhaltigkeitsTATENbank (EGGER-STEINER und MARTINUZZI 2000) angelehnt, allerdings wurde die Skala leicht modifiziert. Folgende Antworten sind jeweils möglich, wobei diese zur Ergebnisberechnung in Zahlen umgesetzt werden können:

Trifft sehr zu: dieser Punkt war mir/uns immer schon ein besonderes Anliegen	3 Punkte
Trifft zu: dieser Punkt trifft auf mich/uns zu	2 Punkte
Trifft teilweise zu: dieser Punkt trifft zu, aber es gibt/gab auch Ausnahmen	1 Punkt
Trifft nicht zu: dieser Punkt trifft nicht zu	-1 Punkt
Weiß nicht; dieser Punkt ist/war für mich/uns kein Thema	0 Punkte

Insgesamt werden 11 Indikatoren genannt, das bedeutet eine maximal zu erreichende Punktezahl von 33 (11 mal 3) Punkten. Im gegenständlichen Fall wurden die Fragen gleichmäßig gewichtet, wobei berücksichtigt werden muss, dass auch dies implizit einer Gewichtung entspricht. Eine ungleiche Gewichtung der Fragen zur differenzierteren Auswertung müsste unter Einbeziehung von Stakeholdern passieren.

Themen, Kriterien & Indikatoren sozialer Nachhaltigkeit von landwirtschaftlichen Biogasanlagen

Die Kriterien und Indikatoren wurden in zwei Themenbereiche eingeteilt, wobei einer die soziale Verantwortung von Biogasanlagenbetreibern in Bezug auf das *gesellschaftliche Umfeld* betrifft (also vor allem gegenüber Anrainern, Mitbürgern), der zweite jene sozialen Aspekte abdecken soll, die in direkter Beziehung zur *Arbeit* in den Biogasanlagen stehen (also vor allem die Betreiber selbst, Zulieferer und Partnerunternehmen, sowie - soweit vorhanden - Arbeiter und Angestellte betreffen).

Für jeden Themenbereich (T) jeweils wurden vier Kriterien (K) definiert, die durch einen oder mehrere Indikatoren (I) abgefragt wurden.

Das Erfüllen von österreichischen Vorschriften und Gesetzen wird grundsätzlich als Mindeststandard angesehen und als erfüllt vorausgesetzt. Es geht um zusätzliche, freiwillige Leistungen im Sinne der sozialen Nachhaltigkeit.

T1 Gesellschaftliches Umfeld

Jede Biogasanlage ist in ein gesellschaftliches Umfeld eingebettet, sie beeinflusst gesellschaftliche Gegebenheiten und wird von ihnen beeinflusst. Im Sinne der Nachhaltigkeit ist es relevant, dass der soziale Zusammenhalt durch das Ent- und Bestehen der Anlage gestärkt wird, statt dass die Gemeinschaft entzweit wird. Es geht einerseits darum, dass sich Anlagenbetreiber in die Gesellschaft in ihrer Funktion als (erneuerbare) Energieproduzenten einbringen, indem sie ihr Wissen und ihre Potenziale (mit)teilen. Andererseits müssen durch die Biogasanlage bedingte Konflikte auf möglichst konstruktive Weise gelöst werden.

K1.1 Bewusstseinsbildung: Biogasanlagen tragen durch die Verwendung erneuerbarer Ressourcen zu einem Wandel des bestehenden Energiesystems in Richtung Nachhaltigkeit bei. Im Gegensatz zu zentralen Großkraftwerken zur Energieproduktion aus fossilen Ressourcen stehen sie oft in der Nähe von Siedlungsgebieten und betreffen die Menschen direkter. Sie bilden dadurch einen möglichen Angelpunkt, um das Thema *Energie & Nachhaltigkeit* an die Menschen heranzutragen. Betreiber von Biogasanlagen können durch aktives Herantreten an die Bevölkerung – sei es durch Informationsveranstaltungen, Tage der offenen Tür, persönliche Gespräche – viel in Bewegung setzen.

I1. Aktive Informationspolitik: Ich/Wir treten aktiv und bewusst an die Bevölkerung heran, um ihr mein/unser Wissen über Energie näher zu bringen und das Thema Energie in ihrem Bewusstsein zu stärken.

trifft sehr zu – trifft zu – trifft teilweise zu – trifft nicht zu – keine Antwort

K1.2 Netzwerkbildung: Wissen weiterzugeben und auszutauschen ist besonders relevant innerhalb von Personenkreisen, die sich ähnlichen Aufgaben stellen. So können ähnliche Fehler vermieden werden und

Innovationen rascher weitergegeben werden. Die Bildung von Netzwerken und die aktive Kontaktpflege zu Gleichgesinnten bringen daher Vorteile – nicht nur im sozialen, sondern auch im ökologischen und ökonomischen Bereich.

I2. *Kontaktpflege*: Ich/Wir halte(n) zu anderen (potenziellen) Biogasanlagen-Betreibern Kontakt und stellen Informationen, technische Unterstützung, u.a. bereit.

trifft sehr zu – trifft zu – trifft teilweise zu – trifft nicht zu – keine Antwort

K1.3 Informationsoffenheit: Konflikte treten oft dann auf, wenn seitens der Betroffenen das Gefühl entsteht, nicht umfassend und korrekt informiert zu werden. Eine offene Informationspolitik kann helfen, Konflikte und Missverständnisse von vornherein zu vermeiden oder auszuräumen. Dabei geht es nicht nur darum, die Vorteile der Biogasanlagen zu betonen, sondern es müssen auch Nachteile (z. B. Geruch) und zwiespältige Themen (z. B. ökologische Einbußen durch Mais-Monokulturen vs. Einkommen für Landwirte) angesprochen werden.

I3. Informationsoffenheit: Ich/Wir gehen in Diskussionen um meine/unsere Biogasanlage auch auf Kritikpunkte ein und gebe(n) Informationen – auch in Bezug auf negative Auswirkungen – offen weiter.

trifft sehr zu – trifft zu – trifft teilweise zu – trifft nicht zu – keine Antwort

K1.4 Berücksichtigung von Interessen/Problemgruppen: Beim Bau/Betrieb von Biogasanlagen können immer wieder unterschiedliche Interessen aufeinander stoßen. Geruchsbildung, Lärm durch die Zulieferung von Substraten und dem Betrieb der Anlage, etc. können zu Konflikten mit Betroffenen führen. Der soziale Zusammenhalt in der Region wird gestärkt, wenn solche Anliegen berücksichtigt und Lösungen verfolgt werden, die beide Seiten einbeziehen.

I4. Erfolgreiche Konfliktlösungen: Beschwerden, die bisher an uns herangetragen wurden, konnten gütlich gelöst werden.

trifft sehr zu – trifft zu – trifft teilweise zu – trifft nicht zu – keine Antwort

I5. Einbeziehen von Stakeholdern in die Planung: Stakeholder wurden aufgrund möglicher Konfliktpotentiale bereits in die Planung der Anlage miteinbezogen, und es wurde versucht, gemeinsam mit den Betroffenen Lösungen zu finden.

trifft sehr zu – trifft zu – trifft teilweise zu – trifft nicht zu – keine Antwort

I6. <u>Entgegenkommen bei Beschwerden</u>: Werden Beschwerden an mich/uns herangetragen, so versuche(n) ich/wir, gemeinsam mit den Beschwerdeführern eine Lösung zu finden, die beide Seiten zufrieden stellt.

trifft sehr zu – trifft zu – trifft teilweise zu – trifft nicht zu – keine Antwort

T2   Arbeit

Ein zentraler Aspekt betrieblicher Nachhaltigkeit bildet meist die Frage des Umgangs des Unternehmens mit seinen Mitarbeitern. Im Falle von Biogasanlagen in Österreich wird die Arbeit häufig von den Betreibern selbst geleistet, teils aber auch von eigens für die Biogasanlage zuständigen Arbeitern und Angestellten. Der soziale Umgang mit den betroffenen Menschen sollte dennoch gewährleistet sein – auch wenn es um den Unternehmer selber geht. Bei der Auswahl von Indikatoren und deren Formulierung wurde darauf geachtet, dass beide Modelle (Betreiber und/oder Angestellte) angesprochen sind. Mit dem Begriff *Arbeitende* sind Betreiber, Arbeiter und Angestellte gemeint.

K2.1 <u>Wissensvermittlung</u>: Gute Kenntnisse der Grundlagen von Biogasanlagen, der verwendeten Technologie, der optimalen Betriebsweise sowie das Wissen um relevante (technologische) Innovationen, bieten den Arbeitenden nicht nur persönliche Entwicklungschancen, sondern tragen auch zu ökonomischer und ökologischer Nachhaltigkeit bei, da ein effizienter Einsatz der Ressourcen gefördert wird.

I7. <u>Besuch von Schulungen und Veranstaltungen</u>: Ich/Wir (Anlagenbetreiber) besuchen regelmäßig Schulungen zum Thema Biogas und/oder ermöglichen unseren Arbeitern und Angestellten den Besuch solcher Veranstaltungen.

trifft sehr zu – trifft zu – trifft teilweise zu – trifft nicht zu – keine Antwort

K2.2 <u>Arbeitssicherheit</u>: Unfälle können negative wirtschaftliche, ökologische und soziale Folgen mit sich bringen. Die Vermeidung von Unfällen stellt damit einen zentralen Aspekt von Nachhaltigkeit dar.

I8. <u>Bisherige Unfälle</u>: Bis dato sind keine Unfälle an meiner/unserer Biogasanlage passiert, die durch irgendwelche Vorsichtsmaßnahmen zu vermeiden gewesen wären.

trifft sehr zu – trifft zu – trifft teilweise zu – trifft nicht zu – keine Antwort

K2.3 Soziale Verantwortung der/für Partnerunternehmen: Soziale Standards gelten nicht nur für die Betreiber der Biogasanlage selber, sondern sollten auch auf Partnerunternehmen (Zulieferer, Service- und Wartungsfirmen) ausgedehnt werden. So kann einerseits gewährleistet werden, dass Unternehmen nicht auf Kosten von anderen Firmen/Personen Geschäfte machen und andererseits wird der Gedanke (sozialer) Nachhaltigkeit weiter verbreitet.

I9. Soziale Sicherheit für Partnerunternehmen: Wir/Ich habe(n) mit meinen/unseren Partnerunternehmen (z. B. Zulieferer, Service- und Wartungsfirmen) langfristige Verträge abgeschlossen, um ihnen Sicherheit und längerfristige Planung zu ermöglichen.

trifft sehr zu – trifft zu – trifft teilweise zu – trifft nicht zu – keine Antwort

I10. Soziale Verantwortung der Partnerunternehmen: Ich/Wir achte(n) bewusst darauf, dass unsere Partnerunternehmen soziale Standards einhalten.

trifft sehr zu – trifft zu – trifft teilweise zu – trifft nicht zu – keine Antwort

K2.4 Entlohnung:

I11. Der Stundenlohn, den ich/wir den Angestellten/Arbeitern der Biogasanlage auszahle(n) bzw. der Gewinn, den ich pro selbst investierter Stunde erwirtschafte, übertrifft (bei weitem), entspricht oder liegt unter den durchschnittlichen Löhnen vergleichbar qualifizierter Arbeiter/Angestellter.

Bei dieser Frage wurde zusätzlich nach dem konkreten Stundenlohn gefragt, welchen der Betreiber seinen Angestellten bzw. sich selber auszahlt. Aus den angegebenen Gehältern wurde jeweils der Median berechnet, sowohl für die Löhne der Angestellten als auch für die Gehälter, die die Betreiber für sich berechnen. Zahlte der Betreiber mehr als 130 % des durchschnittlichen Gehalts, so wurde dies mit 3 Punkten bewertet, zahlte er mehr als 110 % des Medians, mit 2 Punkten. Lag das Gehalt zwischen 90 und 110 %, gab es dafür 1 Punkt, lag das Gehalt unter 90 %, -1 Punkt.

3.2.4 Ökologische Kennzahlen / Ökobilanzierung

Für die ökologische Bewertung wurde die Ökobilanzierung mittels GEMIS 4.3 herangezogen (vgl. Kapitel 3.1.3). Im Gegensatz zu zahlreichen anderen Ökobilanzen wurde in dieser Arbeit nicht das ganze Spektrum an Kennzahlen ermittelt (z. B. Versauerungspotential), sondern nur folgende drei Teilaspekte:

- Emissionen der Treibhausgase CO_2, CH_4 und N_2O
- Emissionen der Luftschadstoffe CO, NO_x, NMVOC, SO_2, Staub und NH_3
- Kumulierter Energieaufwand

Treibhausgasemissionen

Kohlendioxid, Methan und Lachgas zählen zu den Hauptverursachern des Treibhauseffekts. Als Maß für die Treibhauswirkung wird das Treibhausgaspotential (GWP – Global Warming Potential) verwendet, das den Beitrag dieser Gase zur Erwärmung der Erdatmosphäre in Form der äquivalenten Menge CO_2 ausdrückt. Die Treibhausgaswirkung von CH_4 und N_2O wird mittels Faktoren äquivalent zu CO_2 angegeben (=$CO_{2,eq}$) und zusammen mit CO_2 aufsummiert.

Die Äquivalenzfaktoren für die drei zu betrachtenden Treibhausgase werden dabei in GEMIS 4.3 gemäß der Richtlinien von IPCC (1996) wie folgt festgelegt, wobei als Betrachtungszeitpunkt 100 Jahre gelten.

- Kohlendioxid (CO_2): 1
- Methan (CH_4): 23
- Lachgas (N_2O): 296

Für den zur Bioenergiegewinnung eingesetzten biogenen Kohlenstoff wird angenommen, dass die Bilanz der Netto-CO_2-Fixierung durch die Photosynthese, der Kohlenstoff-Speicherung sowie der Kohlenstoff-Verbrennung von Biomasse Null ist, wie dies auch in den Richtlinien für die Energiewirtschaft vom Intergovernmental Panel on Climate Change (IPCC) festgelegt ist (IPCC 1996).

Luftschadstoffemissionen

Luftschadstoffe entstehen als unerwünschte Nebenprodukte bei allen Verbrennungsvorgängen. Bei der Erzeugung von Strom aus Biogas ist der naheliegendste Verbrennungsvorgang der im BHKW, aber auch vorgelagert Verbrennungsvorgänge im weiteren Sinne sind relevant, wie z. B. beim

Ackerbau und beim Transport der Substrate im Verbrennungsmotor der Fahrzeuge.

Kohlenmonoxid (CO) ist aufgrund seiner Toxizität beim Menschen (hohe Affinität zu Hämoglobin) ein unerwünschtes Nebenprodukt bei Verbrennungsvorgängen. Aber auch seine Wirksamkeit als Quelle für bodennahes Ozon (O_3) ist von Bedeutung. Es entsteht hauptsächlich bei der unvollständigen Verbrennung infolge zu geringer Verbrennungsluftzufuhr.

Stickstoffoxide (NO_x als Summe von Stickstoffmonoxid NO und Stickstoffdioxid NO_2) entstehen überwiegend als unerwünschte Nebenprodukte bei hohen Temperaturen. Für den Menschen besonders schädlich ist NO_2, da es lungentoxisch wirkt. Außerdem sind die Stickstoffoxide mitverantwortlich für die Versauerung und Eutrophierung (Überdüngung) von Böden und Gewässern. In der kalten Jahreszeit entsteht aus gasförmigen Stickoxiden und Ammoniak partikelförmiges Ammoniumnitrat. Dieses trägt zu einer großräumigen Belastung durch Feinstaub (PM10) bei. Im Sommer führen Stickstoffoxide zusammen mit Kohlenwasserstoffen zur Bildung von Ozon.

Flüchtige Organische Verbindungen ohne Methan (Non-Methane Volatile Organic Compounds, NMVOC) sind vor allem aufgrund ihres Beitrags zur Bildung von bodennahem Ozon von Bedeutung. Durch Biogas-BHKW werden kaum NMVOC emittiert.

Schwefeldioxid (SO_2) schädigt in hohen Konzentrationen Menschen, Tiere und Pflanzen. Die Oxidationsprodukte führen zu *Saurem Regen*, der Wald und Seen gefährdet und Gebäude und Materialien angreift. Partikelförmige Sulfate tragen zur großräumigen Belastung durch Feinstaub (PM10) bei.

Staub ist ein komplexes, heterogenes Gemisch aus festen bzw. flüssigen Teilchen, die sich hinsichtlich ihrer Größe, Form, Farbe, chemischen Zusammensetzung, physikalischen Eigenschaften und ihrer Herkunft bzw. Entstehung unterscheiden. Von ökologischer Relevanz ist vor allem Feinstaub, der über die Atemwege in die Lunge gelangen kann und zu einer Erhöhung der Zahl von Erkrankungen der Atmungsorgane führt. An der Oberfläche winziger Staubteilchen lagern sich Schadstoffe wie Kohlenwasserstoffe, Schwefel- oder Stickstoffverbindungen an, sodass deren Wirkung bei gleichzeitiger Anwesenheit von Staub verstärkt wird (UBA 2011). Vor allem beim Einsatz von Zündstrahlmotoren ist auch mit relevanten Staubemissionen (Ruß) zu rechnen (BMWA 2007).

Ammoniak (NH_3) entsteht durch den Abbau organischer Stickstoff-Verbindungen zu Ammonium. Je nach pH-Wert und Temperatur steht das (gelöste) Ammonium im chemischen Gleichgewicht mit dem (flüchtigen)

Ammoniak (vgl. Dissoziationsgleichgewicht Kapitel 1.4.1.2. „Milieueinflüsse"). NH_3 ist ein hochreaktives, gesundheitsschädliches Gas, welches sich zum einen rasch auf Oberflächen (Pflanzen, Boden etc.) niederschlägt und dort reagiert oder in der Luft mit anderen Partikeln Reaktionen eingeht (Feinstaub). Mit dem Regen importierte NH_3-Depositionen führen zu Überdüngung (Eutrophierung) naturnaher Ökosysteme, was zu einer Verringerung an Biodiversität führen kann. Im Boden wird NH_3 oxidiert und wirkt dadurch versauernd, was zu Waldsterben führen kann. NH_3 führt darüber hinaus auch zu Schäden an Bauwerken und Kulturgütern. Im Boden führt es zu erhöhten Emissionen von Lachgas, wodurch Ammoniak auch eine indirekt-klimarelevante Wirkung zugeschrieben wird (SIEGL 2010). NH_3 entsteht hauptsächlich beim Abbau von organischem und mineralischem Dünger sowie bei der Lagerung und Ausbringung von Gülle. Dementsprechend ist die Landwirtschaft mit 92,4 % am Gesamtausstoß Hauptquelle von Ammoniakemissionen (UBA 2010).

In Kapitel 4.7 „Clusteranalyse" fließen die Luftschadstoff-Emissionen – mit Ausnahme von Ammoniak – als Summenparameter ein, ähnlich den gesamten THG-Emissionen, die als CO_2-Äquivalente angegeben werden (siehe oben). Allerdings gibt es hierzu keine vergleichbaren Umrechnungsfaktoren, da die Wirksamkeiten der Schadstoffe sehr unterschiedlich ist. Um dennoch einen Summenparameter bilden zu können, wird – in Anlehnung an die Technische Grundlage für die Beurteilung von Biogasanlagen (BMWA 2007, vgl. Kapitel 3.2.4.3 „Emissionen aus dem Blockheizkraftwerk") sowie der Grenzwerteverordnung (BGBl.II Nr.253/2001) – folgende Gewichtung der Schadstoffe vorgenommen:

Tabelle 9: Gewichtungsfaktoren der Luftschadstoffe

Luftschadstoff	SO_2	NO_x	Staub	CO	NMVOC
Verhältnis	1/310	1/400	1/100	1/650	1/200

Ähnlich wie bei den Treibhausgasen werden die Schadstoff-Frachten mit den Gewichtungsfaktoren multipliziert und als *Luftschadstoffe gewichtet* angegeben.

Kumulierter Energieaufwand

Der Kumulierte-Energie-Aufwand (KEA; vgl. DRAKE 1996) ist die Summe aller Primärenergie-Inputs (inklusive der zur Materialherstellung), die für ein Produkt oder eine Dienstleistung aufgewendet wird. Primärenergien sind Ressourcen wie Erdöl, Sonnen- und Windenergie oder auch Uran, aus denen nutzbare Energieträger wie Heizöl, Benzin, Strom oder Fernwärme erzeugt werden. Der

KEA wird bestimmt, indem für ein bestimmtes Produkt (z. B. Stahl) oder eine Dienstleistung (z. B. Raumwärme, Transport von Gütern) die gesamte Vorkette untersucht und die jeweilige Energiemenge ermittelt werden. Die Vorketten der Stromerzeugung z. B. sind die Leitungsnetze, die Kraftwerke, sowie die Aktivitäten (Prozesse), die zum Betrieb der Kraftwerke notwendig sind (Bergbau, Raffinerien usw.). Auch der Aufwand zur Herstellung der jeweiligen Prozesse wird im KEA erfasst.

Eine wichtige Rolle spielt der KEA bei der Diskussion um die energetische Amortisationsdauer (⌕, VDI 1997) bzw. zur Berechnung des Output-Input-Verhältnisses (⌕). Der KEA wird in dieser Arbeit als Output-Input-Verhältnis (OI-Verhältnis, oder auch Energie-Erntefaktor) dargestellt. Das OI-Verhältnis beschreibt das Verhältnis der Nutzenergie (Elektrizität, Nutzwärme) zu der für die Energiebereitstellung aufgewendeten Energie (KEA).

3.2.4.1 Systemgrenze

Bei der Erstellung der Ökobilanzen wird die in Abbildung 11 dargestellte Systemgrenze festgelegt. Dabei wird unterschieden in direkte Emissionen, deren Berechnungsmodi unten beschrieben sind, sowie vorgelagerte Emissionen, die über die GEMIS-Datenbank ermittelt werden.

Dabei ist anzumerken, dass die Erzeugungswege der Komponenten Wirtschaftsdünger, Organische Reststoffe und Abfälle, sowie Saatgut außerhalb der Systemgrenze liegen.

Ebenso werden in dieser Betrachtung keine alternativen Nutzungskonzepte für Referenznutzung Organische Reststoffe und Abfälle, Referenznutzung NAWAROs (Brache, Kultur) und Alternative Wärmebereitstellung berücksichtigt und dafür auch keine Gutschriften berechnet.

Die Entsorgung der Infrastruktur ist in dieser Betrachtung ebenso nicht berücksichtigt.

Wie bereits beschrieben fallen als Ausgangsgrößen neben den erwünschten Produkten Strom und Wärme auch die unerwünschten Nebenprodukte Treibhausgase und Luftschadstoffe an. Dazu gehören die Emissionen aus dem BHKW ebenso, wie die Emissionen aus der Lagerung und Ausbringung der Biogasgülle oder aufgrund des Transports und vorgelagerten Tätigkeiten.

Auch wenn viele Anlagen den Eigenstrombedarf aus ökonomischen Gründen aus dem öffentlichen Stromnetz beziehen wird in der gegenständlichen Untersuchung dieser Strombedarf nicht berücksichtigt. Stattdessen wird als

Bezugsgröße der Ökobilanzierung die produzierte Nettostrommenge herangezogen.

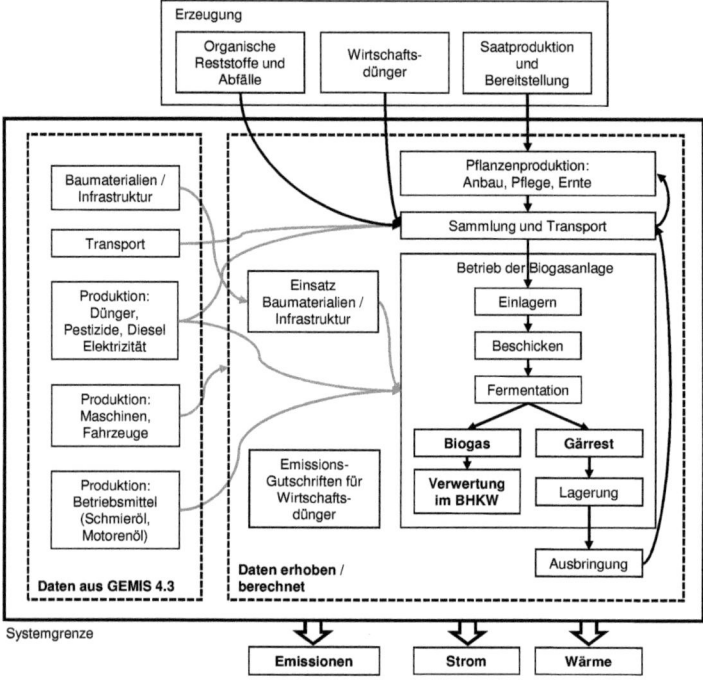

Abbildung 11: Systemgrenze der Ökobilanz

Im Folgenden sind sämtliche Eingangsgrößen für die ökologische Bewertung sowie deren Berechnungsmodi detailliert dargestellt. Dabei wird unterschieden in

- Vorgelagerte Energie- und Stoffströme: entspricht in der Darstellung der Systemgrenze allen Verfahrensschritten, welche der *Verwertung im BHKW* vorgelagert sind.
- Emissionen aus dem Blockheizkraftwerk (= direkte Emissionen)
- Emissionen aus Biogasgülle bei der Lagerung
- Emissionen aus Biogasgülle bei der Ausbringung
- Gutschriften aus der Vergärung von Wirtschaftsdüngern
- Einfluss der Wärmeauskopplung

3.2.4.2 Vorgelagerte Energie- und Stoffströme

a) Zurückgelegte Entfernungen

Sämtliche Transport-aktivitäten werden in die Systemgrenze mit einbezogen, auch die von Reststoffen und Abfällen. Der Kraftstoffverbrauch aus dem Transport wird nicht extra erhoben, da die Kennzahlen mit GEMIS standardisiert aus den km-Leistungen von Lkw und Traktor berechnet werden.

Die Systemgrenze zum Punkt *Kraftstoffverbrauch* ist das Feld; d.h. alle Fahrten vom Hof zum Feld sind hierin enthalten, jeder Transport bei der Ernte ebenso wie der Substrattransport, auch bei Abfall-Anlagen.

Für die Eingabe in GEMIS werden Entfernungen unterschieden, welche von Traktoren und welche von Lkw zurückgelegt werden. Die Berechnung erfolgt analog zu den Formeln (40) bis (44).

b) Kraftstoffverbrauch in der Pflanzenproduktion

Als Grundlage für die Berechnung des Kraftstoffverbrauchs in der Pflanzenproduktion dient eine Untersuchung von HANDLER und RATHBAUER (2005). Darin wird für die wichtigsten Pflanzenarten angeführt, welcher Kraftstoffbedarf für eine standardisierte Maschinenausrüstung für die Bewirtschaftung eines Feldes von 2 ha Größe und 2 km Entfernung vom Bauernhof benötigt wird. Ferner werden darin 4 Anbauverfahren unterschieden:

– Pflug, Saatbeetkombination

– Pflug, kombinierter Anbau

– Grubber, kombinierter Anbau

– Direktsaat (Minimalbodenbearbeitung)

Der Kraftstoffbedarf für die jeweilige Pflanzenart wird für die gegenständliche Arbeit dahingehend modifiziert, dass die Gülledüngung und sämtliche Transportwege subtrahiert wurden, da diese bereits unter anderen Punkten angeführt wurden.

Weiters wird der Kraftstoffbedarf für die ersten drei Anbaumethoden gemittelt, da sich der Bedarf bei diesen praktisch nicht unterscheidet. Nur die Direktsaat wird als besonders Kraftstoff-sparende Anbaumethode gesondert angeführt. Der Treibstoffbedarf und die benötigte Anzahl von Arbeitsgängen für die Pflanzenproduktion sind in Tabelle 10 dargestellt.

Tabelle 10: Treibstoffbedarf und benötigte Anzahl von Arbeitsgängen für die Pflanzenproduktion

Standardverfahren

Substrat	Treibstoff l/ha	Traktor	Traktor	Traktor	Traktor	Feldhäcksler	Selbstfahrer	Mähdrescher	Mähdrescher	Anzahl Arbeitsgänge SUMME
Leistung [kW]		83	67	54	45	250	230	175	125	
Verbrauch [l/h]		9,7	7,8	6,3	5,3	36,3	28,5	30,5	21,8	
CCM	65	3		3				1		7
Futterrübe	113	2	1	6			1			10
Grassilage Dauergrünland										
3 Schnitte, Häcksler	55	3		4		3				10
4 Schnitte, Häcksler	72	4		5		4				13
3 Schnitte, Ladewagen	36	6		4						10
3 Schnitte, Rundballen	43	6		7						13
Grünschnittroggensilage	66	3		2		1				6
Kartoffel	103	4	1	6						11
Kleegras Bestellung	41	3	1	1						5
Kleegrassilage 3 Schnitte	57	3		4		3				10
Kleegrassilage 4 Schnitte	75	4		5		4				13
Körnermais Trocken	65	3		3				1		7
Landsberger Gemenge, 3 Schnitte *	52	5		4						9
Lupinie *	79	6				1				7
Miscanthus *	38	0,4					1			1,4
Raps *	60	4	2		5	1				12
Roggen GPS	61	2		2	1	1				6
Silomais	78	2		3		1				6
Sojabohne *	81	6		1		1				8
Sonnenblumen GPS	75	2		3		1				6
Sudangras *	92	4		1		1				6
Triticale GPS	61	2		2	1	1				6
Weizen GPS	61	2		2	1	1				6
Weizen Korn	70	4		4	1			1		10
Wintergerste GPS	57	2		2	1	1				6

Minimalbodenbearbeitung

Substrat	Treibstoff l/ha	Direktsaatmaschine	Traktor	Traktor	Traktor	Traktor	Feldhäcksler	Mähdrescher	Mähdrescher	Anzahl Arbeitsgänge SUMME
Leistung [kW]		102	83	67	54	45	250	175	125	
Verbrauch [l/h]		11,9	9,7	7,8	6,3	5,3	36,3	30,5	21,8	
CCM	43	1	1		2			1		5
Grünschnittroggensilage	43	1	1		1		1			4
Kleegras Bestellung	11	1			1					2
Körnermais Trocken	43	1	1		2			1		5
Roggen GPS	37	1			1	1	1			4
Silomais	56	1			2		1			4
Sonnenblumen GPS	53	1			2		1			4
Triticale GPS	37	1			1	1	1			4
Weizen GPS	37	1			1	1	1			4
Weizen Korn	46	1	2		3	1		1		8
Wintergerste GPS	34	1			1	1	1			4

* Werte stammen von Reindl (2005)

Da als Parameter auch die für die Substratproduktion benötigten Flächen erhoben werden, kann mit Hilfe von Tabelle 10 der gesamte Kraftstoff-Bedarf $M_{K,A}$ für den Ackerbau berechnet werden:

$$M_{K,A} = \sum (A_{S,i} \cdot F_{S,i}) \qquad \text{l/a} \qquad (45)$$

$M_{K,A}$ ... Kraftstoffbedarf Ackerbau l/a
$F_{S,i}$ ... substratspezifischer Kraftstoffbed. l/ha

c) Kraftstoffverbrauch bei der Gülledüngung

Der Kraftstoffverbrauch bei der Gülledüngung wird mit Werten aus der KTBL-Datenbank (Frisch et al., 2005) berechnet. Aufgrund der Kenntnis der Leistung der Ausbringfahrzeuge, der Ausbringmethode, der Volumina der Güllefässer sowie der durchschnittlichen Ausbringfläche (sämtliche Parameter sind bekannt → vgl. *Fragebogen zur Datenerhebung*, Kapitel 9.1), kann der Kraftstoffbedarf [l/ha] einfach aus der KTBL-Datenbank ermittelt werden. Durch Multiplikation mit der gesamten Ausbringfläche wird der Kraftstoffverbrauch für die Gülledüngung erhalten.

$$F_{K,G} = V_{K,G} \cdot A_G \qquad \text{l/a} \qquad (46)$$

$F_{K,G}$ ... Kraftstoffbedarf Gülledüngung l/a
$V_{K,G}$ ... spezifischer Kraftstoffbedarf l/ha
A_G ... gesamte Gülle-Ausbringfläche l/ha

d) Synthetische Düngemittel

Die Menge an eingesetzten synthetischen Düngemitteln wird als Parameter erhoben (→ vgl. *Fragebogen zur Datenerhebung*, Kapitel 9.1). Als Eingangsgröße für die Ökobilanz erfolgt keine weitere Unterscheidung in das genaue Produkt, sondern es werden lediglich die eingesetzten Nährstoffe (N, K, P, Ca, und Mg) angeführt, die Ausgangsgrößen werden in weiterer Folge mit den in GEMIS hinterlegten Datenbanken berechnet.

e) Pflanzenschutzmittel

Wie Düngemittel: Die Menge an eingesetzten Pflanzenschutzmitteln wird als Parameter erhoben (→ vgl. *Fragebogen zur Datenerhebung*, Kapitel 9.1). Als Eingangsgröße für die Ökobilanz erfolgt keine weitere Unterscheidung in das genaue Produkt, sondern es werden lediglich die eingesetzten Kategorien (Herbizide, Fungizide, Insektizide, Molluskizide) angeführt, die Ausgangsgrößen werden in weiterer Folge mit den in GEMIS hinterlegten Datenbanken berechnet.

f) Kraftstoffbedarf Einlagern/Festfahren

Die geernteten Pflanzen müssen zur Konservierung siliert werden. Dies erfolgt bei der Einlagerung (meist in Fahrsilos) durch Festfahren, was bedeutet, dass Fahrzeuge über das frisch geerntete und eingelagerte Substrat fahren wodurch dieses verdichtet wird. Der Treibstoffbedarf wird fix mit 0,18 l Diesel pro Tonne Frischsubstrat angenommen (Handler und Rathbauer, 2005; Resch, 2006).

g) Verbrauch Silofolie

Zur Abdeckung der verdichteten Silos wird in der Regel eine Silofolie verwendet. Die Silofläche wird mit dem Gewicht der Silofolie multipliziert, welches 0,1375 kg/m² Silofläche beträgt (incl. 10 % Verlust) (Raiffeisen Lagerhaus Aschbach, 2006).

h) Baumaterialien

Die für die Errichtung der Biogasanlage verwendeten Baumaterialien (vgl. Tabelle 11) wurden bei einigen repräsentativen Biogasanlagen erhoben und von diesen wurden die Baumaterialien auf Bau-ähnliche Biogasanlagen übertragen bzw. rückgerechnet. Die kalkulierte Nutzungsdauer beträgt 13 Jahre.

Tabelle 11: Berücksichtigte Baumaterialien für die Errichtung der Biogasanlagen

Baumaterialien	Einheit
Beton (z. B. Fermenter, Betriebsgebäude, Siloplatte, etc.)	t
Mauerziegel	t
Verputz	t
Dämmung	t
Dachziegel	t
Holz	t
Edelstahl (z. B. Gasleitung)	t
Baustahl	t
Blech (z. B. Fermenterverkleidung)	t
Kunststoff (z. B. Gasleitung, Membranspeicher etc.)	t
Schotter	m³
Asphalt	t
Versiegelte Fläche gesamt (Fermenter, Betriebsgebäude, Silos, Straßen)	m²

i) Kraftstoffbedarf Beschickung

Feste Substrate (z. B. Silagen, Abfälle wie Biertreber) werden über einen Feststoffdosierer in die Biogasanlage eingebracht. Die Befüllung dieser Dosierungseinrichtungen erfolgt entweder mittels Traktor, Rad- oder Teleskoplader. Der Treibstoffbedarf des Fahrzeuges wird als Parameter erhoben [l/h], ebenso wie die Zeit [h/a], die für die Befüllung des Vorratsbehälters aufgewendet wird (→ vgl. *Fragebogen zur Datenerhebung*, Kapitel 9.1).

j) Verbrauch Motorenöl

Ein Blockheizkraftwerk benötigt als Betriebsmittel Motorenöl, welches nach einer bestimmten Anzahl an Betriebsstunden ausgewechselt werden muss. Der Verbrauch an Motorenöl lässt sich berechnen nach

$$\textit{Ölbedarf} = \frac{h_{B,BHKW}}{h_{Ö}} \cdot (V_{Ö,W} + V_{Ö,V}) \qquad \text{l/a} \qquad (47)$$

$h_{B,BHKW}$	... Betriebsstunden BHKW	h/a
$h_{Ö}$	... Ölstandszeiten	h
$V_{Ö,W}$	... Ölwechselmenge je Ölwechsel	l
$V_{Ö,V}$	... Ölverbrauch je Ölwechsel	l

Die Parameter Betriebsstunden BHKW, Ölstandszeiten, Ölwechselmenge je Ölwechsel und Ölverbrauch je Ölwechsel werden im *Fragebogen zur Datenerhebung* (vgl. Kapitel 9.1) erhoben. Als Emissionswerte für die Ökobilanz werden aus GEMIS die Werte von Diesel herangezogen.

k) Verbrauch Zündöl

Einige Biogasanlagen verwenden Zündstrahlaggregate zur Stromproduktion. Die Menge des verbrauchten Zündöls (Diesel) dient ebenso als Eingangsgröße für die Ökobilanzierung und wird als Parameter erhoben (→ vgl. *Fragebogen zur Datenerhebung*, Kapitel 9.1).

3.2.4.3 Emissionen aus dem Blockheizkraftwerk

Eine der Hauptemissionsquellen im Biogassystem ist die Verbrennung von Biogas im BHKW. Teils gibt es Länder-spezifische Festlegungen zur Begrenzung der Luftschadstoffemissionen aus Biogas-BHKW. Sofern weder solche noch verbindlichen bundesweiten Rechtsvorschriften bestehen, kann hinsichtlich der Abgasemissionen eines Biogas-BHKWs auf die in der *Technischen Grundlage für die Beurteilung Biogasanlagen* (BMWA 2007) angegebenen Werte verwiesen werden. Die Grenzwertempfehlungen sind jeweils bezogen auf 5 % O_2, 0 °C und 1013 mbar bei Nennleistung.

Tabelle 12: Grenzwertempfehlungen für Biogas-BHKW (BMWA 2007)

Luftschadstoff	mg/m^3
Kohlenmonoxid	650
Stickstoffoxiden, berechnet als NO_2	400
Staub	100
Schwefeloxide (SO_2 und SO_3)	310

Eine Untersuchung des Bayerischen Landesamts für Umweltschutz kam allerdings zu dem Ergebnis, dass die Einhaltung von Emissionsgrenzwerten nur durch auf den aktuellen Methangehalt abgestimmte Motoren sowie über regelmäßige Motorwartung und gleichzeitige Emissionsmessung bei der Motoreinstellung gewährleistet werden kann (BayLfU 2006).

Die Emission von Luftschadstoffen bei der Verbrennung ist vor allem von der Luftüberschusszahl λ (Lambda-Wert, Luftzahl, Luftverhältniszahl) abhängig. Diese beschreibt das Verhältnis der tatsächlich zugeführten Luftmenge zu der für die Verbrennung notwendigen Mindestluftmenge.

Bei λ = 1 handelt es sich um eine stöchiometrische Verbrennung, das heißt es wird genau so viel Sauerstoff mit der Verbrennungsluft zugegeben, wie für die vollständige Oxidation des Brennstoffes benötigt wird. Biogas muss jedoch mit einem λ um 1,5 verbrannt werden („magerer" Bereich), da sonst die Emissionswerte für NO_x und CO zu hoch liegen würden, wie aus Abbildung 12 „Qualitativer Zusammenhang zwischen Luftverhältnis, Wirkungsgrad und Abgasemissionen" hervorgeht. Nachteil der Verbrennung im mageren Bereich ist allerdings der Leistungsverlust, da durch den höheren Luftanteil im Gemisch dem Motor weniger Energie aus der Verbrennung zur Verfügung steht, was ebenfalls aus Abbildung 12 hervorgeht.

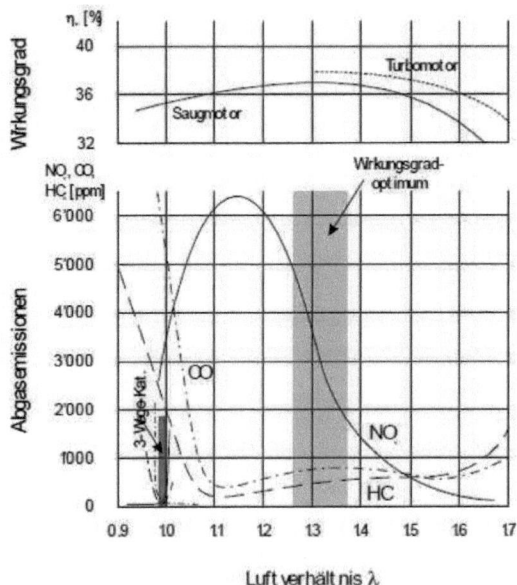

Abbildung 12: Qualitativer Zusammenhang zwischen Luftverhältnis, Wirkungsgrad und Abgasemissionen (HECK 2007)

CO- und NO$_x$-Emissionen

Sind dem Anlagenbetreiber die CO- und NO$_x$-Konzentrationen im Abgas bekannt (üblicherweise in ppm), können diese wie folgt in die Einheit g/Nm^3 umgeformt werden:

$$c_{m,i} = \frac{m_i}{V_{ges}} = \frac{M_i \cdot n_i}{V_{ges}} \underset{mit\ pV=nRT}{=} \frac{M_i \cdot p_N}{R \cdot T_N} \cdot X_i \qquad g/Nm^3 \qquad (48)$$

$c_{m,i}$	... Konzentration der Komponente i	g/Nm^3
m_i	... Masse der Komponente i	g
V_{ges}	... Abgasvolumen	Nm^3
M_i	... Molgewicht der Komponente i	g/mol
n_i	... Molzahl der Komponente i	-
X_i	... Konzentration der Komponente i im Biogas	ppm

Um die emittierten Frachten $Q_{m,i}$ über ein Bilanzjahr zu berechnen, werden die Konzentrationen mit der Abgasmenge $V_{A,0}$ multipliziert

$$Q_{m,i} = c_{m,i} \cdot V_{A,0} \cdot 1000 \qquad \text{kg/a} \qquad (49)$$

$Q_{m,i}$ ... Jahresmenge von CO oder NO_x

$V_{A,0}$ ... Abgasmenge Nm^3/a

wobei $V_{A,0}$ berechnet wird mit

$$V_{A,0} = \left(V_{CH_4,0} + V_{CO_2,0} + O_{2,\min} + N_{2,\min}\right) \cdot \left(1 + \frac{c_{O_2,A} + c_{N_2,A}}{100}\right) \qquad Nm^3/a \qquad (50)$$

$V_{CO_2,0}$ ... Menge CO_2 im Biogas

$$V_{CO_2,0} = V_{B,0} - V_{CH_4,0} \qquad Nm^3/a \qquad (51)$$

$O_{2,\min}$ ... Zur Verbrennung notwendige Menge Sauerstoff [6]

$$O_{2,\min} = 2 \cdot V_{CH_4,0} \qquad Nm^3/a \qquad (52)$$

$N_{2,\min}$ ... Durch $O_{2,\min}$ eingeschleppte Menge Ballastgas [7]

$$N_{2,\min} = O_{2,\min} \cdot \frac{100 - 20{,}93}{20{,}93} \qquad Nm^3/a \qquad (53)$$

$c_{O_2,A}$ ... O_2-Konzentration im Abgas %

$c_{N_2,A}$ ... N_2-Konzentration im Abgas

$$c_{N_2,A} = c_{O_2,A} \cdot \frac{100 - 20{,}93}{20{,}93} \qquad \% \qquad (54)$$

Berechnung der CO- und NO_x-Emissionen aus der Luftzahl λ

Sofern keine Messergebnisse von Schadstoff-Konzentrationen vorhanden sind, werden die NO_x- und CO-Emissionen über die Luftzahl λ berechnet.

Die Luftüberschusszahl ist dem Anlagenbetreiber in den meisten Fällen bekannt. Ist dies nicht der Fall, wird für die Berechnung standardmäßig eine O_2-Konzentratin von 7 % im Abgas angenommen (Mittelwert der Anlagen mit bekanntem O_2-Gehalt), was einem λ von 1,334 (aus: 7/20,93+1) entspricht.

---

[6] gemäß dem stöchiometrischen Umatz $CH_4 + 2\ O_2 \rightarrow CO_2 + 2\ H_2O$.
[7] Der Einfachheit halber werden unter N_2 sämtliche (außer O_2) in Luft enthaltene Gase zusammengefasst. 20,93 ist der O_2-Gehalt in Luft [%].

Für die Berechnung der Schadstoff-Konzentrationen werden Polynome, ähnlich denen in Abbildung 13 und Abbildung 14 dargestellten, herangezogen. Die Polynome stammen aus Abgasmessungen von Biogas BHKWs aus unveröffentlichten Arbeiten (LAABER 2006, MATT 2006). Dabei wird in Jenbacher-, MAN-, Oberndorfer- und Zündstrahlmotoren unterschieden. Zwar streuen die Messwerte – insbesondere bei Zündstrahlmotoren, vgl. Abbildung 14 – recht stark, kommen aber grundsätzlich zu einem ähnlichen Ergebnis wie im oben dargestellten qualitativen Zusammenhang (vgl. Abbildung 12).

Die breite Streuung dürfte von weiteren Faktoren abhängen, wie etwa von der Zusammensetzung des Brennstoffs (CH_4-Gehalt, Zündölanteil, Feuchte), von der verwendeten Motorentechnik (z. B. Gas-Otto-Motor, Zündstrahlmotor), der Abstimmung des Motors auf wechselnde Gasqualitäten und vom Wartungszustand des BHKW (BayLfU 2004).

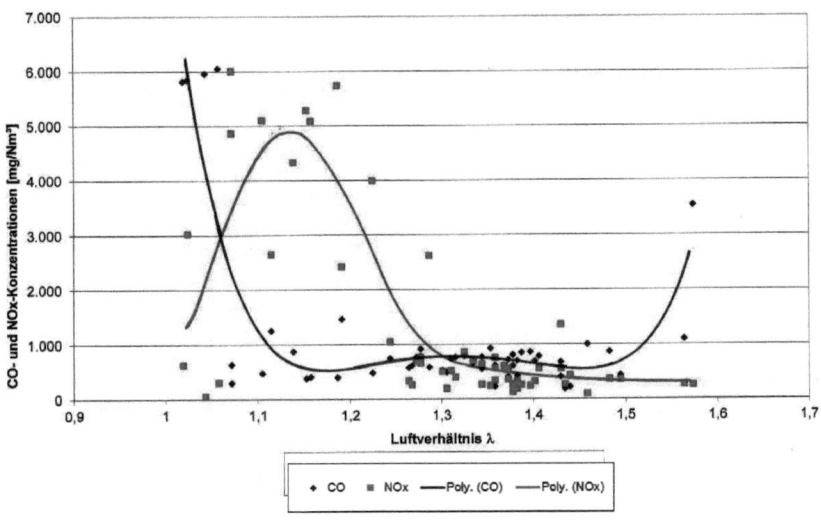

Abbildung 13: CO- und NO_x-Emissionen von Gas-BHKW in Abhängigkeit von der O_2-Konzentration im Abgas (LAABER 2006, MATT 2006).

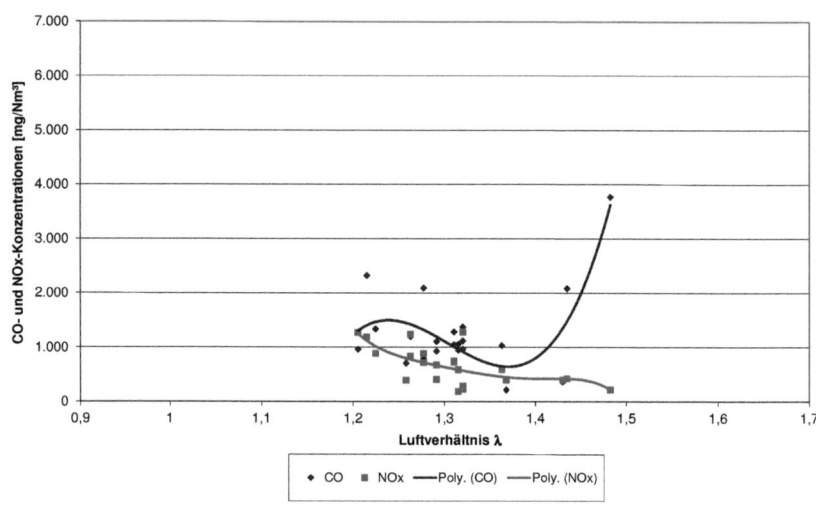

Abbildung 14: CO- und NO$_x$-Emissionen von Zündstrahl-BHKW in Abhängigkeit von der O$_2$-Konzentration im Abgas (MATT 2006)

Emission von Methan Nicht-Methan-Kohlenwasserstoffe (NMVOC)

Neben den oben genannten Luftschadstoffen werden vor allem auch das klimarelevante Methan (sog. *Methanschlupf*) sowie Nichtmethan-Kohlenwasserstoffe (NMVOC) aus Biogas-BHKWs emittiert. Die Ursache liegt in einer unvollständigen Verbrennung des Brennstoffs und hängt – wie die Emission der Luftschadstoffe – ab vom CH$_4$-Gehalt des Biogases, von der Luftzahl λ (vgl. Kohlenwasserstoff-(HC-) Emissionen in Abbildung 12), von der technischen Ausführung des Motors, vom Wartungszustand und von der Leistung des BHKW.

In der Literatur gibt es leider nur wenige dokumentierte Messwerte hinsichtlich der Methan-Emissionen aus Biogas-BHKW. Nach WOESS-GALLASCH et al. (2007) liegen die Werte zwischen 280 und 2.333 mg/Nm³ Motorabgas, was einem Verlust von 0,45-3,8 % des zugeführten Methans entspricht. BACHMAIER und GRONAUER (2007) haben bei Einzelmessungen an baugleichen BHKW einen Methanschlupf von 10-40 g CO$_2$-Äqu. je kWh$_{el}$ festgestellt, was etwa 0,21-0,85 % des zugeführten Methans entspricht. Eigene Quellen bestätigen die Emission von Methan aus dem Biogas-BHKW: Der

Methanschlupf eines 500 kW$_{el}$-BHKW liegt, bei einem durchschnittlichen CH$_4$-Gehalt von rund 55 % im Reinbiogas, bei 1,79 % (LAABER 2006).

Hinsichtlich NMVOC-Emissionen geht aus eigenen Quellen hervor, dass bei der Verbrennung in Gas-BHKW nur geringe Mengen emittiert werden: 21 ± 5 mg/Nm³ (Mittelwert aus 6 Einzelmessungen, LAABER 2006). Zündstrahl-Aggregate emittieren dagegen aufgrund der Brennstoffeigenschaften (Eindüsen von längerkettigen Kohlenwasserstoffen) wesentlich mehr NMVOC. Auch hier ist die emittierte Menge u. a. vom CH$_4$-Gehalt im Biogas abhängig.

ZELL (2002) beschreibt die Emission von Methan und NMVOC aus Zündstrahl-BHKWs in Abhängigkeit vom CH$_4$-Gehalt des Biogases (vgl. Abbildung 15). Der Methanschlupf beträgt demnach bei CH$_4$-Konzentrationen zwischen 38,4 und 60,2 % im Biogas 980-650 mg CH$_4$/Nm³ Abgas. Dies entspricht einem Verlust zwischen 1,6 und 1,06 % des zugeführten Methans. Die NMVOC-Emissionen liegen gemäß ZELL bei 285-135 mg/Nm³ Abgas.

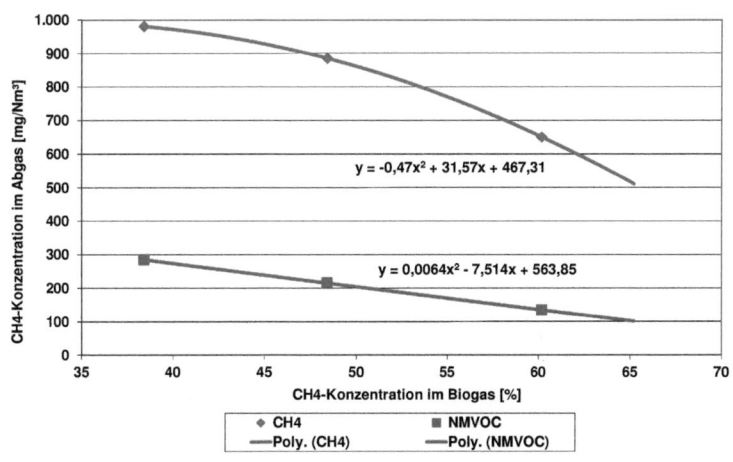

Abbildung 15: *CH$_4$- und NMVOC-Emissionen von Zündstrahl-BHKW in Abhängigkeit von der CH$_4$-Konzentration im Biogas* (eigene Darstellung, modifiziert nach ZELL 2002)

Für diese Arbeit erfolgt die Berechnung der Methan-Emissionen sowohl für Gas-BHKW als auch für Zündstrahl-Aggregate auf der Basis der Arbeit von ZELL (2002). Bei den von ZELL untersuchten Motoren handelt es sich zwar um Zündstrahl-BHKW, allerdings liegt die Kurve ungefähr in der Mitte der

Bandbreite der in der Literatur dokumentierten Messwerte und berücksichtigt darüber hinaus auch den CH_4-Gehalt des Biogases.

Die NMVOC-Emissionen werden als Eingangsgröße für die Ökobilanzierung bei Gas-Motoren fix angenommen mit 21 mg/Nm³ (LAABER 2006, siehe oben), für Zündstrahl-BHKW dagegen erfolgt die Ermittlung ebenfalls auf der Basis der Arbeit von ZELL (ZELL 2002, vgl. Abbildung 15).

Emission von Schwefeldioxid

Die Emissionen von SO_2 wurden über die H_2S-Konzentrationen im Biogas (aus Messungen, vgl. *Fragebogen zur Datenerhebung*, Kapitel 9.1) berechnet unter Annahme einer vollständigen Verbrennung im BHKW: $H_2S + 3/2\ O_2 \rightarrow SO_2 + H_2O$. Die Berechnung der Frachten erfolgt analog zu den Formeln (52) und (53), allerdings wird statt des Abgasvolumens $V_{A,0}$ das Biogasvolumen $V_{B,0}$ herangezogen.

3.2.4.4 Emissionen aus Biogasgülle bei der Lagerung

Neben dem BHKW zählt das Gärrestmanagement zu den Hauptemissionsquellen umweltrelevanter Emissionen des Biogas-Systems. Als wesentliche Gärrest-Emissionen sind Methan (CH_4), Lachgas (N_2O) und Ammoniak (NH_3) zu nennen.

Methan

Jeder Substratabbau folgt einem ähnlichen Verlauf: während der Abbau in den ersten Tagen relativ rasch erfolgt ist, stagniert er mit zunehmender Verweilzeit. Früher oder später wird der maximale Abbaugrad erreicht und der Biogasprozess kommt zum Erliegen. Abbildung 16 „Abbau unterschiedlicher Substrate in Batch-Gärversuchen" zeigt Beispiele solcher Verläufe anhand der Abbaukurven unterschiedlicher Substrate in Batch-Gärversuchen.

Dadurch, dass es sich bei Biogasanlagen um permanent durchmischte Fermenter handelt, kommt es infolge des Materialdurchsatzes allerdings zu einem laufenden Austrag mehr oder weniger abgebauten Materials. Dabei ist der Austrag umso höher, je geringer die Verweilzeit im geschlossenen System ist. Dieser (unerwünschte) Substrataustrag verursacht in offenen Gärrestlagern Methan-Emissionen. Das Ausmaß und die Geschwindigkeit des Substratabbaus in Biogasanlagen ist damit – neben anderen Faktoren (vgl. Kapitel 1.4.1) – eine Funktion der hydraulischen Verweilzeit (HRT, vgl. Formel (3)).

In der Praxis wurden die in Abbildung 17 „oTS-Abbau in zweistufigen Biogasanlagen in Abhängigkeit von HRT" dargestellten Abbaukurven in Abhängigkeit von der HRT gefunden.

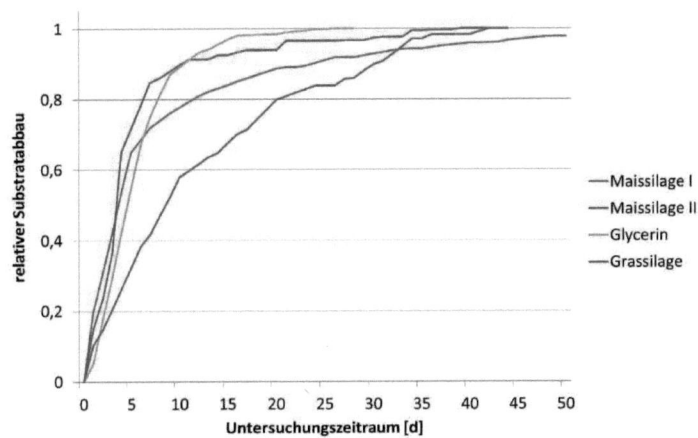

Abbildung 16: Abbau unterschiedlicher Substrate in Batch-Gärversuchen (LAABER 2011b)

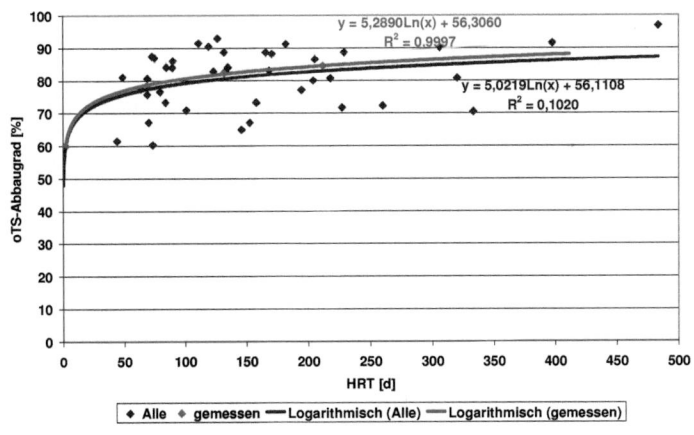

Abbildung 17: oTS-Abbau in zweistufigen Biogasanlagen in Abhängigkeit von HRT

Die blaue Kurve in Abbildung 17 wurde aus den oTS-Abbaugraden Δ_{oTS} (vgl. Formel (22)) sämtlicher betrachteten Biogasanlagen ermittelt. Auffallend ist die breite Streuung der Werte. Dies dürfte zum einen darauf zurückzuführen sein, dass es sich bei den Werten von Δ_{oTS} um Rechenwerte handelt. Zum anderen gibt es große Unterschiede in der Abbaubarkeit unterschiedlicher Substrate. Viele der Anlagen mit einem geringen Abbaugrad verwenden z. B. einen hohen Anteil an Wirtschaftsdüngern oder schwerer abbaubare NAWAROs wie etwa Grassilage. Anlagen mit einem hohen Abbaugrad verwenden dagegen meist leichter verfügbare Materialien wie z. B. Körnermais, oder aber auch Abfälle aus der Lebens- und Futtermittelindustrie (ligninarmes Material).

Die rote Kurve entstand aus mehreren oTS-Messungen einer Biogasanlage, bei der die Daten von Substrat, oTS-Gehalt in Haupt- und Nachfermenter sowie im offenen Endlager über einen Zeitraum von mehreren Jahren untersucht wurden (LINDORFER 2007a). Bei dem Vergleich der beiden Kurven fällt auf, dass diese trotz der großen Unschärfe der blauen Kurve einen praktisch deckungsgleichen Verlauf aufweisen.

Als Eingangsgröße für die Ökobilanz wird der Substratabbau und daraus die Emission von Methan berechnet, wobei folgende Annahmen als Vereinfachung angenommen werden:

- Jede Anlage ist zweistufig, verfügt also über einen Haupt- und einen Nachfermenter, die in Serie geschaltet sind.
- Die Abbaugeschwindigkeit ist bei allen Biogasanlagen gleich, unabhängig von der Fermenter-Temperatur, von der Aktivität der Mikroorganismen und von der Art des Substrats (alle Arten von NAWAROs, Wirtschaftsdünger sowie biogene Abfälle).
- Sämtliche Fermenter sind ideal durchmischt und haben keine Toträume, in denen sich Sedimente, Schwimm- oder Sinkschichten bilden.
- Der Abbau geht im (unbeheizten) Gärrest- bzw. Endlager in unverminderter Geschwindigkeit voran.

Vor allem der letzte Punkt wird infolge der Temperaturabhängigkeit des Abbauprozesses nicht den realen Gegebenheiten entsprechen. Dennoch wurde von einer unverminderten Abbaugeschwindigkeit im Gärrestlager ausgegangen – einerseits, da die tatsächliche Abbaugeschwindigkeit ohnehin nicht bekannt ist, andererseits, um von einem Worst-Case-Szenario auszugehen.

Berechnung der CH_4-Emissionen

Biogasanlagen müssen gemäß Aktionsprogramm 2003 über eine Speicherkapazität für Biogasgülle von mindestens 180 Tagen verfügen (BMLFUW 2003). Da einige Biogasanlagen zumindest teilweise geschlossene Güllelager haben, wurde für die Berechnung der CH_4-Emissionen nur die tatsächliche Dauer der Lagerung in offenen Gärrestlagern herangezogen.

Im hier angewendeten Rechenalgorithmus wird davon ausgegangen, dass der oTS-Abbau in den (nicht beheizten) Endlagern in derselben Geschwindigkeit stattfindet, wie in den Fermentern. Der Zeitraum für diese Nachgärung wurde für jede Biogasanlage individuell berechnet, je nach Lagerkapazität der geschlossenen Endlager bzw. Nachfermenter. Zur Berechnung wurden die Polynome aus Abbildung 17 herangezogen und nach R^2 gewichtet. Die Vorgehensweise der Berechnung der CH_4-Emissionen sei anhand von folgendem Beispiel gezeigt:

Berechnungsbeispiel

Eine Biogasanlage besteht aus einem beheizten Hauptfermenter und aus einem nicht beheizten, abgedeckten Endlager, welches als Nachgärbehälter gasdicht ausgeführt ist. Die Biogasanlage wird mit jährlich $Q_{S,oTS}$ = 669 t_{oTS}/a beschickt. Die hydraulische Verweilzeit beträgt 204 Tage, davon 150 Tage im Endlager. Dadurch, dass die Gülle aber 180 Tage gelagert werden muss ergibt sich eine Differenz von 30 Tagen je Lagerperiode, in denen die Biogasgülle in offenen Gärrestlagern gelagert werden muss. Daraus ergibt sich eine durchschnittliche Lagerung der Biogasgülle in den offenen Gärrestlagern von 15 Tage je Lagerperiode.

Über die logarithmischen Kurven aus Abbildung 17 wird nun der durchschnittliche oTS-Abbau während dieser Lagerung ermittelt:

Tabelle 13: Berechnung des oTS-Abbaus im offenen Endlager

Kurve		R^2	Δ_{oTS}(204)	Δ_{oTS} (204+15)	Differenz (oTS-Abbau im EL)
			%	%	%
rot	Δ_1 = 5,29*ln(204)+56,31	0,9997	84,42	84,81	0,38
blau	Δ_2 = 5,02*ln(204)+56,11	0,1020	82,81	83,17	0,36
			Nach R^2 gewichteter Mittelwert		**0,38**

Dies bedeutet, dass 0,38 % der Menge an oTS, mit der die Biogasanlage im Zeitraum von 15 Tagen beschickt wird, im offenen Endlager zu Biogas abgebaut werden. Dies entspricht $\Delta m_{oTS,ELo}$ = 669 [t oTS/a] · 15 [d] / 365 [d/a] · 0,38 [%] = 0,107 t oder 107 kg oTS je Lagerperiode bzw. 214 kg oTS pro Jahr (infolge zwei Lagerperioden pro Jahr). Aus dieser Menge wird nun das Methanbildungspotential über den chemischen Sauerstoffbedarf (CSB) wie folgt berechnet:

Für ein kg oTS beträgt der CSB 1,605 kg (eigene Analysen, n=16). Entsprechend des stöchiometrischen Umsatzes werden pro kg CSB 0,35 Nm³ CH$_4$ freigesetzt.

Daraus lässt sich die gebildete Menge Methan berechnen mit:

$$V_{CH_4,ELo} = 214 \cdot 1,605 \cdot 0,35 = 120 \qquad \text{Nm}^3/\text{a} \qquad (55)$$

Mit einer Dichte von 0,72 kg/Nm³ für CH$_4$ beträgt die Emission von Methan aus der offenen Lagerung für die betrachtete Biogasanlage **86 kg CH$_4$/a**.

Reliabilität

Der hier angewendete Rechenalgorithmus konnte anhand eines Praxisbeispiels überprüft werden: WOESS-GALLASCH et al. (2007) erfassten in einer Anlage mit einer *HRT* von 106 Tagen in einem abgedeckten Endlager die entstandenen Methanemissionen über einen Zeitraum von vier Monaten. Dabei wurde eine Methanbildung von 1,9 % gegenüber der in den Fermentern gebildeten Methanmenge gemessen. Mit den oben beschriebenen Berechnungen wurde dagegen eine Methanbildung von 1,88 % berechnet. Aufgrund der hohen Übereinstimmung der Werte kann von einer hohen Zuverlässigkeit der berechneten Methanemissionen ausgegangen werden.

Ammoniak

In der Literatur gibt es keine eigenen Messungen zu Ammoniak-Emissionen aus Biogasgülle von Biogasanlagen, welche NAWAROs vergären. Aufgrund der Ähnlichkeit der Beschaffenheit von Biogasgülle zu gelagerter Rindergülle (vgl. Tabelle 14) werden für die NH$_3$-Emissionen aus der Biogasgülle die Emissionen aus der Lagerung von Rindergülle verwendet.

Ammoniak-Verluste bei der Gülle-Lagerung können nur an der Oberflächen-Grenzschicht zwischen Gülle und Umgebungsluft stattfinden. Daher werden die Emissionen proportional zur Oberfläche der offenen Endlager angesetzt. Die Höhe der Emissionen hängt dabei von mehreren Faktoren ab: Nach dem *Henry-Gesetz* ist die Konzentration eines Gases in einer Flüssigkeit direkt proportional zum Partialdruck des entsprechenden Gases über der Flüssigkeit.

Dieser wiederum wird von Faktoren wie Wind, Temperatur und dem Bestehen einer Schwimmschicht stark beeinflusst.

Tabelle 14: Vergleich der Zusammensetzung von Rindergülle und Biogasgülle

	TS %	oTS %	N_t* kg/t	TAN** kg/t	Literatur
Rindergülle	6 bis 10	4,5 bis 7,5	3 bis 4,9	1,5 bis 2,5	DSM AGRO 2006, KRYVORUCHKO 2004, SOMMER und HUTCHINGS 2001, WULF et al. 2002b, WULF et al. 2005
Biogasgülle NAWARO-Anlagen	6,1 bis 9,3	4,4 bis 6,9	3,3 bis 6,3 (9,6***)	1,5 bis 4,2 (6,1***)	IFA-TULLN 2005, FUCHS und DROSG 2010, PFUNDTNER 2005
Gärrest Abfall-verwertungsanlagen	1,6 bis 8,1	1,0 bis 4,5	1,4 bis 10,8	0,6 bis 8,6	FUCHS und DROSG 2010

* N_t: Gesamtstickstoff
** TAN: Ammoniumstickstoff (Total Ammonium Nitrogen)
*** Extremwert einer Einzelanlage (FUCHS und DROSG 2010)

Entsprechend der unterschiedlichen Messbedingungen und –methoden findet man in der Literatur sehr unterschiedliche Werte zu NH_3-Emissionen aus Rindergülle, die von 0,99 bis 10,99 g/(m²·d) reichen (vgl. Tabelle 15; tw. eigene Berechnung aus Literaturwerten).

Tabelle 15: NH_3-Emissionen bei der Lagerung von Rindergülle

NH_3-Emissionen [g/(m²·d)]	Literatur
1,04	AMON et al. 2005
4,92	WULF et al. 2005
7,42	HÜTHER und SCHUCHARDT 1998
1,39	CLEMENS et al. 2006
1,42	KRYVORUCHKO 2004
2,00-7,00	DE BODE (1991), in: KRYVORUCHKO 2004 S. 55
1,17	AMON et al. (2002), in: KRYVORUCHKO 2004 S. 55
10,99	SOMMER 1997
0,99	WAGNER-ALT 2002
3,83 (±3,55)	Mittelwert

Der Mittelwert (± Standardabweichung, STABW) der Untersuchungen liegt bei **3,83 ± 3,55 g/(m²·d)**. Dieser Wert wird für die Berechnung der Ammoniak-Emissionen aus offenen Güllelagern herangezogen. Darüber hinaus werden Korrekturfaktoren eingeführt, die den Einfluss einer (nicht gasdichten) Abdeckung wie Stroh oder Blähton und einer fest-flüssig-Trennung des Gärrests berücksichtigen (vgl. Tabelle 16).

Tabelle 16: Einfluss- und Korrekturfaktoren auf die NH_3-Emission bei der Lagerung von Rindergülle

Einflussfaktor	Korrekturfaktor	Literatur
Abdeckung (nicht gasdicht)	0,4	KRYVORUCHKO 2004
Fest-flüssig-Trennung	1,2	HÜTHER und SCHUCHARDT 1998

Lachgas

Die Emission von Lachgas findet nur an der Oberfläche der Lagerstätten statt. Das Lachgas entsteht dabei vor allem unter anoxischen Bedingungen in der Schwimmdecke des Lagertanks bei der Nitrifizierung des reichlich vorhandenen Ammoniums bzw. Ammoniaks und bei der Denitrifizierung von Nitrat, welches in anaerobe Bereiche der Schwimmdecke zurücksickert (EDELMANN et al. 2001). Aus der Literatur geht hervor, dass die Lachgasemissionen mit Zunahme der Schwimmdeckendicke äußerst stark ansteigen (HÜTHER 1999, SOMMER et al. 2000). Dasselbe gilt für Abdeckung von Gülle mit Blähton und speziell mit Stroh.

Zur Emission von Lachgas aus Biogasanlagen liegen noch keine Emissions-Messungen vor, weshalb auch hier die Werte Emissions-Messungen von Rindergülle entlehnt werden. Auch bei Lachgas streuen die Messwerte für die Emissionen aus offenen Lagerstätten stark, was zu großen Unsicherheiten bei der Abschätzung der Emissionen führt. Die Literaturangaben reichen von 0,02 bis 0,73 g/(m² d), der Mittelwert (± STABW) liegt bei **0,38 (± 0,27) g/(m²·d)** (vgl. Tabelle 17; tw. eigene Berechnung aus Literaturwerten).

Aufgrund der Feststellung, dass N_2O-Emissionen in der Schwimmschicht entstehen, wird angenommen, dass bei separiertem Gärrest keine Lachgas-Emissionen entstehen, sofern sich keine Schwimmschicht im offenen Endlager bildet. Dies wird auch in der Literatur bestätigt (vgl. CLEMENS et al. 2002, HÜTHER und SCHUCHARDT 1998, SOMMER et al. 2000).

Tabelle 17: N_2O-Emissionen bei der Lagerung von Rindergülle

N_2O-Emissionen g/(m²·d)	Literatur
0,51	AMON et al. 2005
0,09	HÜTHER und SCHUCHARDT 1998
0,72	CLEMENS et al. 2006
0,73	KRYVORUCHKO 2004
0,02	ROSS et al. (1999), in: KRYVORUCHKO 2004 S. 47
0,21	AMON et al. (1998), in: KRYVORUCHKO 2004 S. 47
0,57	AMON et al. (2002), in: KRYVORUCHKO 2004 S. 47
0,05	KÜLLING et al. (2001), in: KRYVORUCHKO 2004 S. 47
0,45	SCHIMPL (2001), in: KRYVORUCHKO 2004 S. 47
0,47	SOMMER (2001), in: KRYVORUCHKO 2004 S. 47
0,38 (± 0,27)	Mittelwert (± STABW)

3.2.4.5 Emissionen aus Biogasgülle bei der Ausbringung

Auch bei der Gülleausbringung entstehen Emissionen. Während die Methanemissionen vernachlässigbar sein dürften, spielen bei der Ausbringung vor allem die Emissionen von NH_3 und N_2O eine bedeutende Rolle. Emissionen durch Kraftstoff-Verbrauch zählen nicht zu dieser Kategorie sondern werden bei den vorgelagerten Energie- und Stoffströmen (3.2.4.2) berücksichtigt.

Methan

Die Emissionen von Methan bei der Ausbringung von Gärrest spielt nur eine untergeordnete Rolle. Bislang liegen zwar keine Messergebnisse von Biogasgülle aus NAWARO-Anlagen vor, allerdings wurden die Emissionen von vergorener Ringergülle untersucht. Diese Ergebnisse werden in der vorliegenden Arbeit verwendet, und zwar bezogen auf die ausgebrachte Güllemenge, mit einem Wert von **3,26 (± 2,77) g/m³ Biogasgülle** (Mittelwert ± STABW aus AMON et al. 2005, CLEMENS et al. 2006).

Ammoniak

Wie mehrfach in der Literatur dokumentiert, wird der größte Anteil an Ammoniak bei der Ausbringung freigesetzt, wobei hier die Ausbringtechnik eine besondere Rolle spielt. Unabhängig von der Herkunft der Gülle (Schweine- oder

Rindergülle) reichen die Werte von 9 bis 67 % Verlust des Ammoniumstickstoffs (vgl. Tabelle 18), je nach Beschaffenheit der Gülle und klimatischen Bedingungen (vgl. Abbildung 18).

Für die Ammoniakverluste wurde durchgehend ein Wert von **32 (± 21) % des ausgebrachten TAN** angenommen, was dem Mittelwert (± STABW) der Literaturwerte aus Tabelle 18 entspricht.

Tabelle 18: NH_3-Emissionen bei der Ausbringung von Rindergülle

NH_3-Emissionen % TAN	Literatur
17	AMON et al. 2005
9-67	SOMMER und HUTCHINGS 2001
22	CLEMENS et al. 2006
33-35*	WULF et al. 2002a
32 (± 21)	Mittelwert (± STABW)

* Messwerte aus Versuchen mit Biogasgülle

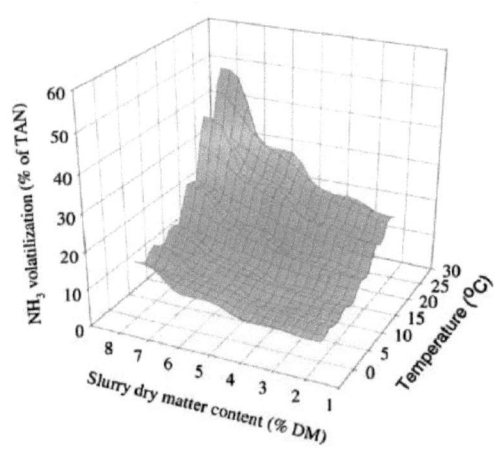

Abbildung 18: Ammoniak-Verluste von Gülle in Abhängigkeit von Trockensubstanz (% DM) und Temperatur (SOMMER und HUTCHINGS 2001)

Die Verluste treten hierbei allerdings nicht, wie manchmal fälschlicherweise angenommen, durch eine unmittelbare Luft-Strippung beim Versprühen auf.

Vielmehr besteht die Ursache darin, dass durch das Versprühen die Gülle nicht im Boden versickert (wie dies z. B. bei der Schleppschlauch-Ausbringung der Fall ist), sondern eine große Austauschfläche mit der Umgebungsluft bildet. Über diese verdampft der Ammoniak in den Stunden und Tagen nach der Ausbringung (vgl. Abbildung 19).

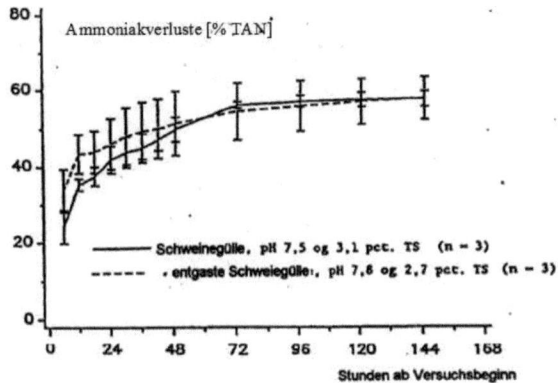

Abbildung 19: Ammoniak-Verluste nach dem Ausbringen von vergorener (hier: *entgast*) und unvergorener Schweinegülle (EDELMANN et al. 2001)

Aufgrund der physikalischen Gegebenheiten sind die NH_3-Verluste wesentlich von der Ausbringmethode abhängig. So ist z. B. durch die Verwendung eines Schleppschlauch-Verteilers eine Reduktion der NH_3-Verluste um etwa 40 % möglich, wie untenstehende Tabelle zeigt. Für den Fall der Anwendung unterschiedlicher Ausbringmethoden wurden Reduktionsfaktoren eingeführt, wonach die Ammoniakverluste gegenüber der Ausbringung mit Prallteller wie folgt reduziert werden:

Tabelle 19: Einfluss der Ausbringtechnik auf die NH₃-Verluste (Referenz = Prallteller)

Technik	Änderung der Emission % (± STABW)	Literatur
Schlepp-schlauch	-40 ± 10	DÖHLER et al. 2001, EDELMANN et al. 2001, SOMMER und HUTCHINGS 2001, UNECE 1999, WULF et al. 2005
Schlepp-schuh	-47 ± 8	DÖHLER et al. 2001, EDELMANN et al. 2001, UNECE 1999
Schlitzdrill	-67 ± 6	DÖHLER et al. 2001, EDELMANN et al. 2001, UNECE 1999
Injektion	-86 ± 10	AMON 1998, DÖHLER et al. 2001, EDELMANN et al. 2001, UNECE 1999, WULF et al. 2002a, WULF et al. 2005

Lachgas

Die Emissionen von Lachgas nach der Gülleausbringung werden beeinflusst durch zahlreiche Einflussgrößen, wie z. B. durch Unterschiede in der Art und Weise der Düngung, Bodeneigenschaften (etwa Feuchtigkeits-, Stickstoff- und Humusgehalt des Oberbodens), sowie durch klimatische Einflüsse (EDELMANN et al. 2001).

Auch hier werden die Emissionen über Literaturwerte berechnet, welche von der Ausbringung von Rindergülle stammen: im Durchschnitt werden 0,21 % des Ammoniumstickstoffs (TAN) in Lachgas umgewandelt (AMON et al. 2005, CLEMENS et al. 2006, WULF et al. 2002b). Obwohl davon ausgegangen werden kann, dass die N₂O-Emissionen vom Gehalt an TAN abhängen, werden diese aufgrund der Vielzahl von Unbekannten durchgehend mit **4,12 g N₂O/m³ Biogasgülle** angenommen.

Der Einfluss der Ausbringtechnik schlägt sich auch hier zu Buche: Durch die Verwendung von Gülle-Injektoren steigt die Emission von Lachgas etwa um den **Faktor 3** an (AMON 1998, WULF et al. 2002b, WULF et al. 2005). Die Anwendung von Schlitzdrill-Geräten dürfte aufgrund der physikalischen Ähnlichkeiten zu einem ähnlichen Anstieg führen, weshalb der gleiche Faktor verwendet wird, obwohl hierzu keine Literaturwerte gefunden wurden.

3.2.4.6 Gutschriften aus der Vergärung von Wirtschaftsdüngern

Mit einem Anteil von 8,4 % ist die Landwirtschaft einer der Hauptemittenten von Treibhausgasen in Österreich. Etwa 23 % davon werden dem Güllemanagement (im Stall und bei der Lagerung von organischem Dünger) zugeschrieben (GUGELE et al. 2007). Diese Emissionen können durch die Vergärung in Biogasanlagen reduziert werden.

Für jene Biogasanlagen, welche Gülle und Mist als Substrat einsetzen, werden Gutschriften für eingesparte Treibhausgas-Emissionen berechnet. Die Berechnung der eingesparten Emissionen aus Gülle und Mist erfolgt analog zu den oben beschriebenen Emissionen aus Biogasgülle, wobei die in Tabelle 20 „Emissionsfaktoren für Wirtschaftsdünger" verwendeten Emissionsfaktoren verwendet werden.

Tabelle 20: Emissionsfaktoren für Wirtschaftsdünger

Düngersorte	Dichte	Emissionen Lagerung			Emissionen Ausbringung		
		CH_4	NH_3	N_2O	CH_4	NH_3	N_2O
Flüssigmist	$kg \cdot m^{-3}$	$g \cdot m^{-3} \cdot d^{-1}$	$g \cdot m^{-2} \cdot d^{-1}$	$g \cdot m^{-2} \cdot d^{-1}$	$g \cdot m^{-3}$	% TAN	$g \cdot m^{-3}$
Rindergülle	1,04	19,10	3,83	0,38	3,3	31,0	4,12
Rinderjauche	1,04	0,0	4,58	0,00	0,0	31,0	4,12
Schweinegülle	1,04	12,96	6,94	0,38	***	26,0	4,12
Schweinejauche	1,04	0,0	8,29	0,00	0,0	26,0	4,12
Hühnergülle	1,04	0,0**	11,43	0,38	***	28,5	4,12
Geflügelgülle	1,04	0,0**	11,43	0,38	***	28,5	4,12
Festmist	$kg \cdot m^{-3}$	$g \cdot t^{-1}$	$g \cdot t^{-1}$	$g \cdot t^{-1}$	$g \cdot t^{-1}$	$g \cdot t^{-1}$	$g \cdot t^{-1}$
Rindermist	0,83	933	171	65,8	20,7	336	6,5
Schweinemist	0,91	725*	2.500	131	***	1.266	21
Geflügeltrockenkot	0,50	0,0**	2.800	210	0,0	2.058	38
Geflügelmist	0,45	0,0**	3.100	220	0,0	1.120	42
Hühnerfrischkot	0,77	0,0**	400	100	0,0	720	15
Pferdemist	0,63	563*	550	70	***	360	7,5
Schafsmist	0,63	324*	680	80	***	450	9,2

Quelle: gemittelte Werte aus AMON 1998, AMON et al. 2005, CLEMENS et al. 2002, CLEMENS et al. 2006, DSM AGRO 2006, EDELMANN et al. 2001, HÜTHER und SCHUCHARDT 1998, KRYVORUCHKO 2004, PETERSEN et al. 1998, SOMMER 1997, SOMMER et al. 2000, SOMMER und HUTCHINGS 2001, WAGNER-ALT 2002, WULF et al. 2002a, WULF et al. 2002b, WULF et al. 2005; die grau hinterlegten Felder wurden berechnet

* berechnet nach IPCC (1996)

** 0, da angenommen wird, dass bei der Lagerung aufgrund des Milieus keine CH_4-Emissionen verursacht werden

*** gemäß Literaturquellen bereits in "Emissionen Lagerung" enthalten

Die eingesparten Emissionen für Transport und Ausbringung werden analog der geschilderten Vorgehensweise für die Gülleausbringung berechnet (vgl. Formeln 44 und 46).

3.2.4.7 Einfluss der Wärmeauskopplung

Die meisten Biogasanlagen substituieren zumindest teilweise konventionelle Brennstoffe durch die im BHKW anfallende Wärme. Bei den Interviews wurde zwar erhoben, um welche Brennstoffe es sich dabei handelt, aufgrund großer Ungewissheiten bzgl. der spezifischen Betriebsbedingungen der Heizungsanlage werden hier jedoch die vermiedenen Brennstoff-Emissionen nicht erhoben bzw. berechnet.

Dennoch wurde die Verwendung der (Ab~)Wärme in Form einer Emissionsminderung der spezifischen CO_2 bzw. $CO_{2,eq}$-Emissionen berücksichtigt, welche sonst alleine der Stromproduktion zugerechnet werden. Dazu werden die Emissionen einer Biogasanlage auf die gesamte genutzte Energiemenge bezogen.

3.2.5 Biologische Stabilität von Biogasanlagen

Für die Bewertung der biologischen Stabilität wurden die Analysen von NAWARO- und Abfall-verwertenden Anlagen infolge der unterschiedlichen Anlagenkonzepte (Substratwahl, Raumbelastung) getrennt betrachtetet und die Fermenter in *stabile* und *instabile* eingeteilt.

Als *stabil* werden jene Fermenter bezeichnet, die im Rahmen diverser Projekte routinemäßig untersucht wurden und laut Betreiber bis zum Zeitpunkt der Untersuchung keine besonderen Auffälligkeiten hinsichtlich Betriebsbeeinträchtigungen aufwiesen.

Im Vergleich dazu werden unter *instabilen* Anlagen solche zusammengefasst, deren Betreiber sich infolge von Problemen beim Biogasprozess direkt an das IFA-Tulln wandten (meist nach einem Rückgang in der Biogasproduktion), oder weil Behörden aufgrund von Geruchsproblemen der *nicht ausgegorenen* Biogasgülle den Betrieb als *instabil* bezeichneten.

Als günstig wurden jene Konzentrationsbereiche definiert, in denen 80 % der stabilen Biogasanlagen lagen (bei pH-Wert: innerhalb der 0,1 bzw. 0,9-Quantile, bei den anderen Parametern innerhalb des 0,8-Quantils).

4 Ergebnisse und Diskussion

Basierend auf den identifizierten Parametern wurden die Daten von 41 Biogasanlagen weitgehend vollständig erhoben. Die betrachteten Anlagen repräsentieren 14 % der Ende 2010 in Betrieb befindlichen Biogasanlagen in Österreich (289 Anlagen) bzw. rund 15 % der im Jahr 2010 aus Biogasanlagen eingespeisten Strommenge (539 GWh).

Zunächst erfolgt eine kurze Charakterisierung der Anlagen, im Anschluss wird auf die einzelnen Kennzahlen näher eingegangen.

Bei den nachfolgenden Abbildungen werden stets alle Anlagen dargestellt werden, um die enorme Schwankungsbreite der Ergebnisse darzustellen, welche in der Praxis vorgefunden wird. Zur Mittelung von Werten wird – sofern nicht anders erwähnt – stets der Median verwendet, um zu vermeiden dass Extremwerte das Ergebnis zu sehr verzerren.

Bei der Auswertung ist oftmals eine Unterscheidung in NAWARO- und Abfall-Anlagen erforderlich. Zur leichteren Identifikation in den Abbildungen werden NAWARO-Anlagen in den Abbildungen daher stets grün dargestellt, Anlagen, welche Abfallstoffe vergären, orange.

4.1 Charakterisierung der untersuchten Biogasanlagen

Die installierte elektrische Leistung der Biogasanlagen reicht von 18 bis 1.672 kW_{el}, der Mittelwert der installierten elektrischen Leistung beträgt 297 kW_{el}, der Median 190 kW_{el} (vgl. Abbildung 20).

Die Anlagen wurden zwischen 1993 und 2005 in Betrieb genommen, wovon 7 Anlagen vor 2002 in Betrieb genommen wurde, 4 im Jahr 2002, 15 im Jahr 2003, 11 im Jahr 2004 und 4 im Jahr 2005. 25 Anlagen wurden auf Grundlage des Ökostromgesetzes 2002 genehmigt, bei den übrigen Anlagen handelt es sich um Anlagen, welche eigene Einspeisetarife mit dem Energieversorgungsunternehmen ausverhandelt haben; meist handelt es sich dabei um Abfall-behandelnde Anlagen. Die beiden ältesten Anlagen (Anlage 17: Baujahr 1993, Anlage 32: Baujahr 1999,) erhalten keinen gesonderten Einspeisetarif, die eingespeisten Strommengen werden über den Marktwert vergütet.

27 Anlagen erzeugen Biogas rein aus landwirtschaftlichen Produkten (ohne Kosubstrate, gemäß BMWA 2003a und BMWA 2003b), 12 aus landwirtschaftlichen Produkten plus Kosubstrate, zwei Biogasanlagen gelten als reine Abfallverwertungsanlagen.

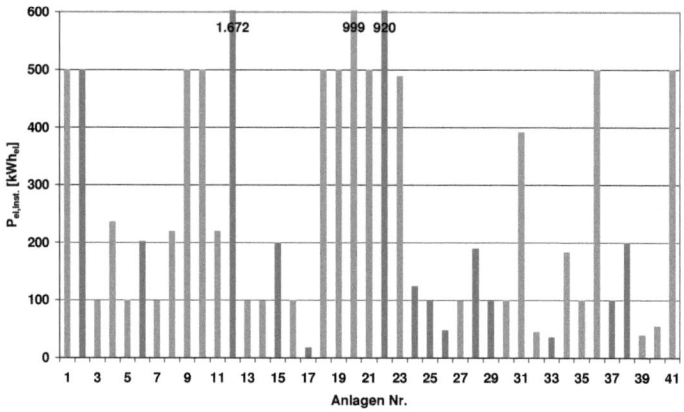

Abbildung 20: Installierte elektrische Leistung der 41 Biogasanlagen

Prozessführung

Bei den Anlagen handelt es sich bis auf eine Ausnahme um Speicherdurchflussanlagen: 34 der 41 Anlagen verfügen über ein 2-stufiges Anlagenkonzept (Haupt- und Nachfermenter bzw. Fermenter plus gasdicht geschlossenes Endlager), fünf Anlagen werden 3-stufig betrieben und eine Anlage 4-stufig. Bei der einen Ausnahme handelt es sich um ein alternatives Anlagenkonzept (*entec-BIMA-Fermenter*: selbst-durchmischender 2-Kammer-Fermenter ohne zusätzliche Durchmischung; ENTEC 2007)

Beschickung und Biogasspeicherung

Die Häufigkeit der Substratzugabe ist neben der organischen Raumbelastung des Fermenters vor allem für die Auslegung der Biogasspeicher von Bedeutung: Im Hinblick auf die Investitionskosten ist es am günstigsten, mit möglichst kleinen Biogasspeichern auszukommen, da Biogasspeicher teure Bauelemente sind.

Bei kleineren Anlagen (≤100 kW_{el}) wird häufig das Substrat nur ein- oder zweimal am Tag kurzzeitig in den Faulraum gefördert. Danach setzt eine lebhafte Biogasproduktion ein, die nach etwa 4 bis 5 Stunden deutlich zurückgeht. Um einen wirtschaftlichen Betrieb zu gewährleisten, muss das im Überschuss produzierte Biogas gespeichert werden.

Bei größeren Biogasanlagen (≥100 kW_{el}) wird aufgrund der quasikontinuierlichen, vollautomatischen Beschickung (meist alle ein bis vier Stunden) die Tagesbiogasmenge kontinuierlich produziert, sodass die

Produktion und der Verbrauch im Gleichgewicht stehen und ein wesentlich kleinerer Biogasspeicher als wirtschaftlichere Lösung möglich ist.

Folgende schematische Darstellung verdeutlicht diesen Zusammenhang:

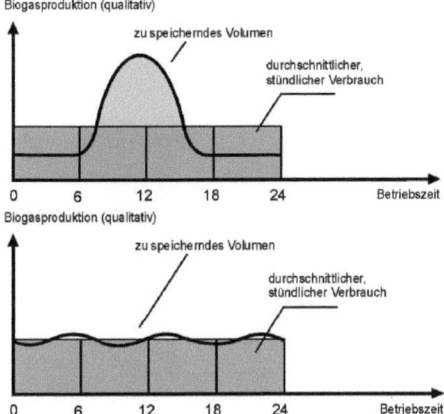

Abbildung 21: Zusammenhang zwischen Beschickungshäufigkeit und Biogasanfall (ATV-DVWK, 2002)

Abbildung 22 veranschaulicht den Zusammenhang von Anlagenkapazität, Beschickungshäufigkeit und Gasspeicherkapazität anhand des untersuchten Datensatzes (Anm.: sowohl die elektrische Leistung als auch die Gasspeicherkapazität sind Mittelwerte der Anlagen, bei denen die entsprechende Häufigkeit an Substratzugaben beobachtet wurde).

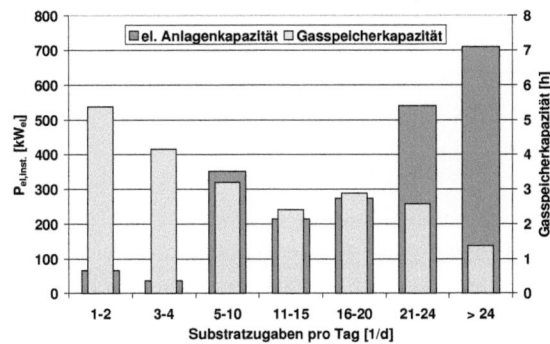

Abbildung 22: Häufigkeit der Substratzugabe und Gasspeicherkapazität der betrachteten Biogasanlagen

Betriebstemperatur

Die betrachteten Biogasanlagen werden praktisch im gesamten Temperaturbereich von 35 bis 55 °C betrieben (Abbildung 23). Der Grund dürfte in dem Phänomen der Selbsterwärmung liegen, welche bei modernen NAWARO-Anlagen häufig zu beobachten ist und von LINDORFER (2007b) ausführlich beschrieben wurde. Die Anlagentemperaturen pendeln sich dabei meist zwischen 40 und 48 °C von selber ein.

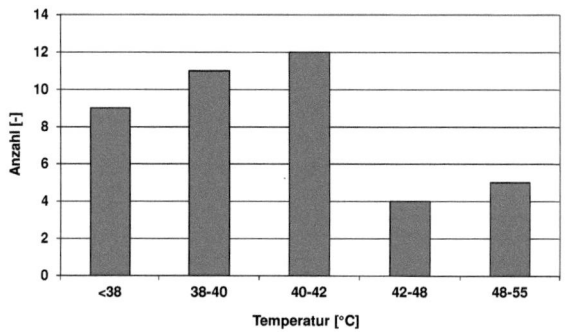

Abbildung 23: Temperaturverteilung der betrachteten Anlagen

4.2 Technisch-funktionelle Anlagenkennzahlen

4.2.1 Substrateinsatz

Die Aufteilung des Einsatzes unterschiedlicher Substrate in den einzelnen Anlagen ist in Abbildung 24 dargestellt. Die Abbildung verdeutlicht die unterschiedlichen Betriebskonzepte der betrachteten Biogasanlagen. Die Anlagen setzten im Erhebungszeitraum insgesamt rund 280.000 t Substrat (Frischmasse) bzw. 59.000 t organische Trockensubstanz (oTS) ein. Die durchschnittlichen Anteile an Energiepflanzen, Abfällen und landwirtschaftlichen Düngern bezogen auf Frischmasse und oTS sind in Abbildung 25 dargestellt. Der Begriff *Positiv-Liste* (⌐) bezeichnet dabei Abfälle, welche explizit für den Einsatz in NAWARO-Anlagen erlaubt sind (BMWA 2003).

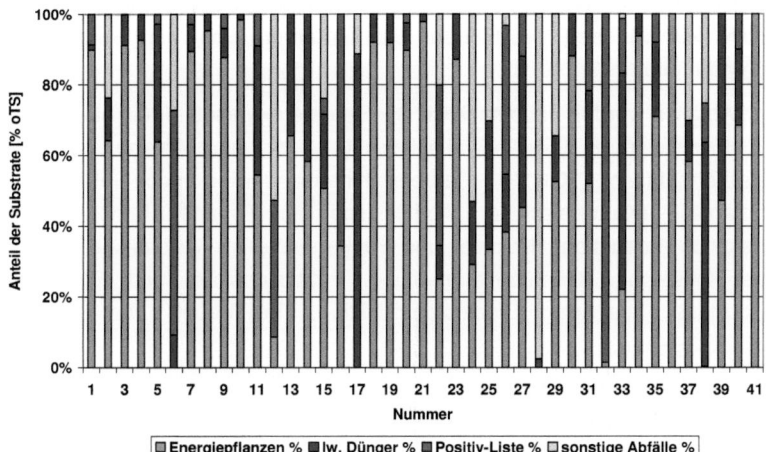

Abbildung 24: Substrateinsatz bei den 41 betrachteten Biogasanlagen (bezogen auf oTS)

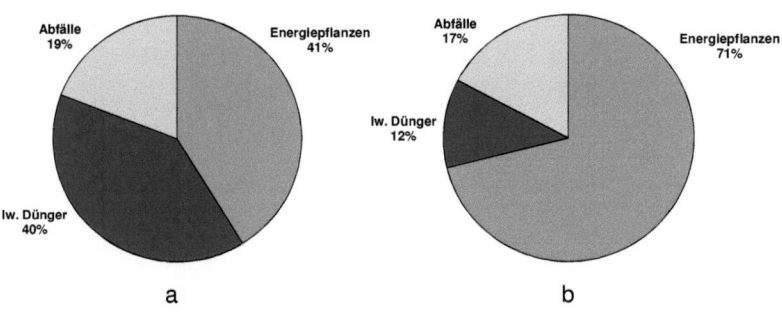

Abbildung 25: Substrateinsatz aller Anlagen: a: bezogen auf Frischmasse, b: bezogen auf oTS

Von den Energiepflanzen wurde – bezogen auf oTS – zu mehr als ¾ Mais als Substrat eingesetzt (Silomais 53,3 %, Körnermais-Silage 21,9 %, Trockenmais 1,9 %), gefolgt von Grassilagen (Wiesengras 9,4 %, Kleegras 2,6 %, Sudangras und Landsberger Gemenge 1,5 %) und Getreide-GPS (5,5 %). Der Rest setzt sich zusammen aus Sonnenblumensilage (1,9 %), Weizen und Triticale (Korn, 1,4 %) und andere. Der vorwiegende Einsatz von Mais ist auf den herausragenden Kostenvorteil zurückzuführen (vgl. STÜRMER et al. 2011), der sich aus dem hohen Hektarertrag (bis zu 55 t/a Frischmasse und mehr, vgl. BMLFUW 2002a), den optimierten Ernteverfahren und dem erzielbaren Abbaugrad ergibt.

Bei den Abfällen wurden hauptsächlich Speisereste eingesetzt (20,0 %), gefolgt von Getreideausputz (14,4 %), Lecithin (11,3 %; nur Anlage 12) und Zuckerrübenabfällen (10,8 %). Darüber hinaus werden noch eingesetzt: Kartoffelabfälle (Kartoffelschäler, Abfälle aus der Pommes Frittes- sowie Kartoffelchips-Produktion), Mühlen- und Bäckereiabfälle, Weizenkleie, Abfälle aus der Obst- und Gemüseverarbeitung, Fettabscheider- und Flotatfette, Glycerinphase aus der Biodieselproduktion, Brautreber und -trester, Schlachtabfälle, u.a.

Bei den landwirtschaftlichen Düngern wurden hauptsächlich Schweinegülle und –mist (45 %) und Rindergülle und –mist (37 %) eingesetzt, sowie Hühnermist (8 %), Pferdemist (6 %) und Putenmist (4 %).

4.2.2 Hydraulische Verweilzeit

Die hydraulische Verweilzeit (HRT) der Anlagen beträgt im Median 131,4 Tage, divergiert aber mit 44-483 Tage sehr stark, wie Abbildung 26 zeigt. Vor allem Anlagen mit einem gasdicht angeschlossenen Endlager verfügen über eine besonders lange HRT, was sich aus der in dieser Arbeit verwendeten Definition der HRT ergibt (vgl. Kapitel 3.2.1.1 „Anlagenkennzahlen").

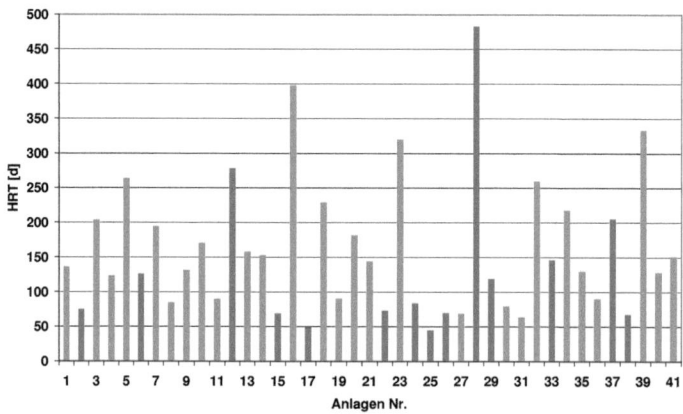

Abbildung 26: Hydraulische Verweilzeit im geschlossenen System

Die *HRT* ist für eine Reihe von weiteren Kennzahlen von besonderer Bedeutung, worauf bereits unter Kapitel 3.2.4.4 „Emissionen aus Biogasgülle bei der Lagerung " hingewiesen wurde: je größer die Verweilzeit, desto höher ist der Abbaugrad und umso geringer ist auch das Methanbildungspotential aus dem Gärrestlager. Wie sich später zeigen wird, wirkt sich die *HRT* maßgeblich auf die Ergebnisse der Ökobilanz aus.

Die erforderliche *HRT* wird dabei unter anderem von der Art des verwendeten Substrats bestimmt: NAWAROs verfügen in der Regel über eine flachere Abbaukurve als Abfallstoffe (z. B. Glycerin oder Speisereste, vgl. Abbildung 16) und benötigen dadurch eine längere Verweilzeit, um einen weitgehend vollständigen Abbau zu erreichen. Auch Wirtschaftsdünger benötigen infolge des geringen oTS-Gehalts ein besonders großes Fermentervolumen, um eine entsprechende Verweilzeit zu gewährleisten. Letzteres ist vor allem dann relevant, wenn mit einem hohen Wirtschaftsdünger-Anteil auch NAWAROs vergoren werden: wird keine ausreichende Verweilzeit gewährleistet, so kommt es zu einem vermehrten Ausspülen von unvergorenem Substrat.

4.2.3 Raumbelastung

Auch die organische Raumbelastung RL_o variiert unter den betrachteten Anlagen sehr weit, wie in Abbildung 27 dargestellt ist. Dabei ist festzustellen, dass vor allem die Fermenter von Abfall-verwertenden Anlagen (Median: 4,3 $kg_{oTS}/(m^3_{FR}.d)$) höher belastet werden als NAWARO-Fermenter (Median: 3,5 $kg_{oTS}/(m^3_{FR}.d)$) und vor allem ältere Anlagen (Nr. 17: Baujahr 1993; Nr. 32: 1999; Nr: 33: erstmalige Inbetriebnahme in der 80er-Jahren) sowie Anlagen mit einem hohen Anteil an Wirtschaftsdünger (33: 61,3 %; 39: 52,7 %) mit einer äußerst geringen Raumbelastung von unter 1,5 $kg_{oTS}/(m^3_{FR}.d)$ betrieben werden.

Die CSB-Raumbelastung korreliert mit der organischen Raumbelastung und sei hier der Vollständigkeit halber erwähnt. Sie streut ähnlich weit und reicht von 1,6 bis 11,9 $kg_{CSB}/(m^3_{FR}.d)$. Im Median beträgt sie 5,6 $kg_{CSB}/(m^3_{FR}.d)$.

Die Raumbelastung hat vor allem einen Einfluss auf die *biologische Stabilität* von Biogasanlagen, da höher belastete Anlagen meist auch höhere Fettsäurekonzentrationen aufweisen und der Anlagenbetrieb leichter außer Kontrolle geraten kann (vgl. Kapitel 4.6 „Biologische Stabilität von Biogasanlagen").

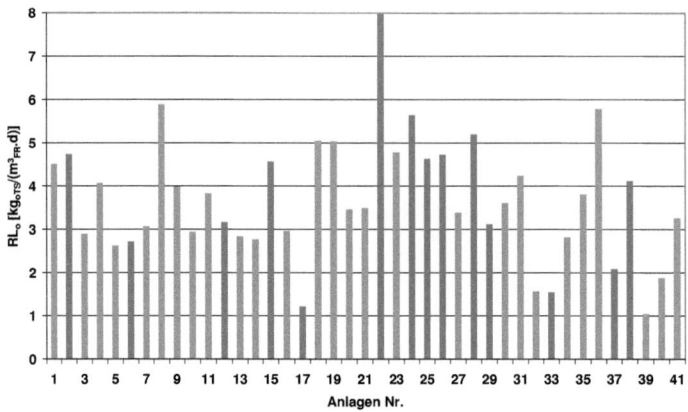

Abbildung 27: Organische Raumbelastung der betrachteten Biogasanlagen

LINDORFER et al. (2007) verweisen in diesem Zusammenhang auf das ökonomische Optimierungspotential von Biogasanlagen durch eine Erhöhung der Raumbelastung, das auch bei bestehenden Anlagen realisiert werden kann: In einer Untersuchung an einer 2-stufigen Biogasanlage mit 500 kW_{el} wurde die Raumbelastung von 4 $kg_{oTS}/(m^3_{FR}.d)$[8] derart erhöht, dass auch der Nachfermenter nochmals mit etwa der gleichen Substratmenge wie der Hauptfermenter beschickt wurde. Durch die Maßnahme konnte der Output verdoppelt werden, sodass die Anlage als 1.000 kW_{el}-Anlage betrieben wurde. Für diese Maßnahme mussten für Aus- und Umbauarbeiten etwa 50 % der ursprünglichen Investitionssumme noch einmal investiert werden, wodurch die spezifischen Investitionskosten [EUR/kW_{el}] um ein Drittel reduziert wurden. Allerdings hatte die Maßnahme auch erhebliche negative Effekte: Zum einen sank der Ausgärgrad von 88,2 auf 83,1 %, wodurch sich das Methanbildungspotential des Gärrests verzehnfachte (!), zum anderen nahm durch die Maßnahme auch die Methankonzentration im Biogas ab, was wiederum eine unerwünschte Erhöhung des *Methanschlupfs* zur Folge hat (vgl. Abbildung 15 „CH_4- und NMVOC-Emissionen von Zündstrahl-BHKW in Abhängigkeit von der CH_4-Konzentration im Biogas").

---

[8] Bezogen auf den Hauptfermenter; LINDORFER et al. (2007) beziehen in ihrer Publikation die Raumbelastung auf das gesamte Faulraumvolumen der betrachteten Biogasanlage und führen diese dort mit 2 $kg_{oTS}/(m^3_{FR}.d)$ an.

Eine Erhöhung der organischen Raumbelastung ist somit womöglich aus ökonomischer Sicht sinnvoll, allerdings erfordert diese auch entsprechende Maßnahmen zur Vermeidung von erhöhten Methan-Emissionen sowohl aus dem Gärrestlager als auch aus dem BHKW (z. B. Erfassung des Biogases aus dem Gärrestlager durch Einbindung in das gasdichte System).

4.2.4 Methangehalt

Der Methangehalt im (ursprünglichen) Biogas der untersuchten Anlagen liegt zwischen 49,7 und 67 %, wobei hier vor allem jene Anlagen mit Co-Vergärung einen höheren CH_4-Gehalt aufweisen, da diese Substrate mit höheren Anteilen an Fetten und Proteinen einsetzen.

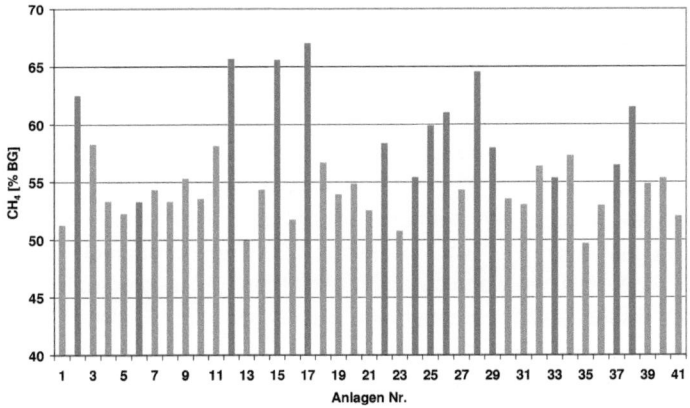

Abbildung 28: CH_4-Konzentrationen im Biogas der betrachteten Biogasanlagen

Der Methangehalt im Biogas ist vor allem für die Stromausbeute relevant und hat auch auf die Methan-Emissionen aus dem BHKW einen Einfluss (vgl. Kapitel 3.2.4.3 „Emissionen aus dem Blockheizkraftwerk"). Er ist nur bedingt beeinflussbar und hängt vor allem von der Zusammensetzung des Ausgangsmaterials ab, wobei der Oxidationsgrad eine Rolle spielt. Fettreiches und damit sauerstoffarmes Material ergibt beispielsweise höhere Biogasmengen und ein methanreicheres Gas als Kohlenhydrate oder Eiweiße (KALTSCHMITT 2009, vgl. Abbildung 29).

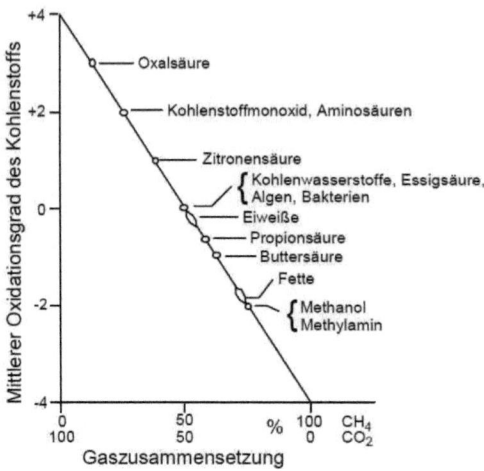

Abbildung 29: Abhängigkeit der Gaszusammensetzung vom mittleren Oxidationsgrad ("Oxidationszahl") des Kohlenstoffs (KALTSCHMITT 2009)

Neben der Substratzusammensetzung ist auch die Aufenthaltszeit für den Methangehalt relevant, was am Beispiel von Anlage 18 gezeigt wird: Diese Anlage verfügt als einzige der betrachteten Anlagen über eine 4-stufige Verfahrensweise mit einer HRT von insgesamt 228 Tagen, wodurch diese Anlage mit >90 % auch einen weit überdurchschnittlichen Abbaugrad aufweist. Messungen an dieser Anlage ergaben im (geschlossenen) Endlager eine Methankonzentration von 63,8 % (Reinbiogas, kein Lufteintrag aus der biologischen Entschwefelung), während die CH_4-Konzentration im Hauptfermenter lediglich 48,8 % (gemessen im Rohbiogas, d. h. mit Lufteintrag aus der biologischen Entschwefelung) betrug. Dies lässt sich anhand des Reaktionsmodell der Methanbildung erklären (vgl. Kapitel 1.4.1.1 „Der anaerobe Abbauprozess"), wonach in den späten Abbauphasen, wenn die - vor allem CO_2-freisetzende - Hydrolyse abklingt, überproportional viel Methan entsteht (KALTSCHMITT 2009).

Neben der Substratzusammensetzung und der Verweilzeit haben auch noch weitere Faktoren eine Auswirkung auf den Methangehalt, wie etwa der Wassergehalt des Faulschlamms, die Gärtemperatur, der Druck im Fermenter oder die Substrataufbereitung (KALTSCHMITT 2009).

4.2.5 Biogasmenge und volumenspezifische Biogasproduktivität

Die jährliche Biogasmenge der Anlagen reicht von etwa 85.000 m³ für die kleinste Anlage (Nr. 17) bis knapp 3.700.000 m³ für die größte Biogasanlage (Nr. 20), was einem Faktor > 40 entspricht.

Die volumenspezifische Biogasproduktivität (auch: Gasertrag) ist die tägliche Biogasmenge bezogen auf das Faulraumvolumen. Sie ist in erster Linie eine wirtschaftliche Kennzahl zur Anlagendimensionierung und liegt bei den betrachteten Biogasanlagen zwischen 0,22 und 2,17 $Nm^3/(m^3_{FR} \cdot d)$, der Median beträgt 0,91 $Nm^3/(m^3_{FR} \cdot d)$.

Vor allem Anlagen mit einer geringeren Verweilzeit (<100 d) und einem hohen oTS-Abbaugrad (sofern der Anteil an Wirtschaftsdüngern nicht zu hoch ist) verfügen über eine hohe Biogasproduktivität. Anlagen mit einem niedrigen Gasertrag verwenden dagegen teilweise einen hohen Anteil an Wirtschaftsdüngern (Anlagen 5, 12, 33, 38 und 39, vgl. Abbildung 24) oder verfügen über eine weit überdurchschnittliche hydraulische Verweilzeit (Anlagen 5, 28, 32 und 38, vgl. Abbildung 26).

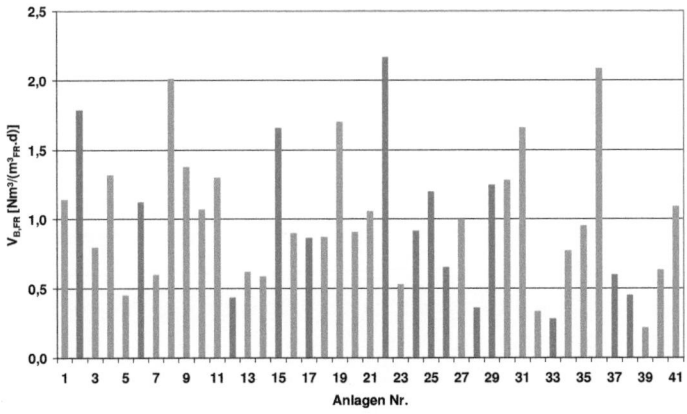

Abbildung 30: Volumenspezifische Biogasproduktivität der betrachteten Biogasanlagen

4.2.6 oTS-Abbaugrad

Der oTS-Abbaugrad ist mit einer relativ großen Unsicherheit behaftet, was daran liegt, dass sämtliche Eingangsgrößen zur Berechnung auf Punktanalysen (Substrat, Nachfermenter, Endlager) oder auch Literaturwerten beruhen und keinem Langzeitmonitoring entstammen.

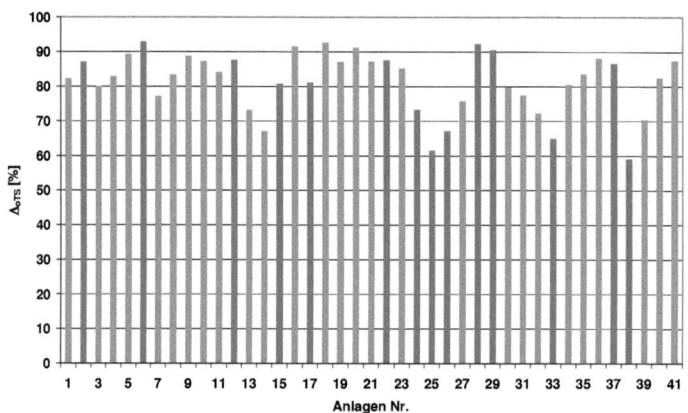

Abbildung 31: oTS-Abbaugrad der betrachteten Biogasanlagen

Dennoch können einige qualitative Aussagen aus dem Ergebnis abgeleitet werden, welches in Abbildung 31 dargestellt ist:

- Die Substratausnutzung liegt mit einem Median von 83,3 % prinzipiell relativ hoch.

- Die Anlagen mit einem besonders hohen Abbaugrad (>90 %) vergären relativ leicht verfügbare Substrate (Anlage 6: Kartoffel-Schälabfälle; Anlage 20: Körnermais; Anlage 29: Speisereste und Fettabscheider-Abfälle) oder verfügen darüber hinaus über weit überdurchschnittliche Verweilzeiten (Anlage 16: HRT = 398 d; Anlage 18: 228 d; Anlage 28: 483 d).

- Anlagen mit einem weit unterdurchschnittlichen Abbaugrad (<70 %) setzen einen hohen Anteil an Wirtschaftsdüngern (vor allem Rindergülle und -mist) ein (Anlagen 13, 14, 25, 27, 33, 38 und 39, vgl. Abbildung 24) oder verfügen über weit unterdurchschnittliche Verweilzeiten (Anlagen 24-27 und 38, vgl. Abbildung 26).

- Anlagen mit einer relativ kurzen Verweilzeit und einem relativ geringen Abbaugrad weisen ein erhöhtes Methanbildungspotential im Endlager auf (Anlagen 24, 25, 26 und 38).

4.2.7 Methanausbeute

Im erhobenen Anlagenquerschnitt wurden Methanausbeuten zwischen 275 und 558 Nm³ CH_4/t_{oTS} ermittelt, der Median liegt bei 364 Nm³ CH_4/t_{oTS}.

Wie bereits unter Punkt H *Methangehalt* erwähnt, hängt auch die Methanausbeute primär von der chemischen Zusammensetzung des Substrates ab. In Abbildung 32 wird dieser Sachverhalt verdeutlicht: vor allem jene Anlagen mit einem hohen Anteil an fett- und proteinreichem Substrat erreichen hohe Methanausbeuten. Dies ist vor allem bei Abfall-verwertenden Anlagen der Fall (Anlagen 2, 12, 15, 17, 22, 28 und 29), während Anlagen mit einem hohen Anteil an Wirtschaftsdüngern (v.a. Rindergülle und -mist) eine unterdurchschnittliche Methanausbeute haben (Anlagen 13, 14, 25, 33, 38 und 39). Als einzige NAWARO-Anlage erreicht Anlage 18 eine Methanausbeute von über 400 Nm³/t_{oTS}, die als einzige über eine 4-stufige Verfahrensweise mit einer *HRT* von insgesamt 228 Tagen verfügt und einen Abbaugrad von >90 % erreicht.

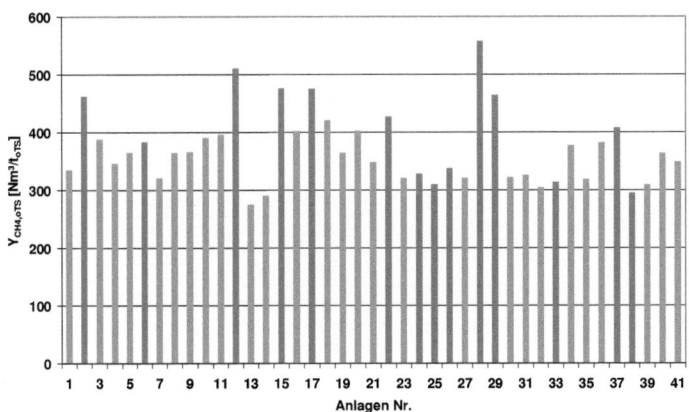

Abbildung 32: Methanausbeute der betrachteten Biogasanlagen

Auffallend sind in Abbildung 32 die Anlagen 24 und 25, die trotz eines verhältnismäßig hohen Einsatzes von Speiseresten und Fettabscheiderfett (53 bzw. 28 % Anteil am Substrateinsatz bezogen auf oTS) eine Methanausbeute von nur wenig mehr als 300 Nm³/t_{oTS} aufweisen. Dies liegt vermutlich an der kurzen Verweilzeit und dem verhältnismäßig geringen oTS-Abbau. Zu diesen Anlagen liegen darüber hinaus auch Fermenteranalysen vor, die aufgrund der sehr hohen Fettsäurenbelastung auf einen gehemmten Biogasprozess rückschließen lassen.

4.2.8 Jahresvolllaststunden (Anlagenverfügbarkeit)

Die Jahresvolllaststunden (kurz: Volllaststunden) sind eine Kennzahl für die Verfügbarkeit und darüber hinaus ein Maß für die Wirtschaftlichkeit einer Biogasanlage. Der Median beträgt 7.300 Volllaststunden (Maximum: 8.600 Volllaststunden), was einer Verfügbarkeit von 83,3 % entspricht. NAWARO-Anlagen erreichen mit etwa 7.700 Volllaststunden (88 % Verfügbarkeit) eine höhere Auslastung ihrer Kapazitäten als Abfall-verwertende Anlagen mit knapp 5.600 Volllaststunden (64 % Verfügbarkeit).

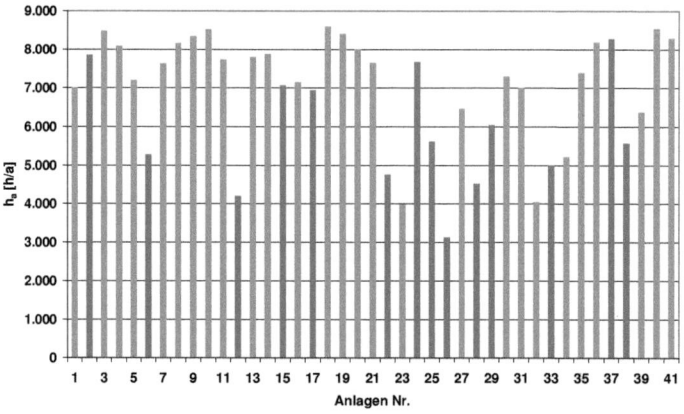

Abbildung 33: Volllaststunden der betrachteten Biogasanlagen

Einige Abfallanlagen waren zum Zeitpunkt der Datenerhebung noch nicht ganz ausgelastet und werden mittlerweile wohl über mehr Jahresvolllaststunden verfügen (Anlagen 6, 12, 22 und 28). Da sich diese Anlagen aber vor allem durch die Entsorgung von Co-Fermenten finanzieren, die Verfügbarkeit für diese Anlagen aber ohnehin häufig zweitrangig.

Anlage 26 und 32 unterliegen dagegen nicht dem Ökostrom-Förderregime und finanzieren sich daher weniger über Einspeisetarife, sondern vielmehr über eingesparte Brennstoffe: diese Anlagen nutzen zu einem Gutteil die anfallende Wärme und substituieren dadurch andere Energieträger. Bei Anlage 34 handelt es sich zwar um eine Ökostromanlage, aber auch diese finanziert sich über einen Gutteil über die anfallende Wärme. Wieso Anlage 23 über dermaßen wenige Volllaststunden verfügt entzieht sich der Kenntnis des Verfassers.

Generell zeigt die Untersuchung in diesem Bereich ein großes ökonomisches Optimierungspotential, wie der Vergleich des Anlagendurchschnitts mit der besten Anlage in dieser Kategorie zeigt (Anlage 8.600 Volllaststunden). Jüngste Erfahrungen aus der Beratungspraxis zeigen, dass eine Steigerung der Jahresvolllaststunden um 300 h/a auch bei einer durchschnittlich effizienten Biogasanlage durchaus möglich ist (LAABER 2011a).

4.2.9 Elektrischer Eigenbedarf

Der elektrische Eigenbedarf einer Biogasanlage setzt sich zusammen aus der Leistungsaufnahme der Rührwerke, des BHKW-Systems (Gasverdichter und Lüfter), Substrateinbringung (Misch- und Einbringschnecken), zentrale Pumpstation und sonstige Kleinverbraucher (Heizungs-Umwälzpumpen, Tragluftgebläse, ggf. Separator, Anlagensteuerung). Abbildung 34 zeigt eine typische Verbrauchsaufteilung einer 500 kW-Anlage.

Der elektrische Eigenbedarf liegt üblicherweise bei 5-10 % der erzeugten elektrischen Energie. Da allerdings der elektrische Wirkungsgrad unterschiedlicher BHKW zwischen 30 und 40 % schwankt ist die Stromerzeugung eine ungenaue Bezugsgröße. Besser geeignet als Bezugsgröße für den Energieeinsatz scheint dagegen der Energieinhalt des Biogases ($Q_{therm,B}$), da dieser den Energieoutput ohne Wirkungsgradverluste widerspiegelt. Bezogen auf $Q_{therm,B}$ liegt der elektrische Eigenbedarf bei den betrachteten Anlagen zwischen 0,25 und 4,47 %, der Median beträgt 2,66 %.

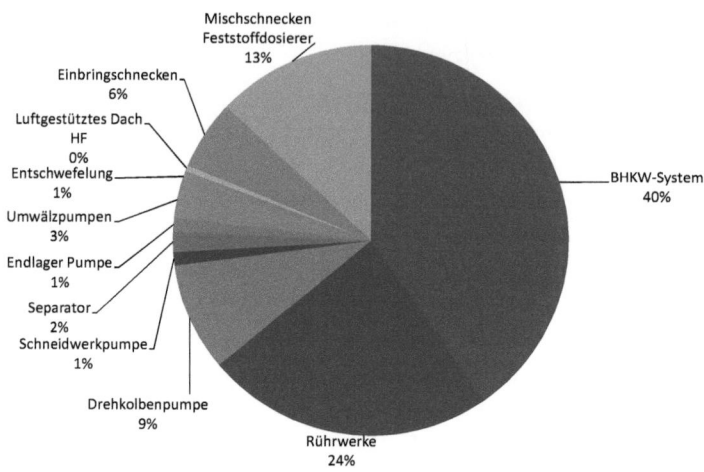

Abbildung 34: Aufteilung der elektrischen Verbraucher einer Biogasanlage (LAABER 2011a)

Abbildung 35 stellt wieder den elektrischen Eigenbedarf aller betrachteten Anlagen dar, wobei vor allem Anlage 17 hervorsticht. Dabei handelt es sich um eine Kleinanlage mit einem alternativen Anlagenkonzept (*entec-BIMA-Fermenter*), bestehend aus einem 2-Kammer-Fermenter: durch das erzeugte Biogas entsteht eine Spiegeldifferenz in den Kammern und ein Mischdruck wird aufgebaut, der für eine selbstständige Durchmischung sorgt. Das System benötigt kein zusätzliches Rührwerk (ENTEC 2007). Außerdem kommt diese Anlage ohne aufwändige Motorentechnik aus, weshalb die Anlage auch sonst kaum elektrische Energie verbraucht.

Die anderen Anlagen mit niedrigem elektrischem Eigenbedarf verwenden zum einen energieeffiziente Rührwerke (v. a. Paddelrührwerke) und haben zu anderen die Rührintervalle soweit optimiert, dass der Verbrauch auf ein Minimum gesenkt werden konnte.

Jene Anlagen mit einem hohen Eigenbedarf verfügen dagegen über teils nicht unerhebliche Optimierungspotentiale, die – entsprechend der Erfahrung des Verfassers – häufig im Bereich der Durchmischung/Rührwerke zu finden sind.

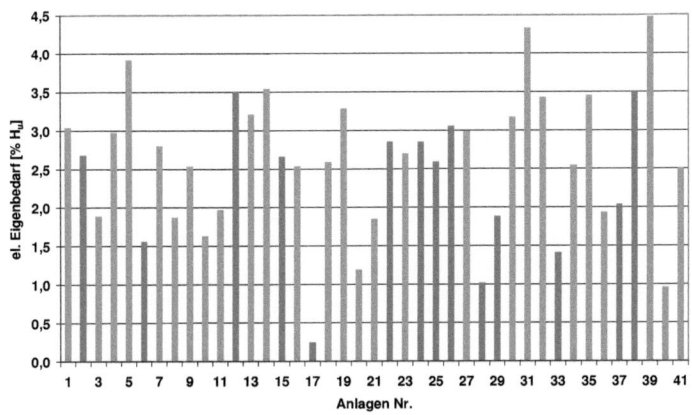

Abbildung 35: Elektrischer Eigenbedarf der betrachteten Biogasanlagen

4.2.10 Jahresnutzungsgrad

Anhand des Jahresnutzungsgrads wird das teils enorme energetische Optimierungspotential der Biogastechnologie deutlich: Zum einen werden sehr ineffiziente BHKW verwendet (Wirkungsgrad in der Praxis zwischen 21,7 und 40 %), zum anderen schwankt auch der elektrische Eigenbedarf der Anlagen stark (s.o.). Dadurch sind die Unterschiede beim elektrischen Jahresnutzungsgrad sehr groß: er beträgt zwischen 21,3 und 38 %, was einem Faktor von knapp 2 entspricht (vgl. Abbildung 36 a).

Einen noch größten Einfluss hat jedoch die Nutzung der bei der Verbrennung als Koppelprodukt anfallenden Wärme, die in der Regel im Ausmaß von über 40 % der im Biogas enthaltenen Energie ($Q_{therm,B}$) unter Einsatz entsprechender Wärmetauscher genutzt werden könnte. Ein Großteil der Biogasanlagen nutzt die Wärme allerdings nur zu einem geringen Teil, wie Abbildung 36 b zeigt.

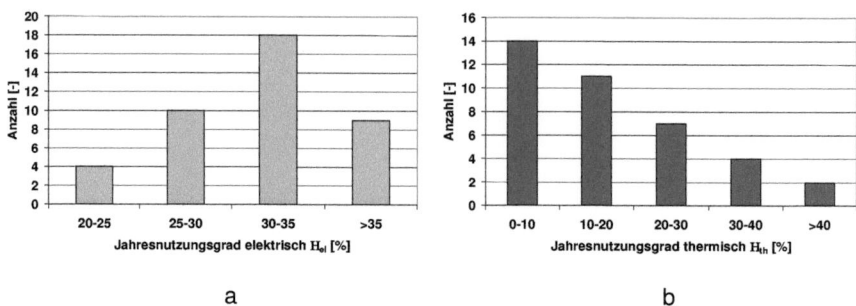

a b

Abbildung 36: Häufigkeitsverteilung der elektrischen (a) bzw. thermischen (b) Jahresnutzungsgrade der betrachteten Biogasanlagen

Ein hoher elektrischer Jahresnutzungsgrad bedeutet allerdings nicht notwendigerweise einen hohen thermischen Jahresnutzungsgrad für dieselbe Anlage, wie Abbildung 37 zeigt. Im Gegenteil: zahlreiche elektrisch ineffiziente Anlagen verfügen über eine sehr effiziente Wärmenutzung, weshalb diese einen meist überdurchschnittlichen gesamten Jahresnutzungsgrad aufweisen (Anlagen 17, 26, 32, 33 und 39). In der Regel handelt es sich dabei um kleine Anlagen (<50 kW$_{el}$), die durch die Substitution von Brennstoffen überhaupt erst rentabel sind.

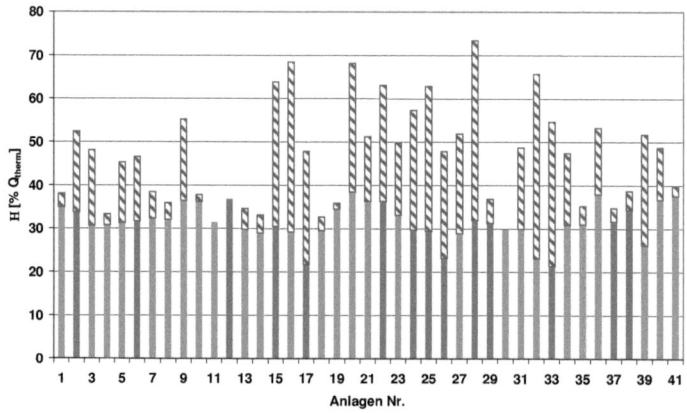

Abbildung 37: Nutzungsgrade der betrachteten Biogasanlagen: elektrisch (grün bzw. orange), thermisch (rot schraffiert) und gesamt (Summe der Balken)

Verantwortlich für die geringe Nutzung thermischer Energie sind allerdings nicht immer die Anlagenbetreiber selber: auch behördliche Vorgaben können dafür verantwortlich sein, dass die Wärme nicht ausreichend genutzt werden kann. So sollte z. B. Anlage 30 ursprünglich in Siedlungsnähe gebaut werden, um die Wärme in einem Nahwärmenetz zu nutzen. Dieses Vorhaben wurde allerdings von Behördenseite verhindert, mit dem Argument der möglichen Geruchsbelästigung von Anrainern. Dies hat zur Folge, dass nicht nur die Wärme dieser Biogasanlage nicht genutzt werden kann, sondern auch die eingesetzten Wirtschaftsdünger über rund einen Kilometer zusätzlich transportiert werden müssen.

Für Anlagen, welche auf Basis der Ökostromgesetz-Novelle 2006 (BGBl.I Nr.105/2006) oder später genehmigt wurden, wird sich der Jahresnutzungsgrad infolge der gesetzlichen Vorgaben gewiss anders darstellen als hier dargestellt: seither ist für die Anlagengenehmigung ein Brennstoffnutzungsgrad von zumindest 60 % erforderlich. Der Brennstoffnutzungsgrad unterscheidet sich vom Jahresnutzungsgrad zwar dadurch, dass er den Eigenenergiebedarf nicht berücksichtigt (vgl. Definitionen im Glossar, Kapitel 11). Da jedoch der Eigenenergiebedarf sowohl elektrisch als auch thermisch in der Regel unter 10 % der erzeugten Energie liegt, ist zu erwarten, dass Neuanlagen über einen Jahresnutzungsgrad von zumindest 55 % verfügen. Damit sind Neuanlagen wesentlich effizienter als die meisten der hier dargestellten Anlagen, welche noch vor der Ökostromgesetz-Novelle 2006 genehmigt wurden.

Abschließend kann zu diesem Kapitel festgestellt werden, dass es sich bei den untersuchten Anlagen um einen sehr heterogenen Datensatz handelt. Sämtliche Anlagenkennzahlen unterliegen infolge der unterschiedlichen Größe, Verfahrensweise und Substratwahl weiten Streuungen. Tabelle 21 stellt die Kennzahlen mit deren Minima und Maxima im Überblick noch einmal dar.

Tabelle 21: Kennzahlenüberblick der untersuchten Biogasanlagen

Parameter/Kennzahl	Einheit	Median	min.	max.
Anlagengröße	kW_{el}	190	18	1.672
tägliche Substratmenge	t_{FM}/d	13,2	0,8	58,9
tägliche Menge oTS	t_{oTS}/d	2,3	0,3	13,8
hydraulische Verweilzeit	d	131	44	483
organ. Raumbelastung	$kg_{oTS}/(m^3_{FR} \cdot d)$	3,5	1,0	8,0
CSB-Raumbelastung	$kg_{CSB}/(m^3_{FR} \cdot d)$	5,6	1,6	11,9
Methankonzentration	%	54,8	49,7	67,0
oTS-Abbaugrad	%	83,3	59,1	92,9
Gasertrag	$Nm^3_{Biogas}/(m^3_{FR} \cdot d)$	0,91	0,22	2,17
Methanausbeute	Nm^3_{Methan}/t_{FM}	82	24	229
	Nm^3_{Methan}/t_{oTS}	364	275	558
Volllaststunden	1000 h/a	7,3	3,1	8,6
Anlagenverfügbarkeit	%	83,3	35,7	98,2
Elektrischer Eigenbedarf	% (von $Q_{therm,B}$)	2,66	0,25	4,47
elektrischer Jahresnutzungsgrad	%	31,3	21,3	38,0
thermischer Jahresnutzungsgrad	%	14,9	0,0	42,6
gesamter Jahresnutzungsgrad	%	47,8	29,9	73,4

4.3 Betriebswirtschaftliche Ergebnisse

In diesem Kapitel wird speziell zwischen NAWARO- und Abfall-behandelnden Anlagen unterschieden, da sich diese erheblich in ihrer Kostenplanung und -struktur unterscheiden, wie im Folgenden erläutert wird.

4.3.1 Investitionskosten

Die Investitionskosten einer Biogasanlage unterliegen in der Praxis einer enormen Schwankungsbreite, was auch in anderen Publikationen beschrieben wird (z. B. FAL 2005, TRAGNER et al. 2008, EDER und KIRCHWEGER 2011). Nach Abbildung 38 spielen die Skaleneffekte bis zu einer Größe von 250 kW$_{el}$ eine große Rolle, oberhalb dieser Leistung lässt sich infolge der geringen Datenmenge keine signifikante Aussage über eine Kostendegression ableiten. Eine Aufgliederung in den Kostenanteil einzelner Anlagenkomponenten wurde nicht gemacht.

Die spezifischen Investitionskosten der meisten NAWARO-Anlagen belaufen sich bei einer Anlagengröße bis 100 kW$_{el}$ auf etwa 3.000 bis 5.500 EUR/kW$_{el}$, bei einer Größe um 200 kW$_{el}$ um 2.300 bis 3.900 EUR/kW$_{el}$, und bei größeren Anlagen liegen die spezifischen Investitionskosten zwischen 2.600 und 5.400 EUR/kW$_{el}$. Bei Abfall-behandelnden Anlagen liegen die Investitionskosten aufgrund der komplexeren Anlagentechnik je nach Substrat (Speisereste, Abfälle aus der Biodiesel oder Bioethanol-Produktion, Müllereiabfälle, etc.) und entsprechend aufwändiger Anlagentechnik (Waschanlage, Magnetabscheidung, Hygienisierung, Pulper, Mörser, etc.) generell um 20 bis 100 % über denen reiner NAWARO-Anlagen (vgl. Abbildung 38).

Die Schwankungsbreite der Investitionskosten ergibt sich aus einer Vielzahl von Einflussfaktoren. Eine besonders große Rolle spielt der Einsatz unterschiedlicher Anlagentechnik (Dimensionierung, verwendete Baumaterialien, Größe und Anzahl der Behälter). Bei manchen Anlagen wurden darüber hinaus die Kosten für Grundstücks- und Erschließungskosten in den Investitionskosten berücksichtigt, was bei anderen wiederum nicht der Fall war. Ferner berücksichtigen einige Biogasanlagen die Investition in eine Wärmeversorgung (Fernwärmeleitung), die bei den meisten Biogasanlagen gar nicht gebaut wurde. Bei Anlagen ≤250 kW$_{el}$ ist auch der Einfluss der Eigenleistungen am Bau nicht zu vernachlässigen, die allerdings von den Anlagenbetreibern unterschiedlich kalkuliert wurden.

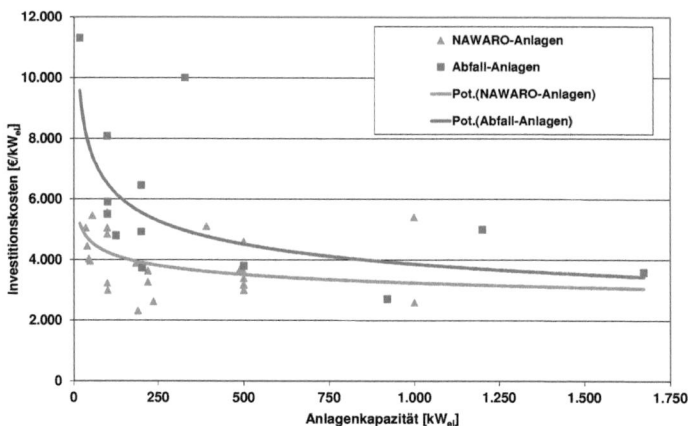

Abbildung 38: Spezifische Investitionskosten in Abhängigkeit von der Anlagengröße

Darüber hinaus lässt sich ein massiver Anstieg der Investitionskosten über die Jahre hinweg feststellen, was einerseits an neuen Vorschriften (z. B. Blitzschutzanlage) aber auch an den stark gestiegenen Preisen für Anlagenkomponenten infolge erhöhter Nachfrage liegt (Substrateinbringung, Beton, Gasspeicher, BHKW, Rührwerke, Trafo-Station, etc.).

Aus einer Untersuchung von FAL (2005) an einem Datensatz von 59 Biogasanlagen zwischen 25 und 826 kW$_{el}$ (Ø = 217 kW$_{el}$, inkl. Abfall-verwertenden Anlagen), die vorwiegend zwischen 1999 und 2001 in Deutschland gebaut wurden, geht hervor, dass die spezifischen Investitionskosten zwischen 1.200 und 7.500 EUR/kW$_{el}$ (Ø = 3.160 EUR/kW$_{el}$) liegen: Anlagen bis 100 kW$_{el}$ liegen demnach bei 2.000-5.000 EUR/kW$_{el}$, und Anlagen über 100 kW$_{el}$ mehrheitlich zwischen 2.000 und 3.500 EUR/kW$_{el}$, wobei oberhalb von 100 kW$_{el}$ nur eine schwache Kostendegression festgestellt werden kann. Die spezifischen Investitionskosten liegen damit deutlich unter den hier festgestellten Investitionskosten.

Nach EDER und KIRCHWEGER (2011) liegen die Investitionskosten dagegen um rund 50 % höher als in dieser Arbeit. Nach ihrer Untersuchung an einem Datensatz von 36 österreichischen NAWARO-Biogasanlagen (Ø = 381 kW$_{el}$), die zwischen 2004 und 2007 in Betrieb genommen wurden, ergeben sich folgende Investitionskosten: bei Anlagen um 100 kW$_{el}$ liegen die Investitionskosten in der Größenordnung von 4.500-9.000 EUR/kW$_{el}$, bei Anlagen um 250 kW$_{el}$ in der Größenordnung von 5.000 EUR/kW$_{el}$ und bei größeren Anlagen (500-1.000 kW$_{el}$) zwischen 3.000 und 5.000 EUR/kW$_{el}$.

Der Anstieg der spezifischen Investitionskosten innerhalb von 6 Jahren beträgt damit etwa 100 %, was sich entscheidend auf die Wirtschaftlichkeit neuer Biogasanlagen auswirkt (vgl. folgendes Kapitel).

Abbildung 39 stellt die spezifischen Investitionskosten [€/kW$_{el}$] aus der vorliegenden Untersuchung dar.

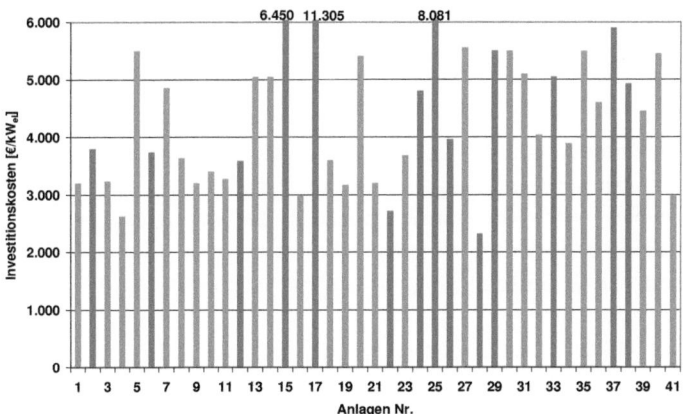

Abbildung 39: Spezifische Investitionskosten der untersuchten Biogasanlagen

4.3.2 Stromgestehungskosten

Die Stromgestehungskosten werden in dieser Untersuchung in Substratkosten und Betriebskosten unterschieden. Die Betriebskosten umfassen Kosten für Wartung und Instandhaltung, Personalkosten und eigene Arbeitszeit, Ausbringungskosten für Biogasgülle und sonstige Kosten (Stromzukauf, Beratungskosten, Fermenteranalysen und Abgaben). Kalkulatorische Kosten für die Abschreibung und die tatsächlich im Jahr angefallenen Zinsen für bestehende Verbindlichkeiten wurden in dieser Betrachtung nicht berechnet.

NAWARO- und Abfall-Anlagen unterscheiden sich demnach auch bei den Gestehungskosten erheblich, da Abfall-Anlagen zum einen durch die Abfall-Entsorgung teilweise Erlöse erzielen, und zum anderen durch den höheren Substrat-Behandlungsaufwand wesentlich höhere Betriebskosten anfallen können. Diese beiden Anlagen-Typen müssen also auch hier grundsätzlich unterschieden werden.

4.3.2.1 Substratkosten

Bei NAWARO-Anlagen kommen die Substratkosten in dieser Untersuchung meist zwischen 4,7 bis 7,4 ct/kWh$_{el}$ zu liegen, wobei die Kosten mit der Anlagengröße zunehmen (vgl. Abbildung 42). Dies steht im Gegensatz zu einer aktuellen Untersuchung von EDER und KIRCHWEGER (2011), die feststellen, dass die Substratkosten mit zunehmender Anlagengröße stagnieren (bezogen auf 2009: 100-250 kW$_{el}$: 9,4 ct/kWh$_{el}$; 251-500 kW$_{el}$: 7,2 ct/kWh$_{el}$; 501-1.000 kWh$_{el}$: 5,7 ct/kWh$_{el}$). Weshalb genau es zu diesen unterschiedlichen Trends kommt lässt sich nicht eindeutig erklären, womöglich spielen aber folgende Gründe eine Rolle:

- Kleine Anlagen produzieren den benötigten Rohstoff größtenteils selber, die Berechnung der Substratkosten erfolgt individuell durch den Anlagenbetreiber und wird häufig geringer bemessen als in den Standarddeckungsbeiträgen (BMLFUW 2002a) vorgesehen. Große Anlagen kaufen dagegen den Rohstoff großteils zu und müssen sich dabei nach Marktpreisen richten.

- Große Anlagen haben einen weiteren Einzugsbereich für ihre Substrate, wodurch auch der Transport-Anteil an den Substratkosten signifikant zunimmt. Im Fall von Maissilage, die das am häufigsten eingesetzte Input-Material ist, beträgt dieser Unterschied bei einer Zunahme von 0-15 km Distanz etwa 50 % (STÜRMER et al. 2005).

- Kleine Anlagen setzen verhältnismäßig viel Wirtschaftsdünger ein. Da dieser nichts kostet, senkt das die Substratkosten. EDER und KIRCHWEGER (2011) bewerteten dagegen die Substratgestehungskosten allein auf Basis von NAWAROs.

Die generell höheren Substratkosten, die EDER und KIRCHWEGER (2011) anführen, dürften dagegen auf die mittlerweile höheren Rohstoffpreise zurückzuführen sein: Während Agrarrohstoffpreise Anfang 2007 annähernd denen des Jahres 1995 entsprachen, kam es mit der Ernte 2007 zu einem enormen Anstieg der Substratpreise, z. B. bei Maissilage von rund 60 % (E-CONTROL 2009). Im Herbst 2008 fielen die Preise zwar wieder auf das Ausgangsniveau, mit der Ernte 2010 war allerdings wieder eine ähnliche Entwicklung wie zur Ernte 2007 zu beobachten (vgl. Abbildung 40 „Erzeugerpreis für Mahlweizen, Futterweizen und Körnermais 2007 bis 2011"). Diese Rohstoff-Verteuerung führte zu einem Anstieg der Stromgestehungskosten von knapp 2 ct/kWh$_{el}$ (EDER und KIRCHWEGER 2011). Aufgrund der gestiegenen Rohstoffpreise wurde in Folge der sogenannte

Rohstoffzuschlag eingeführt, der die Entwicklung abfangen und einen wirtschaftlichen Anlagenbetrieb sicherstellen sollte (vgl. Kapitel 1.2 „Auswirkung des Ökostromgesetzes 2002 auf die Ökostromerzeugung aus Biogas in Österreich").

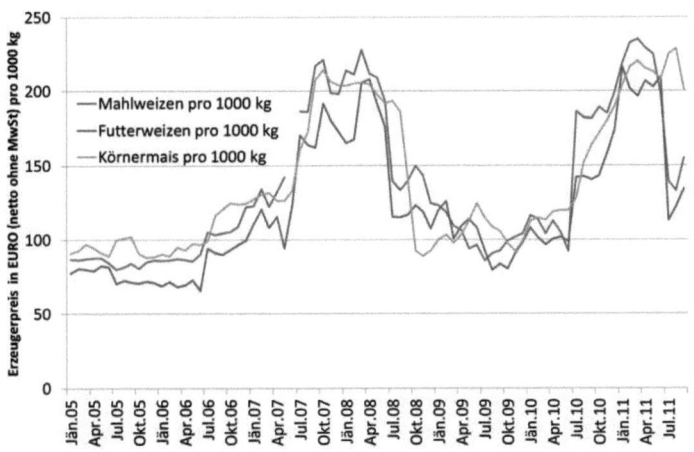

Abbildung 40: Erzeugerpreis für Mahlweizen, Futterweizen und Körnermais 2005 bis 2011 (STATISTIK AUSTRIA 2011)

Um die Auswirkung volatiler Rohstoffpreise zu reduzieren erscheint es daher günstig, wenn entsprechende langfristige Verträge zwischen Anlagenbetreibern und Substratlieferanten abgeschlossen werden (vgl. auch Kapitel 4.4.4 „Soziale Nachhaltigkeit von Biogasanlagen"). Kleine Anlagen bzw. Anlagen, die das Substrat vorwiegend selbst erzeugen, sind von dieser Entwicklung naturgemäß weniger betroffen – sofern sie nicht aufgrund von Ernteausfällen auf den Zukauf von Substrat angewiesen sind.

Im Gegensatz zu NAWARO-Anlagen gestaltet sich die Situation bei Abfallbehandelnden Anlagen völlig anders: die Substratkosten lagen im Untersuchungszeitraum bei den betrachteten Anlagen zwischen -4,5 und 5,2 ct/kWh$_{el}$, wobei hier keine Abhängigkeit von der Größe festgestellt werden kann. Die Preisunterschiede hängen vielmehr von der Wahl der Rohstoffe, dem Ausmaß der Vorbehandlung, den vereinbarten Preisen sowie von der Nähe zur Rohstoffquelle ab.

4.3.2.2 Betriebskosten

Entsprechend der Degressionseffekte sinken die Betriebskosten mit zunehmender Anlagengröße (vgl. Abbildung 42) und liegen bei den untersuchten NAWARO-Anlagen zwischen 1,6 und 8,5 ct/kWh$_{el}$ (0,25 bzw. 0,75-Quantile: 2,5 bzw. 4,5 ct/kWh$_{el}$). Die größten Posten sind dabei (abhängig von Wartungsverträgen, Verfahrensweise und Arbeitsaufwand):

- Service und Wartung BHKW   10 – 40 %
- Personalkosten 15 – 40 %
- Instandhaltung, Wartung und Reparatur der BGA   10 – 15 %
- Versicherung der BGA 6-10 %
- Sonstige Betriebsmittel (z. B. Kraftstoffe, Stromzukauf)   10 – 15 %

Bei Abfall-behandelnden Anlagen liegen die Betriebskosten zwischen 0,9 und 11,3 ct/kWh$_{el}$ (0,25 bzw. 0,75-Quantile: 3,3 bzw. 5,6 ct/kWh$_{el}$). Sie sind zwischen 20 und 100 % höher als bei NAWARO-Anlagen derselben Größenordnung, was vor allem auf die höheren Personalkosten (ca. 50 % der Betriebskosten) und höheren Instandhaltungskosten (>20 %) der aufwändigeren Infrastruktur zurückzuführen ist.

FAL (2005) kommt zu einem ähnlichen Ergebnis wie die gegenständliche Untersuchung: demnach liegen die Betriebskosten zwischen 2,5 und 4 ct/kWh$_{el}$, wobei die Aufteilung eine andere ist: Service und Wartung BHKW: <10 %, Personalkosten: 20-35 %, Reparatur und Verbrauch: 25-35 %, Versicherung: 5-6 % sowie Eigenstrombedarf und Ausbringkosten mit 30-40 % (eigene Berechnungen nach FAL (2005)).

Nach EDER und KIRCHWEGER (2011) wiederum liegen die Betriebskosten von NAWARO-Anlagen (wiederum ohne Abschreibungskosten und Zinsen) zwischen 5,5 (>250 kW$_{el}$) und 7,8 ct/kWh$_{el}$ (100-250 kW$_{el}$), und damit etwa doppelt so hoch wie in der hier dargestellten Untersuchung.

4.3.2.3 Stromgestehungskosten gesamt

Die Summe aus Substratkosten und Betriebskosten (ohne Abschreibungskosten und Zinsen) liegt bei NAWARO-Anlagen nach dieser Untersuchung zwischen 4,46 und 12,50 ct/kWh$_{el}$ (Median 9,06 ± 2,05 ct/kWh$_{el}$), und bei Abfall-behandelnden Anlagen zwischen -1,41 und 9,14 ct/kWh$_{el}$ (Median 4,98 ± 3,39 ct/kWh$_{el}$).

Die Stromgestehungskosten der einzelnen Anlagen sind in Abbildung 41 dargestellt.

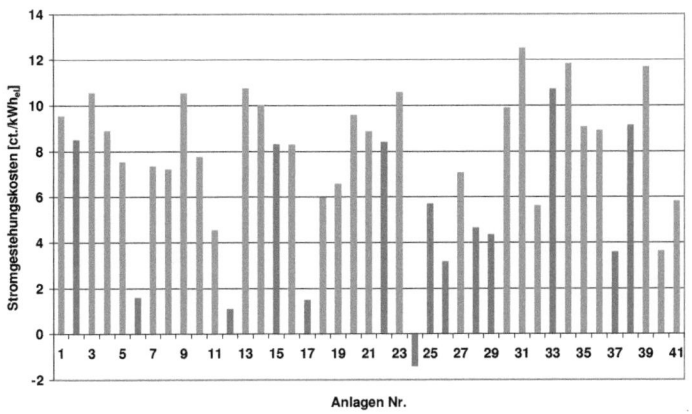

Abbildung 41: Stromgestehungskosten der 41 Biogasanlagen (ohne Abschreibungskosten und Zinsen)

In obiger Abbildung fallen vor allem die Anlagen 6, 12, 17 und 24 auf: Dabei handelt es sich um Abfall-verwertende Anlagen, die sehr gute Preise/Erlöse für ihre Substrate erzielen. Bei den NAWARO-Anlagen fallen besonders die Anlagen 11, 32 und 40 auf: Diese Anlagen verwenden zum einen relativ hohen Anteil an Wirtschaftsdüngern (Anlage 11: 36,6 %; Anlage 40: 21,4 % bezogen auf oTS), und darüber hinaus einen hohen Anteil an Abfällen aus der *Positiv-Liste* gemäß BMWA (2003). Auffallend hinsichtlich hoher Kosten sind auch NAWARO-Anlagen 31, 34 und 39: Während sich bei den Anlagen 31 und 39 besonders die hohen Betriebskosten zu Buche schlagen (Anlage 39 v.a. die besonders hohen Personalkosten), wurden bei Anlage 34 die Substratkosten überdurchschnittlich hoch angesetzt. Auch die Abfall-verwertenden Anlagen 33 und 38 haben überdurchschnittlich hohe Betriebskosten, wobei diese bei Anlage 33 vor allem durch die hohen Personalkosten entstehen (bei einer Anlagenkapazität von 36 kW_{el}). Auch bei Anlage 38 wiegen die Personalkosten relativ schwer, allerdings entstehen bei dieser Anlage die Kosten vorrangig durch die Verwendung zweier Zündstrahlaggregate, deren Betrieb durch die Anschaffung von Zündöl (Diesel) sehr teuer ist.

Zusammenfassend ergibt sich folgende Darstellung der Summe aus Betriebs- und Substratkosten in Abhängigkeit von der Anlagengröße.

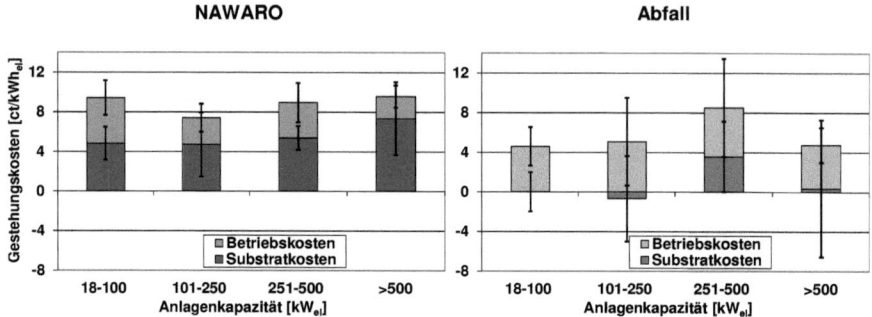

Abbildung 42: Stromgestehungskosten in Abhängigkeit von der Anlagengröße (ohne Abschreibung und Verbindlichkeiten); die Fehlerindikatoren beschreiben die Standardabweichungen

Für Abschreibungskosten und Verbindlichkeiten sind nach EDER und KIRCHWEGER (2011) zwischen 5,4 (>250 kW$_{el}$) und 6,4 ct/kWh$_{el}$ (100-250 kW$_{el}$) hinzuzurechnen (gegenüber rund 4,9 ct/kWh$_{el}$ nach FAL 2005). Damit sollte für die meisten Anlagen aus dieser Untersuchung unter den Rahmenbedingungen der Einspeisetarifverordnung (BGBl.II Nr.508/2002) ein wirtschaftlicher Anlagenbetrieb bei den meisten Anlagen möglich sein – unter der Voraussetzung von stabilen Rohstoffpreisen, wie sie im Untersuchungszeitraum vorlagen.

Allerdings war in den vergangenen Jahren ein signifikanter Anstieg sowohl der Errichtungskosten sowie der Stromgestehungskosten zu verzeichnen: So berichten TRAGNER et al. (2008) in ihrem Biogas Branchenmonitor, dass 2007 Biogasanlagen nicht kostendeckend betrieben werden konnten, was zur Existenzgefährdung von Betreibern von Ökostromanlagen führte. Demnach gaben bei einer Befragung von 151 österreichischen Biogasanlagenbetreibern 48 % an, dass sie mit der Biogasanlage Verluste erwirtschaftet hätten und 32 % der Betreiber sogar eine Stilllegung der Anlage erwägten, darüber hinaus würden über 60 % nicht wieder in eine Biogasanlage investieren (TRAGNER et al. 2008).

EDER und KIRCHWEGER (2011) kommen zu dem Schluss, dass nicht nur die bestehenden Anlagen mit den alten Einspeisetarifen (gemäß BGBl.II Nr.508/2002) nicht wirtschaftlich zu betreiben sind, sondern dass auch die aktuell gewährten Einspeisetarife nicht ausreichen, um einen wirtschaftlichen Anlagenbetrieb zu erzielen. Nach EDER und KIRCHWEGER müssten die erforderlichen Einspeisetarife wie in Tabelle 22 dargestellt festgelegt werden, um einen wirtschaftlichen Anlagenbetrieb zu ermöglichen.

Tabelle 22: Erforderliche Einspeisetarife für einen wirtschaftlichen Betrieb von Biogasanlagen: Gegenüberstellung mit aktuell gewährten Einspeisetarifen (nach EDER und KIRCHWEGER (2011))

	erforderlicher Tarif in ct/kWh nach EDER und KIRCHWEGER (2011)	Tarif in ct/kWh nach BGBl.II Nr.25/2011
bis 250 kW	23,40	18,50
250 bis 500 kW	20,10	16,50
über 500 kW	16,50	13,00
Zuschlag für effiziente KWK (60 % Brennstoffnutzungsgrad)	-	2,00

Demgemäß müsste ein Großteil der betrachteten Anlagen defizitär wirtschaften, was die Feststellung von TRAGNER et al. (2008) (s. o.) untermauern würde. Wieso dennoch bisher nur eine geringe Anzahl von Biogasanlagen insolvent wurden, kann durch mehrere Umstände erklärt werden: „Gerade bei kleinen Anlagen stellen die Personalkosten in der Regel kalkulatorische Kosten dar. D.h. es gibt keine fixe Entlohnung für die eingesetzte eigene Arbeitszeit. Liegen die errechneten Kosten über den Einspeisetarifen, können die in der Kalkulation angesetzten Stundensätze zur Entlohnung der Arbeit nicht realisiert werden. Ein weiterer Punkt sind die Substratkosten. Anlagenbetreiber, die Substrate selber erzeugen, sind kurzfristig in der Verrechnung bzw. Verteilung der Substratkosten über längere Zeiträume flexibler. (...). Bei Liquiditätsengpässen besteht ferner kurzfristig auch die Möglichkeit - je nach Besicherung des Fremdkapitals - Tilgungspläne der Situation anzupassen. Dies ist in der Regel allerdings wiederum mit zusätzlichen Kosten verbunden." (EDER und KIRCHWEGER 2011, 18).

Nach Ansicht des Verfassers berücksichtigen die in Tabelle 22 geforderten Tarife die Erlöse aus dem Wärmeverkauf nicht ausreichend, da entsprechend der Ökostromverordnung 2011 (BGBl.II Nr.25/2011) wesentlich mehr Wärme genutzt werden muss, als dies bei den betrachteten Anlagen der Fall ist. Außerdem wird in der Betrachtung von EDER und KIRCHWEGER auch der Einsatz von Wirtschaftsdüngern nicht berücksichtigt, was wiederum zu einer

Senkung des Substratkostenanteils und damit der Gesamtgestehungskosten führt.

4.3.3 Arbeitszeitbedarf

Abbildung 43 gibt den Arbeitszeitbedarf der betrachteten Anlagen in der Einheit Arbeitsstunde (Ah) je MWh_{el} wieder. Zur besseren Vergleichbarkeit wurde hier als Bezugsgröße die Brutto-Stromproduktion gewählt, nachdem diese bei den Anlagen im Allgemeinen im Vordergrund steht (im Gegensatz zur Netto-Stromproduktion, die für die energetische Effizienz relevant ist).

Der Arbeitszeitbedarf beinhaltet die Zeit für Betrieb, Wartung und Reparatur der Biogasanlage, sowie die Zeit für die Organisation der Anlage. Nicht berücksichtigt wurde die Zeit für Substratproduktion und -bereitstellung, da diese Aspekte bereits in den Substratkosten abgebildet werden.

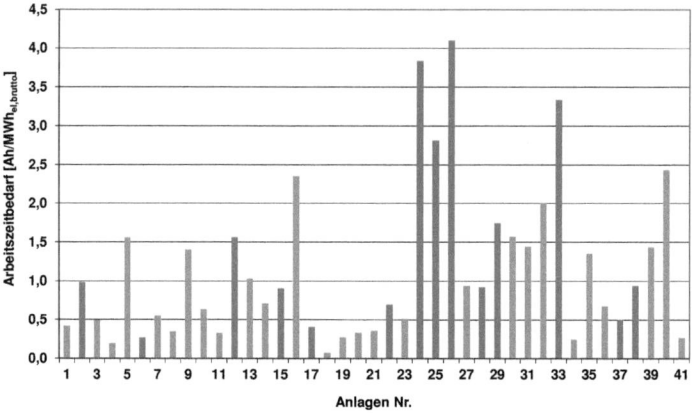

Abbildung 43: Arbeitszeitbedarf bezogen auf die Brutto-Stromproduktion

Auch bei dieser Kennzahl fällt auf, dass die Werte extrem streuen. Dies ist dadurch erklärbar, dass manche Anlagenbetreiber den tatsächlichen Arbeitsaufwand nicht genau einschätzen konnten, weil sie darüber nicht genau Buch führten. Ein anderer Grund dürfte der sein, dass manche Betreiber gewisse Tätigkeiten der Biogasanlage zuschreiben, andere wiederum der (eigenen) Landwirtschaft.

Abbildung 44 zeigt den Arbeitszeitbedarf in Abhängigkeit von der installierten elektrischen Leistung. Die Werte wurden aus den betrachteten NAWARO-Anlagen berechnet und dürften brauchbare Näherungswerte darstellen. Der Arbeitszeitbedarf liegt demnach bei Anlagen unter 50 kW$_{el}$ bei 2,3 ± 1,3 Ah/MWh$_{el}$ (Mittelwert ± STABW), in einer Größenordnung von rund 100 kW$_{el}$ bei etwa 1,2 ± 0,6 Ah/MWh$_{el}$, bei Anlagen um 200-250 kW$_{el}$ bei 0,4 ± 0,3 Ah/MWh$_{el}$ und bei Anlagen ≥500 kW$_{el}$ in einer Größenordnung von 0,6 ± 0,5 Ah/MWh$_{el}$.

Interessanterweise liegt der Arbeitsaufwand bei Anlagen um 200-250 kW$_{el}$ am niedrigsten. Dies lässt sich vermutlich durch die subjektive Wahrnehmung des Verfassers erklären, dass nur wenig Mehraufwand gegenüber einer 100 kW$_{el}$-Anlage erforderlich ist, allerdings auch weniger Verwaltungsaufwand anfällt als bei einer 500 kW$_{el}$-Anlage, die bereits auf den Zukauf von Substrat und die Abnahme von Biogasgülle durch Zulieferbetriebe angewiesen ist.

Der Arbeitsbedarf für Abfall-verwertende Anlagen liegt im Allgemeinen 20-100 % über dem von NAWARO-Anlagen derselben Größenordnung, je nach eingesetztem Substrat und Anlagengröße, was auch hier auf den höheren Arbeitszeitbedarf für die Abfallbehandlung zurückzuführen ist.

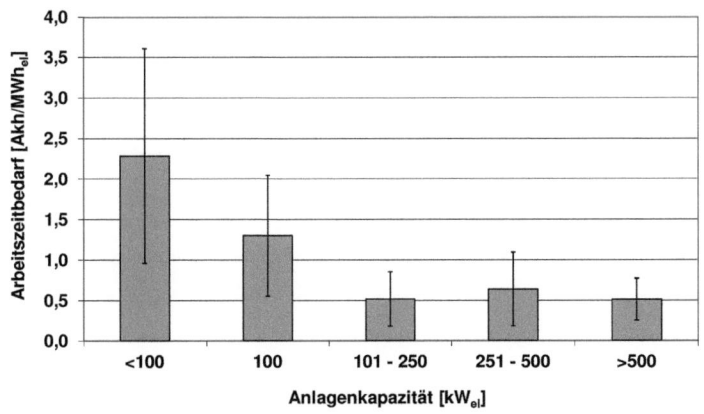

Abbildung 44: Arbeitszeitbedarf für den Betrieb von NAWARO-Anlagen in Abhängigkeit von der installierten elektrischen Leistung

4.4 Sozioökonomische Bewertung der Biogasanlagen

4.4.1 Konkurrenz in der Landnutzung

Wie in Tabelle 23 und Abbildung 45 dargestellt wird, stehen von den untersuchten Biogasanlagen 21 Anlagen in keinem bzw. sehr geringem Konkurrenzverhältnis zur herkömmlichen landwirtschaftlichen Flächennutzung. Ihr Standort kann in dieser Betrachtung als optimal angesehen werden. Weitere 10 Anlagen stellen eine geringe Konkurrenz dar. Zusammen genommen sind dies 75 % der Anlagen, die durch das umliegende Kleinproduktionsgebiet ausreichend mit Substrat versorgt werden können bzw. deren Gärrest aus der Abfallverwertung nicht zu einer Überversorgung mit (Wirtschafts-)Dünger im betreffenden Kleinproduktionsgebiet führen.

9 Anlagen befinden sich in Gebieten mit merklicher bis starker Konkurrenz zur konventionellen Landwirtschaft. So z. B: Anlage 34, die in einem Kleinproduktionsgebiet mit starkem Ackerflächenmangel zu 94 % organische Substanz aus dem Energiepflanzenanbau verwendet. Zu der Zeit, als die Datenerhebung durchgeführt wurde (11/2004-06/2005), konnte die Rohstoff-Nachfrage durch Biogasanlagen in Regionen mit einer derartigen Konkurrenzsituation zu einem signifikanten Preisanstieg der landwirtschaftlichen Futtermittel und der Pachtpreise führen. Nach dem Preisanstieg der Rohstoffe 2007-2008 dürfte der Effekt allerdings eher in die umgekehrte Richtung wirken: Während Produkte aus der Landwirtschaft höhere Preise am Markt erzielten, änderte sich zunächst nichts an den Vergütungen aus der Stromproduktion. Dies führte wiederum zu wirtschaftlichen Nöten zahlreicher Betreiber von Biogasanlagen, was in weiterer Folge die Einführung eines Rohstoffzuschlags erforderlich machte (vgl. voriges Kapitel 4.3.2.3 „Stromgestehungskosten gesamt").

Die Berücksichtigung dieser Kennzahl wäre bei der Anlagengenehmigung zukünftiger Neuanlagen denkbar, und zwar insofern, als die Genehmigung neuer Anlagen oder Kapazitätserweiterungen an die Errichtung in Gunstlagen gebunden sein könnte, also in Gebieten mit einer schlechtestenfalls *merklichen Konkurrenz in der Landnutzung.*

Tabelle 23: Bedeutung der Standortbewertung in Bezug auf die landwirtschaftliche Flächennutzung

Bewertung	Verhältnis zur konventionellen landwirtschaftlichen Flächennutzung	Anzahl Anlagen
>5	keine bis sehr geringe Konkurrenz	21
4-5	geringe Konkurrenz	10
3-4	merkliche Konkurrenz	4
2-3	starke Konkurrenz	5
1-2	massive Konkurrenz	1

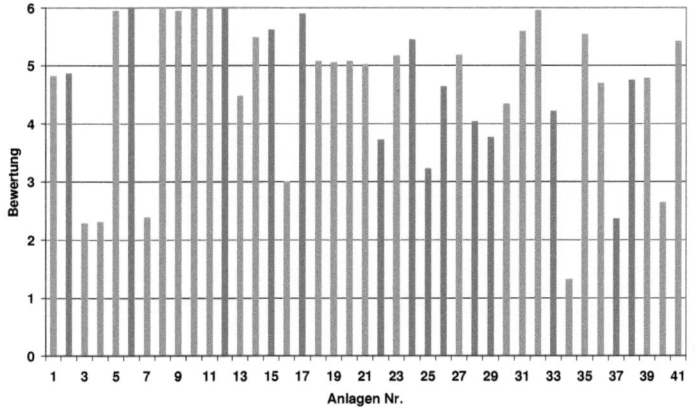

Abbildung 45: Bewertung der untersuchten Biogasanlagen in Bezug auf die Konkurrenz in der Flächennutzung

4.4.2 Beeinträchtigung der Lebensqualität von Anrainern durch Verkehr

Das Ergebnis aus dieser Kennzahl ist in absoluten Zahlen in Abbildung 46 dargestellt. Die Fahrzeugfrequenz an der Anlage für die Anlieferung von Substrat und die Ausbringung der Gülle schwankt demnach zwischen 172 und 3.018 Fahrten pro Jahr.

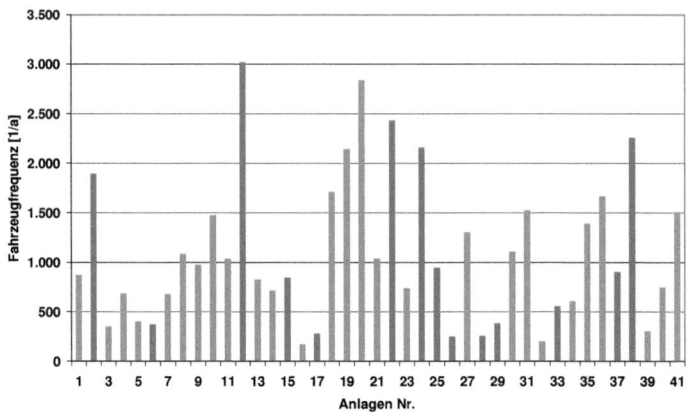

Abbildung 46: Fahrzeugfrequenz an den betrachteten Biogasanlagen

Wie zu erwarten war, ist ein direkter Zusammenhang zwischen der Fahrzeugfrequenz und der elektrischen Kapazität der Anlage gegeben. Aus Abbildung 47 „Spezifische Fahrzeugfrequenz" lässt sich jedoch ableiten, dass dieser Zusammenhang nicht linear ist.

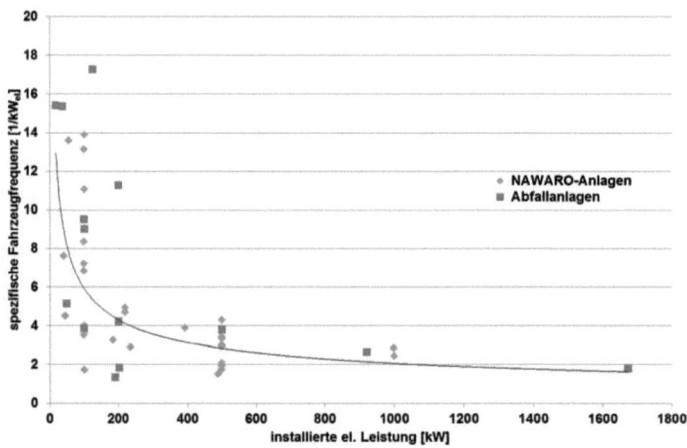

Abbildung 47: Spezifische Fahrzeugfrequenz bezogen auf die installierte elektrische Leistung

Bei einer Anlage mit einer elektrischen Leistung von 500 kW$_{el}$ kann demnach mit einer Fahrzeugfrequenz in einer Größenordnung von rund 1.500 Fahrten pro Jahr gerechnet werden, bei einer Anlage mit 100 kW$_{el}$ mit einer Fahrzeugfrequenz zwischen 400 und 800 Fahrten pro Jahr. Kleinere Anlagen belasten damit ihre Anrainer in absoluten Zahlen gesehen zwar weniger als größere, die relative Fahrzeugfrequenz ist jedoch infolge geringerer Transport-Kapazitäten meist höher. Insofern wird gerade bei den kleineren Biogasanlagen ein Optimierungspotential in Punkto Logistik deutlich.

Abbildung 48 „Fahrzeugfrequenz bezogen auf die Brutto-Stromproduktion" veranschaulicht den Bezug der absoluten Fahrzeugfrequenz auf die produzierte Strommenge der einzelnen Biogasanlagen.

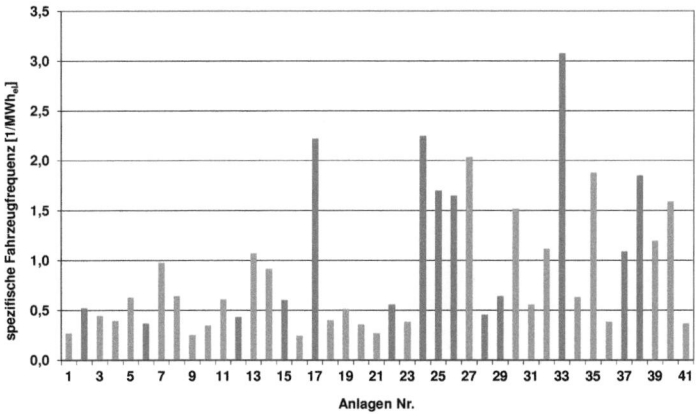

Abbildung 48: Spezifische Fahrzeugfrequenz bezogen auf die Brutto-Stromproduktion

Grundsätzlich lässt sich dabei festhalten, dass es sich bei Anlagen mit einer spezifischen Fahrzeugfrequenz >1,0 [1/MWh$_{el}$] vor allem um Anlagen handelt, welche große Mengen an Wirtschaftsdünger, und hier vor allem Gülle einsetzen. Die Fahrzeugfrequenz ist hier vor allem auf die Ausbringung der Gülle zurückzuführen, was allerdings auch ohne Bestehen der Biogasanlage erforderlich wäre. So z. B. Anlage 33, die mit einem Anteil von 61,3 % an der oTS besonders viel Rinder- und Schweinegülle vergärt. Die Anlagen 24, 27, 30, 35, 38 weisen dagegen auch deshalb eine so hohe Fahrzeugfrequenz auf, da bei diesen die Gülle auch noch angeliefert wird.

4.4.3 Externe Effekte von Verkehr

„Nicht alle Kosten, die durch Verkehrsbenützer verursacht werden, werden auch von diesen getragen. So gehen ein großer Teil der Unfall- und Umweltkosten (Lärm, Luftschadstoffe), aber auch ungedeckte Infrastrukturkosten (Bau und Unterhalt der Verkehrsanlagen) zu Lasten der Allgemeinheit. Diese von den Verursachern nicht selber bezahlten Kosten bezeichnet man als externe Kosten des Verkehrs. Diese von der Allgemeinheit getragenen Kosten sind im Preis für Mobilitätsleistungen, den der einzelne Verkehrsteilnehmer zu entrichten hat, nicht inbegriffen und werden deshalb bei der individuellen Entscheidung auch nicht beachtet. Unter diesen Voraussetzungen funktioniert der Markt nicht optimal. Es werden Fahrten unternommen, auf die bei Beachtung und Anrechnung sämtlicher Kosten verzichtet werden würde, da deren Gesamtkosten (einschließlich der externen Kosten) größer wären als deren Nutzen. Voraussetzung zur Vermeidung solcher Fehlentwicklungen im Verkehr ist, die bisher nicht berücksichtigten externen Kosten künftig in die individuellen und verkehrspolitischen Entscheidungen miteinzubeziehen. Diese Gesamtbetrachtung aller Kosten wird auch mit dem Begriff „Kostenwahrheit" umschrieben – es sollte das Verursacherprinzip herrschen. Wer Kosten im Verkehr verursacht, der sollte für diese auch aufkommen." (HERRY et al. 2007)

Was HERRY et al. (2007) in obigem Zitat beschreiben gilt ebenso im Bereich Biogas – und hier speziell bei Abfall-behandelnden Anlagen. So stechen in Abbildung 49 die beiden Anlagen 12 und 24 mit rund 140.000 bzw. 135.000 Gesamtkilometer pro Jahr besonders hervor: zwar weisen beide eine ähnliche Gesamtkilometer-Leistung auf, allerdings beträgt die elektrische Kapazität von Anlage 12 1.672 kW_{el}, während Anlage 24 nur eine elektrische Kapazität von 125 kW_{el} aufweist.

Außerdem lässt sich erkennen, dass Abfall-verwertende Anlagen in der Regel eine größere Gesamtkilometer-Leistung aufweisen als NAWARO-Anlagen, was allerdings aufgrund der unterschiedlichen Substratbeschaffungs-Strategien nicht weiter verwunderlich ist.

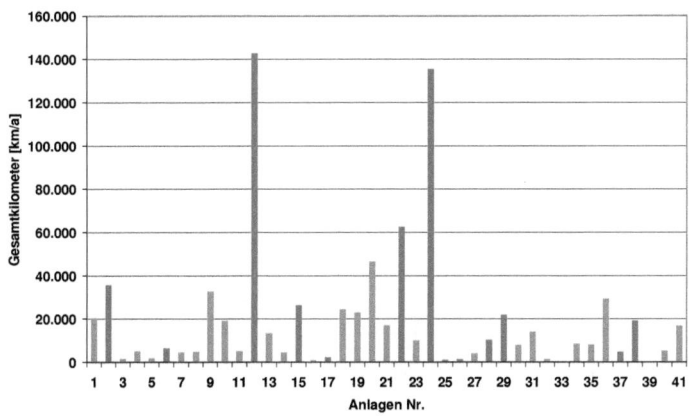

Abbildung 49: Gesamtkilometer-Anzahl der betrachteten Biogasanlagen

Bezieht man die Fahrleistung auf die jährliche Brutto-Stromproduktion, so zeigt sich ein noch deutlicheres Bild (vgl. Abbildung 50): Vor allem bei Anlage 24 wurden mit über 140 km/MWh$_{el}$ mit Abstand die weitesten Distanzen zurückgelegt, was um einen Faktor >100 größer ist als bei jenen Anlagen mit den geringsten Distanzen. Bei letzteren handelt es sich v. a. um kleine Anlagen mit einem hohen Anteil an Wirtschaftsdüngern (Anlage 3: 1,86; Anlage 16: 1,12; Anlage 25: 1,77; Anlage 33: 2,08 und Anlage 39: 1,48; Angabe jeweils in km/MWh$_{el}$). Offenbar haben die Transportkosten bei Abfall-verwertenden Anlagen nur eine untergeordnete wirtschaftliche Bedeutung.

Allerdings kann man diese ausgelagerten Kosten nicht ausschließlich den Abfall-verwertenden Anlagen aufbürden, da es sich um ein gesellschaftliches Problem handelt; zumindest solange, wie die Verwertung regional passiert und nicht – so wie dzt. in Österreich üblich – Speisereste in Klein-Lkw über Bundesländer hinweg transportiert werden. Eine solche Regelung ist allerdings Aufgabe der Gesetzgebung und soll nicht Gegenstand dieser Betrachtungen sein.

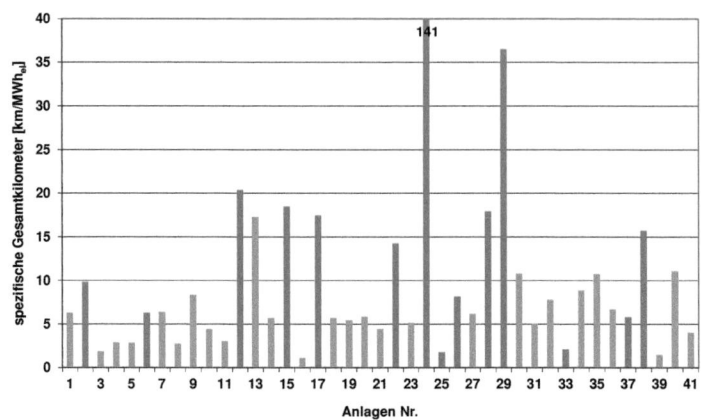

Abbildung 50: Spezifische Gesamtkilometer-Anzahl bezogen auf die Brutto-Stromproduktion

4.4.4 Soziale Nachhaltigkeit von Biogasanlagen

Generell ist festzustellen, dass die meisten Anlagenbetreiber eine große Aufgeschlossenheit gegenüber sozialen Fragestellungen haben und bemüht sind, das Thema Biogas und seine positiven Aspekte in der Bevölkerung zu verbreiten. Ein großes Problem stellt bei nachfolgender Interpretation die Objektivierbarkeit der einzelnen Fragen dar: Da die Indikatoren durch die Anlagenbetreiber selber bewertet wurden, handelt es sich bei der Bewertung der sozialen Nachhaltigkeit vielmehr um einen Vergleich subjektiver Wahrnehmungen denn um eine objektive Darstellung. Diesem Umstand muss bei der weiterführenden Interpretation stets Rechnung getragen werden. Zunächst zeigt Tabelle 24 eine detaillierte Auswertung der einzelnen Indikatoren dieser Kennzahl, entsprechend der Antworten der Betreiber.

Zu jedem Indikator wurde der Median gebildet und die Werte der einzelnen Anlagen diesem gegenübergestellt. Anlagen, welche eine bessere Bewertung haben, sind grün markiert, Anlagen mit einer schlechteren Bewertung rot.

Tabelle 24: Detailauswertung der Indikatoren zur Bewertung der sozialen Nachhaltigkeit

Indikator	1. aktive Informationspolitik	2. Kontaktpflege	3. Informationsoffenheit	4. erfolgreiche Konfliktlösungen	5. Einbeziehen von Stakeholdern in die Planung	6. Entgegenkommen bei Beschwerden	7. Besuch von Schulungen und Veranstaltungen	8. Arbeitssicherheit	9. Soziale Sicherheit für Partnerunternehmen	10. Soziale Verantwortung der Partnerunternehmen	11. Entlohnung	Summe
Median	**2**	**3**	**3**	**3**	**1**	**3**	**2**	**3**	**1**	**1**	**1**	**21**
Mittelwert	**2,0**	**2,4**	**2,5**	**2,7**	**0,9**	**2,7**	**2,2**	**2,9**	**0,6**	**0,9**	**0,7**	**20,5**
Anlage 1	2	3	2	3	-1	3	3	3	-1	-1	2	18
Anlage 2	2	3	3	2	-1	3	3	3	1	1	1	21
Anlage 3	-1	3	2	3	-1	3	3	3	-1	1	3	18
Anlage 4	2	3	2	2	1	2	3	2	-1	1	3	20
Anlage 5	2	3	2	3	2	2	1	3	-1	-1	1	17
Anlage 6	2	2	2	3	3	3	3	2	-1	-1	3	21
Anlage 7	1	3	3	3	2	3	1	3	-1	1	2	21
Anlage 8	2	3	2	3	2	3	3	3	1	2	2	26
Anlage 9	3	2	2	3	2	2	3	3	2	2	1	25
Anlage 10	2	1	3	3	2	3	3	3	2	3	-1	24
Anlage 11	1	1	2	3	-1	2	2	3	3	3	-1	18
Anlage 12	2	1	3	3	3	3	1	3	2	-1	1	21
Anlage 13	3	3	3	3	-1	3	2	2	-1	2	-1	18
Anlage 14	3	3	2	3	0	3	3	3	-1	2	3	24
Anlage 15	3	3	3	-1	3	3	3	3	-1	-1	-1	17
Anlage 16	3	3	3	3	-1	3	3	3	2	0	2	24
Anlage 17	3	2	3	3	0	3	1	3	0	0	3	21
Anlage 18	1	3	3	3	-1	3	2	3	1	3	1	22
Anlage 19	1	3	2	3	0	2	1	3	-1	-1	1	14
Anlage 20	3	3	3	3	3	3	3	3	3	1	-1	27
Anlage 21	3	2	2	2	1	3	3	3	-1	-1	2	19
Anlage 22	1	2	2	2	-1	2	2	3	1	-1	1,5	14,5
Anlage 23	2	2	3	3	-1	3	1	3	-1	-1	-1	13
Anlage 24	1	3	3	3	0	2	3	3	-1	3	0,5	20,5
Anlage 25	1	-1	2	3	2	3	1	3	2	-1	0	15
Anlage 26	1	2	3	3	3	2	1	3	-1	0	-1	16
Anlage 27	2	3	3	3	-1	3	2	3	2	2	3	25
Anlage 28	2	2	2	3	2	3	3	1	-1	3	-1	18
Anlage 29	2	3	3	3	1	3	2	3	-1	2	0	21
Anlage 30	2	3	2	3	3	3	3	3	2	3	-1	26
Anlage 31	3	2	2	2	1	2	2	3	1	1	-1	18
Anlage 32	2	-1	2	3	0	3	3	3	0	3	-1	17
Anlage 33	3	2	3	3	0	3	1	3	3	3	-1	23
Anlage 34	2	3	3	3	1	3	1	3	1	3	-1	22
Anlage 35	3	3	3	3	3	3	2	3	1	2	-1	24
Anlage 36	3	3	3	2	3	3	3	3	2	2	2	29
Anlage 37	2	3	3	3	0	2	1	3	3	-1	1	20
Anlage 38	2	1	3	3	0	3	2	3	3	-1	3	22
Anlage 39	3	3	2	3	0	3	3	3	3	0	3	26
Anlage 40	3	3	3	3	3	2	3	3	-1	-1	-1	20
Anlage 41	2	3	2	3	-1	3	1	3	1	-1	-1	15

Bei der Tabelle fallen besonders die Indikatoren 5, 9, 10 und 11 auf, die mit einem Median von 1 (*Trifft teilweise zu*) unterdurchschnittlich bewertet wurden. Im Folgenden erfolgt ein Erklärungsversuch zu den einzelnen Kennzahlen:

- **Indikator 1 - aktive Informationspolitik**
  Diese Frage wurde mit dem gesamten Spektrum an Antwortmöglichkeiten beantwortet, was auch die Erfahrung des Verfassers wiederspiegelt: Während viele Betreiber von Biogasanlagen als *Pioniere* für erneuerbare Energie gesehen werden können, die sich für *die gute Sache* einsetzen, ist das Thema anderen Betreibern wiederum eher egal: sie wollten die Anlage bauen, um ein weiteres wirtschaftliches Standbein neben der Landwirtschaft zu haben oder einfach nur, um damit Geld zu verdienen.

- **Indikator 2 - Kontaktpflege**
  Auch hier reichen die Antworten von *Besonderes Anliegen (3)* bis hin zu *Trifft nicht zu (-1)*. Für 2/3 der Anlagenbetreiber ist der Kontakt zu anderen Betreibern ein großes Anliegen. Viele machen das unter anderem durch Vernetzung und Mitgliedschaft bei der ARGE Kompost&Biogas, die als Dachverband der österreichischen Biogasanlagenbetreiber gilt. 185 Anlagen verfügen dort über eine Mitgliedschaft (ARGE KOMPOST&BIOGAS 2011), was etwa 2/3 aller österreichischen Biogasanlagen entspricht und somit das Ergebnis dieser Befragung widerspiegelt.

- **Indikator 3 – Informationsoffenheit**
  Bei diesem Indikator wurde mit 19 Mal überdurchschnittlich oft die Antwort *Trifft zu (2)* gegeben. Die Interpretation des Verfassers ist die, dass mögliche Nachteile (z. B. Geruch) und zwiespältige Themen (z. B. ökologische Einbußen durch Mais-Monokulturen vs. Einkommen für Landwirte) zwar nicht prinzipiell verschwiegen werden, allerdings auch ungern von selber darauf hingewiesen wird. Das entspricht zumindest der Erfahrung des Verfassers, der die Ökobilanz-Ergebnisse aus dieser Arbeit bei einer internationalen Biomasse-Tagung vorstellen wollte und mit der Begründung abgelehnt wurde, dass das zwar ein wichtiges Thema wäre, die Veranstaltung allerdings für solche Fragestellungen die falsche Plattform sei und man das Augenmerk nicht auf kritische Aspekte lenken wolle.

- **Indikator 4 – erfolgreiche Konfliktlösungen**
  Über drei Viertel der Befragten konnten Beschwerden bis zum Zeitpunkt

der Befragung gütlich lösen, für sieben Betreiber hinterließen die Beschwerden mit einer Bewertung von „2" offenbar zumindest einen unangenehmen Nachgeschmack. Lediglich ein Betreiber konnte die Beschwerden nicht gütlich lösen, was an einer Geruchsproblematik lag. Von einem ähnlichen Ergebnis berichten auch TRAGNER et al. (2008), wonach Biogasanlagen über eine relativ gute Akzeptanz in der Bevölkerung verfügen. Auch bei TRAGNER et al. gab es bei knapp einem Viertel der Betreiber Beschwerden von Anrainern. Als Grund wurde zu 74 % die Geruchsentwicklung genannt, aber auch Belästigung durch Lärm und Verkehr wurden angeführt.

- **Indikator 5 - Einbeziehen von Stakeholdern**
Dieser Indikator wurde mit einem Median von 1 (*Trifft teilweise zu*) unterdurchschnittlich bewertet. Bei manchen Anlagen mag eine Vernachlässigung dieses Themas durchaus zutreffen, bei anderen wiederum erschien eine Einbeziehung von Anrainern nicht notwendig, da bei diesen aufgrund ihrer exponierten Lage mit keinen Anrainer-Problemen zu rechnen war. Dennoch wird darauf hingewiesen, dass dieser Aspekt bei zukünftigen Biogasprojekten ausreichend Berücksichtigung finden sollte. Inwiefern dieser Aspekt allerdings nicht ohnehin schon im Rahmen von Bauverhandlungen und Bürgerinformationen berücksichtigt wird, entzieht sich der Kenntnis des Verfassers.

- **Indikator 6 - Entgegenkommen bei Beschwerden**
Alle Betreiber versuchen Beschwerden für beide Seiten zufriedenstellend zu lösen. Dieser Punkt hat – gemeinsam mit Indikator 4 – mit einem Mittelwert von 2,7 die zweithöchste Bewertung.

- **Indikator 7 - Besuch von Schulungen und Veranstaltungen**
Dem Besuch von Schulungen und Veranstaltungen wird in der Regel viel Bedeutung beigemessen, es gibt keine einzige negative Bewertung. Der Mittelwert ist mit 2,2 relativ hoch. TRAGNER et al. (2008) sehen in diesem Punkt allerdings Nachholbedarf, da sie ein mangelhaftes Know-how hinsichtlich Substrat- und Energieeffizienz sowie Emission von Treibhausgasen und Luftschadstoffen orten.

- **Indikator 8 – Arbeitssicherheit**
Mit einem Mittelwert von 2,9 wurde dieser Indikator am höchsten bewertet. Die Frage nach vermeidbaren Unfällen wurde sehr ambivalent aufgenommen: einige Betreiber fühlten sich durch die Fragestellung zu nahe getreten. Der Verfasser vermutet allerdings auch hier

Optimierungspotential, ähnlich wie bei Industriebetrieben, wo die Zahl der Betriebsunfälle durch die Implementierung von Managementsystemen (Stichwort *Near Miss*) massiv reduziert werden konnte. Aufwändige Managementsysteme sind jedoch bei Biogasanlagen bestimmt zu weit gegriffen, allerdings könnten einfache Tools, z. B. in Form von Arbeitsanweisungen, auch bei Biogasanlagen zu einer Erhöhung der Betriebssicherheit führen.

- **Indikator 9 – Soziale Sicherheit für Partnerunternehmen**
  Auch dieser Indikator wurde mit einem Median von 1 unterdurchschnittlich bewertet. Der Grund dürfte darin liegen, dass in der landwirtschaftlichen Praxis niedergeschriebene, langfristige Verträge oft nicht üblich sind, sondern die Vertragspartner sich auf *das Wort* verlassen, also auf die mündliche Zusicherung auf beiden Seiten. Der Nachteil an fehlenden Verträgen liegt allerdings nach Ansicht des Verfassers in einer mangelnden Preisstabilität: Wurden keine Fixpreise vereinbart, so unterliegen z. B. Rohstoffkosten Marktbedingungen. In diesem Sinn sind Verträge nicht nur für die soziale Sicherheit für Partnerunternehmen relevant, sondern ebenso für die wirtschaftliche Sicherheit des Anlagenbetreibers selber.

- **Indikator 10 - Soziale Verantwortung der Partnerunternehmen**
  Dieser Indikator ist der nächste mit einer unterdurchschnittlichen Bewertung. Hier erscheint allerdings bereits die Begriffsdefinition problematisch, da aus der Formulierung nicht hervorgeht, was unter *sozialen Standards* verstanden wird oder wie diese überprüft werden könnten. In dieser Form ist dieser Indikator daher für eine vergleichende Bewertung nicht geeignet.

- **Indikator 11 – Entlohnung**
  Die Frage nach einer „gerechten" Entlohnung stößt an eine gesellschaftliche Debatte: welcher Lohn ist für eine hoch subventionierte Technologie angemessen? In der Praxis liegen die Nettogehälter zwischen 5 und 25 EUR/h, der Median liegt bei 9,3 ± 2,7 EUR/h für Angestellte und 12,6 ± 5,4 EUR/h für Betreiber. Wie viel ist die Arbeit an einer Biogasanlage also wert? Während ein Lohn von 5 EUR/h zu wenig erscheint, ist es fraglich, ob ein Netto-Gehalt von 25 EUR/h für den Anlagenbetreiber von Stromkunden, die letztendlich die Kosten über die Stromrechnung zahlen müssen, befürwortet wird. Die Interpretation zu diesem Punkt wird offen gelassen.

4.5 Ökologische Kennzahlen / Ökobilanzierung

Als funktionelle Bezugseinheit für die Auswertung der ökologischen Kennzahlen wird stets eine Kilowattstunde Strom (1 kWh_{el}) gewählt, da die Erzeugung elektrischer Energie zurzeit das Hauptziel der Biogasproduktion darstellt.

Die Emissions-Quellen werden dabei stets in folgende Bereiche zusammengefasst und grafisch dargestellt:

- Substrat: Pflanzenbau (inkl. Dünger und Pflanzenschutz), Wege und Transport, Einlagern/Festfahren, Beschickung, Gärrest-Ausbringung
- Infrastruktur (= Baumaterialien inkl. BHKW) und Betriebsmittel (= Motorenöl)
- Gärrest-Emissionen (aus Lagerung und Ausbringung)
- BHKW (= Verbrennungsemissionen aus Biogas und Zündöl)

Dem werden die Gutschriften aus der Verwendung von Wirtschaftsdüngern gegenüber gestellt.

4.5.1 Treibhausgas-Emissionen

Kohlendioxid-Emissionen

Die Biogasanlagen emittieren – ohne Berücksichtigung der Wärmeauskopplung – im Durchschnitt 52,8 ± 36,1 g CO_2/kWh_{el}, was rund 25 ± 11,4 % der gesamten THG-Emissionen entspricht.

Mit rund 33,3 ± 7,4 g CO_2/kWh_{el} zeichnet der Bereich Substrat für knapp zwei Drittel der gesamten (= direkte und vorgelagerte) CO_2-Emissionen verantwortlich, vor allem infolge der Verbrennung fossiler Kraftstoffe. Der darin enthaltene Düngermittel-Einsatz ist mit 2,8 ± 4,6 g CO_2/kWh_{el} zwar von untergeordneter Bedeutung, kann im Einzelfall jedoch bis zu 20,7 g CO_2/kWh_{el} betragen. Mit durchschnittlich 23 ± 10 g CO_2/kWh_{el} ist der Bereich Baumaterialien/Infrastruktur der zweitgrößte, wobei hier wiederum die Verwendung von Beton knapp die Hälfte der CO_2-Emissionen verursacht.

Neben den genannten CO_2-Quellen ist insbesondere auch der Einsatz von Zündöl zu nennen: dieser führt zu einer zusätzlichen Emission von 64-113 g CO_2/kWh_{el} (Anlagen 33, 38 und 40), wodurch die CO_2-Emissionen dieser Anlagen etwa verdoppelt werden.

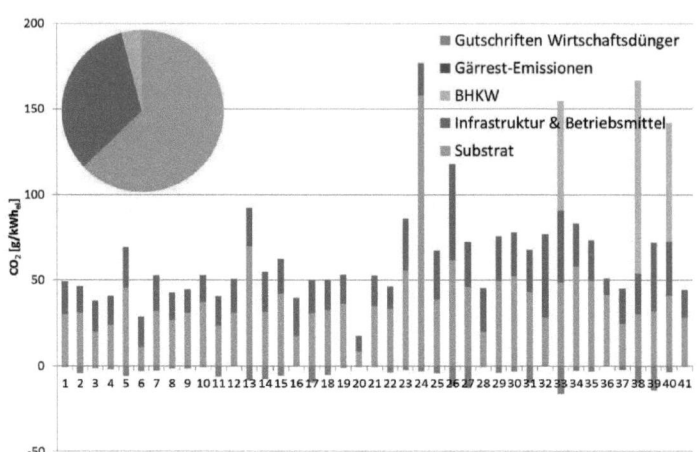

Abbildung 51: Spezifische CO_2-Emissionen und Gutschriften (Kreisdiagramm ohne Gutschriften)

Betrachtet man Abbildung 51, so fallen vor allem die Anlagen 3, 6, 16, 20 und 28 auf, die einen besonders geringen Anteil der Substratbeschaffung an den CO_2-Emissionen haben. Die Anlagen 6 (11 g CO_2/kWh$_{el}$ für die Substratbeschaffung) und 28 (20 g CO_2/kWh$_{el}$) setzen keine NAWAROs ein, sondern lediglich organische Reststoffe und Abfälle, die nur über kurze Strecken transportiert werden, sowie Gülle, die gar nicht transportiert werden muss. Für Substratproduktion und -transport ist somit ein Minimum an Kraftstoffaufwand notwendig. Anlage 3 (20 g CO_2/kWh$_{el}$ für die Substratbeschaffung) dagegen ist es möglich, aufgrund von kurzen Transportstrecken den Primärenergieeinsatz so gering als möglich zu halten. Auch die günstigen CO_2-Emissionen für die Substratbeschaffung von Anlage 16 (18 g CO_2/kWh$_{el}$) sind auf die eben genannten Vorteile zurückzuführen.

Das außerordentlich positive Abschneiden der Anlage 20 in im Bereich *Substrat* (9 g CO_2/kWh$_{el}$) ist dagegen vor allem auf den Einsatz von Biodiesel zurückzuführen: Durch diesen wird an dieser Anlage eine Reduktion der CO_2-Emissionen um etwa 19 g CO_2/kWh$_{el}$ erzielt.

Besonders negativ hinsichtlich CO_2-Emissionen schneiden jene Anlagen mit einem hohen Transport-Aufkommen und langen Wegstrecken ab (v.a. Anlage 24: 132 g CO_2/kWh$_{el}$ nur für Transport mittels Lkw).

Für die Ausbringung von Wirtschaftsdünger können nur geringe Gutschriften berücksichtigt werden: Diese betragen durchschnittlich 2,4 ± 4,3 g CO_2/kWh$_{el}$, wobei sie im Einzelfall (bei Anlagen mit einem hohen Anteil von Wirtschaftsdüngern) bis 16,4 g CO_2/kWh$_{el}$ betragen können. Allerdings verfügen gerade diese Anlagen infolge des verstärkten Gülle-Einsatzes auch über höhere CO_2-Emissionen bei der Gärrest-Ausbringung, sodass sich der positive Effekt in der Regel wieder aufhebt.

Methan-Emissionen

Die Methan-Emissionen reichen von 1,8 bis 15,8 g CH_4/kWh$_{el}$ und betragen im Mittel 6,16 ± 3,51 g CH_4/kWh$_{el}$, was 142 ± 81 g CO_2-Äquivalente/kWh$_{el}$ oder 67 ± 11 % der gesamten THG-Emissionen entspricht.

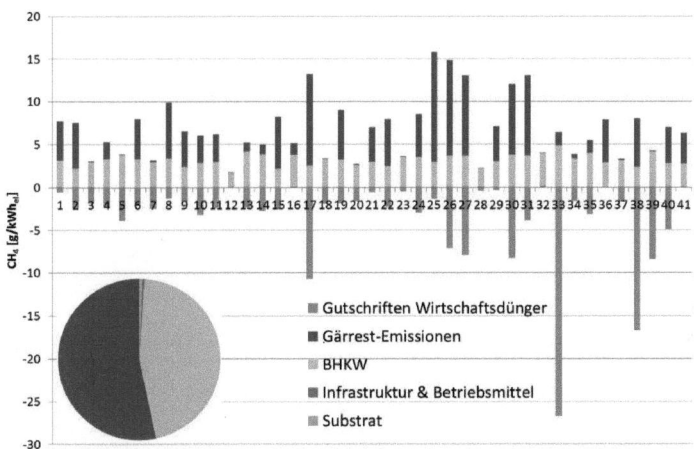

Abbildung 52: Spezifische CH_4-Emissionen und Gutschriften (Kreisdiagramm ohne Gutschriften)

Bei den CH_4-Emissionen wird die negative Auswirkung der Emissionen aus offenen Gärrestlagern besonders deutlich: Mit einem Anteil von 53 ± 29 % an den CH_4-Emissionen verursachen diese den größten Teil der Methan-Emissionen, gefolgt von den Emissionen aus dem BHKW mit 46 ± 29 % infolge des *Methanschlupfs*.

Auch die Gutschriften der vermiedenen Wirtschaftsdünger-Emissionen haben bei den Methan-Emissionen einen besonders großen Einfluss, wie Abbildung

52 zeigt: im Falle von Anlage 33 können bis zu 26,7 g CH_4/kWh$_{el}$ vermieden werden.

Da die Methan-Emissionen mit 67 % der gesamten THG-Emissionen die Ergebnisse der Ökobilanz maßgeblich beeinflussen, wird dieser Punkt in der Sensitivitätsanalyse gesondert diskutiert.

Lachgas-Emissionen

Die Lachgas-Emissionen betragen im Mittel 0,059 ± 0,084 g N_2O/kWh$_{el}$, was 17,3 ± 25 g CO_2-Äquivalente/kWh$_{el}$ oder 8 ± 12 % der gesamten THG-Emissionen entspricht.

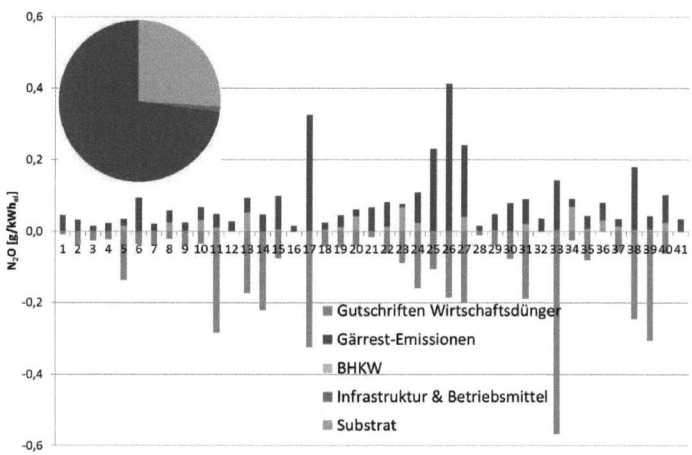

Abbildung 53: Spezifische N_2O-Emissionen und Gutschriften (Kreisdiagramm ohne Gutschriften)

Die N_2O-Emissionen streuen mit 0,015 bis 0,413 g N_2O/kWh$_{el}$ besonders weit, wobei hier vor allem die Emissionen aus dem Gärrestmanagement eine Rolle spielen: Im Durchschnitt sind 45 ± 28 % der Gärrest-Lagerung (N_2O-Bildung durch Schwimmdecken, vgl. Kapitel 3.2.4.4) zuzuordnen (trifft vor allem auf die Anlagen 17, 25, 26, 27, 33, 38 zu) und 28 ± 25 % der Gülle-Ausbringung. Von diesen Emissionen sind besonders kleine Anlagen betroffen, welche viel Wirtschaftsdünger vergären. Zum einen haben diese Anlagen im Verhältnis zur installierten elektrischen Leistung eine überproportional große Oberfläche des (offenen) Gärrestlagers, zum anderen ist auch die Güllemenge im Verhältnis zur elektrischen Leistung überproportional hoch. Beide Faktoren hängen direkt mit der Emission von Lachgas zusammen. Allerdings werden gerade bei diesen Anlagen Emissionen durch Gutschriften kompensiert oder sogar überkompensiert, wie das Beispiel von Anlage 33 zeigt: diese würde ohne Biogasanlage viel Rindermist ausbringen, der unvergoren wesentlich höhere Emissionen hat als Biogasgülle.

Von Lachgas-Emissionen bei der Gärrest-Ausbringung sind vor allem jene Anlagen besonders betroffen, die Gülle-Injektoren verwenden: Während die N_2O-Emissionen aus Gärrest bei der Ausbringung im Durchschnitt nur etwa 7 g $CO_{2,eq}/kWh_{el}$ betragen, steigen sie durch die Verwendung von Gülle-Injektoren um das Dreifache an.

Mit 17 ± 23 % ist auch der Düngermitteleinsatz in der Pflanzenproduktion durchaus relevant und hat speziell bei Anlagen, welche NAWAROs einsetzen und diese mit N-Dünger beaufschlagen, eine Bedeutung.

Gesamte Treibhausgasemissionen

Die THG-Emissionen liegen zwischen 96 und 582 g $CO_{2,eq}/kWh_{el}$ und betragen im Mittel 212 ± 116 g $CO_{2,eq}/kWh_{el}$. Mit einem Anteil von 67 ± 11 % an den gesamten THG-Emissionen beeinflussen die Methan-Emissionen die Ergebnisse der Ökobilanz besonders stark. CO_2 ist mit 25 ± 11,4 % das zweitwichtigste Treibhausgas und Lachgas mit 8,2 ± 4,6 % an letzter Stelle. Die einzelnen Beiträge zu den THG-Emissionen sind in Abbildung 54 dargestellt.

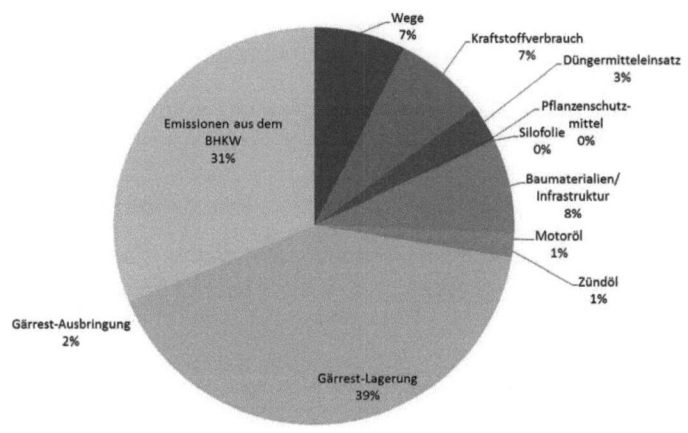

Abbildung 54: Beiträge zu den THG-Emissionen aller betrachteten Biogasanlagen

Die Gärrest-Lagerung ist mit einem Anteil von 39 ± 24 % die Haupt-Emissionsquelle von Treibhausgasen, gefolgt von den Emissionen aus dem BHKW (inkl. Einsatz von Zündöl) mit 32 ± 14 %. Einen Beitrag von 15,0 ± 6,9 % liefert darüber hinaus der Kraftstoff-Verbrauch in der Substratbeschaffung (Pflanzenbau, Transport, Lagerung, Beschickung) und 7,7 ± 5,5 % der Bereich Baumaterialien/Infrastruktur. Düngermitteleinsatz (2,7 ± 4,8 %) und Emissionen bei der Gärrest-Ausbringung (2,4 ± 1,9 %) sind von vergleichsweise untergeordneter Bedeutung.

Wie in Abbildung 55 dargestellt ist verfügen die Anlagen 3 (114 g $CO_{2,eq}$/kWh$_{el}$) 12 (99 g), 20 (96 g) und 28 (100 g) über besonders geringe THG-Emissionen, da diese vorwiegend abgeschlossene Gärrestlager verwenden. Die Anlagen 12 und 20 verwenden außerdem BHKWs mit hohen Wirkungsgraden, während Anlage 28 aufgrund des hohen CH_4-Gehalts nur einen geringen Methanschlupf hat. Anlage 20 setzt außerdem für Pflanzenbau und Transport Biodiesel ein, was zu den geringen Emissionen im Bereich *Substrat* führt.

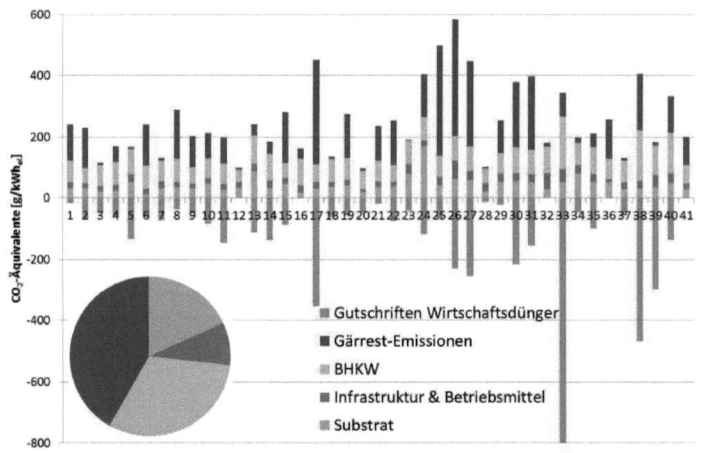

Abbildung 55: Spezifische CO_2-Äquivalent-Emissionen und Gutschriften (Kreisdiagramm ohne Gutschriften)

Gutschriften durch den Einsatz von Wirtschaftsdüngern

Mit bis zu -799 g $CO_{2,eq}$/kWh$_{el}$ (Anlage 33) wird das außerordentlich emissionsmindernde Potential durch die Verwendung von Wirtschaftsdüngern deutlich. Im Mittel betragen die Gutschriften aus der Wirtschaftsdünger-Verwendung -63 ± 149 g $CO_{2,eq}/kWh_{el}$, wodurch sich Netto-THG-Emissionen für die Stromerzeugung aus Biogas in Höhe von 148 ± 138 g $CO_{2,eq}/kWh_{el}$ ergeben. Durch die Verwendung von Wirtschaftsdüngern erreichen manche Biogasanlagen sogar *negative Emissionen*, was bedeutet, dass diese Anlagen in der Bilanz weniger Emissionen verursachen als entstehen würden, wenn es die Anlagen nicht gäbe.

Die Bandbreite der Netto-THG-Emissionen (= Emissionen abzüglich Gutschriften) reicht von
-455 bis 434 g $CO_{2,eq}/kWh_{el}$ und beträgt im Mittel 148 ± 138 g $CO_{2,eq}/kWh_{el}$. Verglichen mit den durchschnittlichen THG-Emissionen des Stromparks (⌐) in Österreich 2004 (277 g $CO_{2,eq}/kWh_{el}$ ohne Stromimporte, 377 g $CO_{2,eq}/kWh_{el}$ inklusive Stromimporte (PÖLZ 2007)) bedeutet dies, dass durch manche Anlagen deutlich THG-Emissionen verhindert werden, während andere Biogasanlagen wesentlich mehr Emissionen verursachen als der derzeitige Strompark. Abbildung 56 stellt die Emissionen und Gutschriften der Stromgewinnung aus Biogas den Netto-THG-Emissionen des Stromparks in Österreich gegenüber.

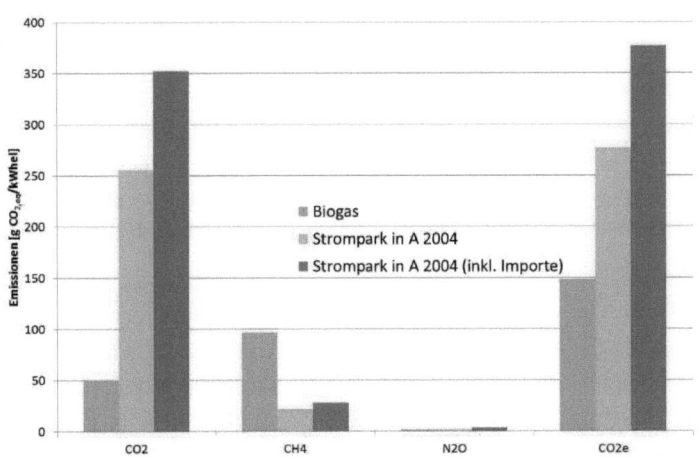

Abbildung 56: THG –Emissionen abzgl. Wirtschaftsdünger-Gutschriften (in CO_2-Äquivalenten) von Ökostrom aus Biogas im Vergleich zum österreichischen Strompark 2004

Einfluss der Wärmeauskopplung

Durch Berücksichtigung der Wärmeauskopplung werden die zusätzlichen Einsparungspotentiale bei den Treibhausgas-Emissionen deutlich: Die THG-Emissionen bezogen auf eine kWh Nutzenergie sinken – ohne Berücksichtigung von Wirtschaftsdünger-Gutschriften – um durchschnittlich 58 g $CO_{2,eq}$/kWh auf 154 ± 76 g $CO_{2,eq}$/kWh Nutzenergie. Werden die Wirtschaftsdünger-Gutschriften berücksichtigt, so betragen die Netto-THG-Emissionen unter Berücksichtigung der Wärmeauskopplung im Mittel 108 ± 80 g $CO_{2,eq}$/kWh Nutzenergie.

4.5.2 Luftschadstoff-Emissionen

SO_2-, NO_x-, CO- und NMVOC-Emissionen

Hauptemissionsquelle für die Komponenten SO_2, NO_x, CO und NMVOC ist das BHKW mit einem Anteil an den Frachten von 75-94 %, je nach Schadstoff (vgl. Abbildung 57). Zweitgrößte Schadstoff-Quelle ist jeweils der Bereich Substrat, und hier vor allem wiederum die Unterbereiche Wege/Transport und Ackerbau, die zum größten Teil für die Emissionen infolge direkter Emissionen aus Verbrennungsmotoren verantwortlich sind. Lediglich bei den SO_2-Emissionen verfügt auch der Bereich Baumaterialien/Infrastruktur mit 11,0 ± 7,4 % über einen nennenswerten Beitrag.

Staub-Emissionen

Bei Staub ist mit 90 ± 11 % der Gesamtemissionen der Bereich Baumaterialien/Infrastruktur die größte Emissionsquelle infolge der Verwendung von Schotter. Mit 9,5 ± 11,0 % ist auch der Bereich Substrat relevant, und hier wiederum vor allem die Unterbereiche Wege und Transport (4,1 ± 8,3 %) sowie Ackerbau (2,4 ± 3,4 %).

NH_3-Emissionen

Bei den NH_3-Emissionen ist praktisch die alleinige Schadstoffquelle das Gärrestmanagement, wobei 10,7 ± 11,0 % auf die Lagerung und 89 ± 11,1 % auf die NH_3-Verluste bei der Ausbringung zurückzuführen sind. Speziell bei den NH_3-Emissionen kommen allerdings auch die Gutschriften infolge der Verwendung von Wirtschaftsdünger zu tragen, die knapp 77 % der gesamten Emissionen wieder einsparen.

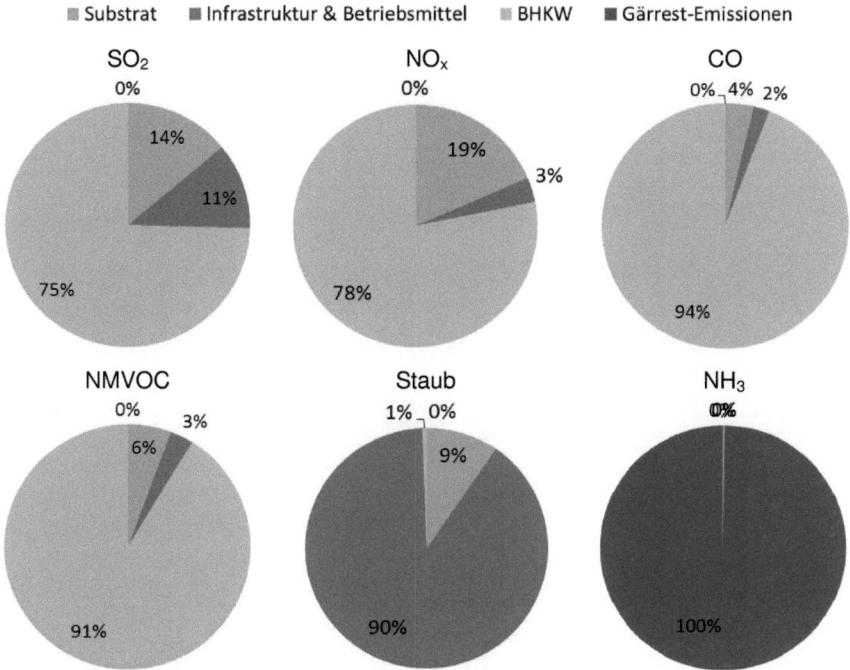

Abbildung 57: Quellen der Luftschadstoff-Emissionen

Tabelle 25 veranschaulicht die Bandbreite der (direkten und indirekten) Schadstoff-Emissionen aus der Stromproduktion aus Biogas sowie Gutschriften infolge der Verwendung von Wirtschaftsdünger. Die anlagenspezifischen Darstellungen der Emissionen und Gutschriften der einzelnen Schadstoffe ist dem Anhang zu entnehmen.

Vor allem die Substanzen NO_x und CO sind dabei von den Einstellungen am BHKW (Stichwort: *Luftzahl*, siehe Kapitel 3.2.4.3 „Emissionen aus dem Blockheizkraftwerk") abhängig und unterliegen allzu oft dem Einfluss des Betreibers. Daraus lässt sich die Forderung ableiten, dass Biogasanlagen-Betreiber keinen Einfluss auf relevante Regelparameter des BHKW nehmen sollten, da das Wirkungsgrad-Optimum nicht mit dem Emissions-Optimum zusammenhängt.

Tabelle 25: Luftschadstoff-Emissionen und Gutschriften in [g/kWh$_{el}$]

	Emissionen			Gutschriften
	MW ± STABW	min	max	MW ± STABW
SO$_2$	0,19 ± 0,15	0,05	0,60	-0,00 ± 0,00
NO$_x$	1,95 ± 0,94	1,27	4,53	-0,03 ± 0,04
CO	2,02 ± 1,07	0,90	5,99	-0,01 ± 0,01
NMVOC	0,16 ± 0,20	0,13	1,23	0,00 ± 0,00
Staub	0,30 ± 0,17	0,03	0,74	0,00 ± 0,00
NH$_3$	2,40 ± 3,59	0,75	16,10	-1,84 ± 3,94

Abbildung 58 veranschaulicht die Luftschadstoff-Emissionen von Ökostrom aus Biogas – abzüglich der Gutschriften aus der Verwendung von Wirtschaftsdünger – im Vergleich zum österreichischen Strompark (PÖLZ 2007). Daraus geht hervor, dass mit Ausnahme von SO$_2$ Biogasanlagen wesentlich mehr Schadstoffe emittieren, als dies der derzeitige Strompark tut. Wie oben bereits erwähnt ist das vor allem auf die Verbrennung des Biogases im BHKW zurückzuführen.

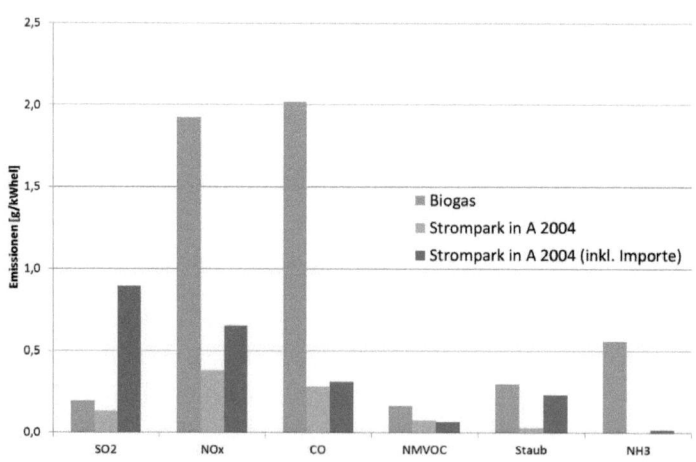

Abbildung 58: Luftschadstoff-Emissionen (netto) von Ökostrom aus Biogas im Vergleich zum österreichischen Strompark

4.5.3 Kumulierter Energie-Aufwand

Der KEA wird im Folgenden als Output-Input-Verhältnis (OI-Verhältnis, oder auch Energie-Erntefaktor) dargestellt. Dieses beschreibt das Verhältnis der Nutzenergie (Elektrizität, Nutzwärme) zu der für die Energiebereitstellung aufgewendeten Energie (KEA). Im Falle von OI-Faktoren <1 wird mehr Energie (fossil und erneuerbar) in das Verfahren investiert als an Energie gewonnen werden kann. Im Fall von OI-Faktoren >1 fällt ein entsprechender Anteil erneuerbarer Energie an. Für Biogas werden in der Literatur OI-Faktoren zwischen 2,7 für Mais-Pflanzenvergärung (FNR 2006) und 28,8 bei Gülle (KTBL 1996) genannt.

Das OI-Verhältnis der untersuchten Biogasanlagen reicht von 1,38 bis 10,40, womit in allen Fällen fossile Energieträger eingespart werden. Das OI-Verhältnis über alle Anlagen beträgt 4,79 ± 1,88.

Abbildung 59 veranschaulicht die Energieaufwendungen als Summe über alle Biogasanlagen entlang des Biogas-Lebenszyklus.

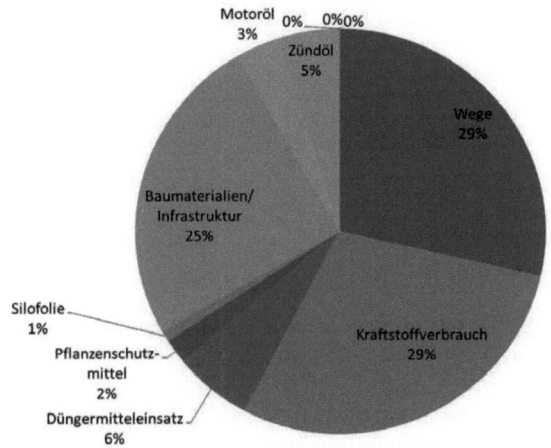

Abbildung 59: Zusammensetzung sämtlicher Energieaufwendungen zur Erzeugung von Ökostrom aus Biogas

Wie aus der Abbildung hervorgeht, dominieren bei den Energie-Inputs die Bereiche Wege (29 %: Wege zwischen Feld und Bauernhof/Biogasanlage sowie Substratquelle und Biogasanlage), Kraftstoffverbrauch (29 %: Ackerbau,

Gülleausbringung, Einlagern/Festfahren, Beschickung der Biogasanlage) und Baumaterialien/Infrastruktur (25 %). Nennenswert sind darüber hinaus der Beitrag synthetischer Düngermittel (6 %), obwohl nur ein kleiner Anteil an Biogasanlagen solche einsetzt (siehe Tabelle 33 „Eingangsdaten zur Berechnung der Ökobilanzen" im Anhang), sowie der Beitrag von Zündöl (5 %), obwohl nur drei der 41 Anlagen ein solches einsetzen.

Abbildung 60 zeigt als Kehrwert des OI-Verhältnisses das IO-Verhältnis zur Veranschaulichung der jeweiligen Beiträge bei den einzelnen Anlagen, sowie anrechenbare Energie-Gutschriften aus der Verwendung von Wirtschaftsdüngern. Je geringer das IO-Verhältnis ist, umso größer ist der Energiegewinn.

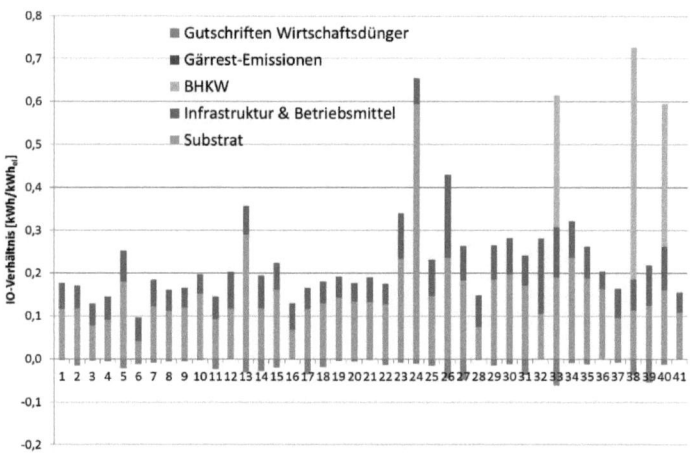

Abbildung 60: Kehrwert des OI-Verhältnisses und Gutschriften aus der Verwendung von Wirtschaftsdüngern

Besonders positiv fallen hier die Anlagen 3, 4, 6, 16, 28 und 37 auf, also jene Anlagen, welche wenig Energie für die Substratbeschaffung aufwenden. Die Anlagen 6 (OI = 10,40) und 28 (OI = 6,73) setzen keine NAWAROs ein, sondern lediglich organische Reststoffe und Abfälle, die nur über kurze Strecken transportiert werden, sowie Gülle, die gar nicht transportiert werden muss. Für Substratproduktion und -transport ist somit ein Minimum an Primärenergieeinsatz notwendig. Anlage 3 (OI = 7,79) dagegen ist es möglich, aufgrund von kurzen Transportstrecken den Primärenergieeinsatz so gering als möglich zu halten. Auch die günstigen OI-Verhältnisse der Anlagen 16 (OI = 7,68) und 37 (OI = 6,09) sind auf die eben genannten Vorteile zurückzuführen.

Beim KEA wird die Bedeutung der Logistik besonders deutlich: Anlagen, mit einem hohen Transport-Aufkommen bzw. einer hohen Kilometer-Leistung (vgl. auch Abbildung 50) verfügen demnach auch über einen hohen Ressourceneinsatz in Form von Kraftstoff (v. a. Anlage 24: OI = 1,53), während Anlagen, die die Logistik optimiert haben, nur einen relativ niedrigen Ressourcen-Einsatz benötigen.

Das schlechte Abschneiden der Anlagen 33, 38 und 40 (OI-Verhältnisse 1,63, 1,38 und 1,68) ist dagegen wiederum auf die Verwendung von Diesel in den Zündstrahlaggregaten zurückzuführen.

Auch der Einfluss der Wärmenutzung wird bei dieser Bewertungskategorie besonders deutlich: Wie Abbildung 61 zeigt, steigt durch Berücksichtigung der Wärmenutzung das OI-Verhältnis auf bis zu 18,01 an (Anlage 16), der Mittelwert beträgt OI = 7,29 ± 3,61.

An dieser Stelle soll auch die Rolle von Biodiesel angesprochen werden: Der KEA in der hier dargestellten Form berücksichtigt die gesamten Energie-Inputs, also erneuerbare und nicht-erneuerbare. Im Fall von Biodiesel verfügt dieser allerdings bereits selber über ein OI-Verhältnis von 3,3 (Wert aus GEMIS 4.3; vgl. FNR (2006): OI = 3,9). Werden aber nur die nicht erneuerbaren Energieinputs berücksichtigt, so ändert sich das OI-Verhältnis von Anlage 20, welche als einzige Biodiesel als Kraftstoff für Substratproduktion und Transport einsetzt, deutlich: Beträgt das OI-Verhältnis unter Berücksichtigung der gesamten Energieinputs lediglich OI = 5,64 bzw. 10,00 (mit und ohne Berücksichtigung der Wärmeauskopplung), so steigt es infolge der ausschließlichen Berücksichtigung nicht erneuerbarer Energieinputs auf OI = 13,29 bzw. 23,56. Insofern bestünde durch die Verwendung von Biodiesel im Pflanzenbau ein erhebliches Optimierungspotential nicht nur hinsichtlich der THG-Emissionen sondern auch des hinsichtlich OI-Verhältnisses. Allerdings wird explizit darauf hingewiesen, dass der Einsatz von Biodiesel nur in diesem Kontext derart positiv bewertet wird, wenn der Biodiesel regional erzeugt wird und nur für den hier dargestelltem Zweck (Substratproduktion und -transport) eingesetzt wird. Die Ergebnisse können also weder auf den Güterverkehr noch auf den motorisierten Individualverkehr übertragen werden.

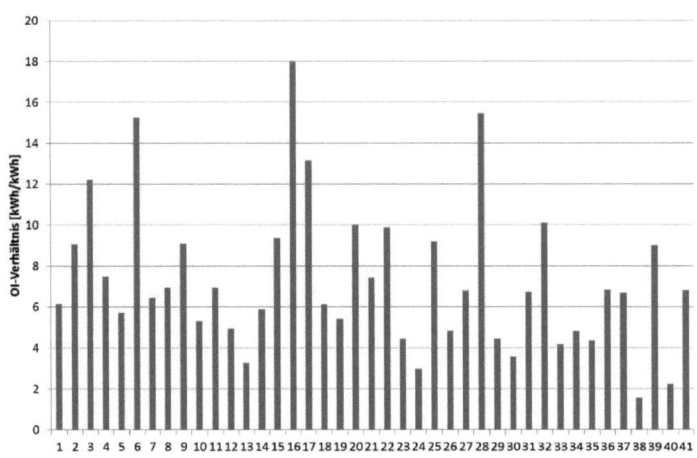

Abbildung 61: Ol-Verhältnis bezogen auf die gesamte Nutzenergie als Output-Variable

4.5.4 Sensitivitätsanalyse

CH$_4$-Emissionen aus dem Gärrest

Mit einem Anteil von 53 ± 29 % verursacht die Gärrest-Lagerung den größten Teil der Methan-Emissionen. Der hier angewendete Rechenalgorithmus beschreibt wohl die maximal zu erwartenden Emissionsmengen, da er von einer unverminderten Methan-Produktion im offenen Gärrestlager ausgeht. Er wurde allerdings von WOESS-GALLASCH et al. (2007) anhand eines Praxisbeispiels verifiziert: In einem geschlossenen Endlager wurden 1,9 % Methanbildung gemessen, mit dem hier dargestellten Rechenalgorithmus wurde für dieselbe Biogasanlage eine Methanbildung von 1,88 % berechnet (vgl. Kapitel 3.2.4.4 „Emissionen bei der Lagerung von Biogasgülle").

Andere Autoren gehen von geringeren CH$_4$-Emissionen aus offenen Gärrestlagern aus, vor allem infolge der geringen Lagertemperaturen. FAL (2005) stellte z. B. bei einer Lagerungstemperatur von 20 °C wesentlich geringere Emissionen des Gärrückstands von nur 40 % bis 88 % der bei 37 °C ermittelten Werte fest. Aus der Publikation gehen allerdings nicht die Versuchsbedingungen hervor, wobei v. a. die Dauer der Gärtests von Interesse wäre und ob diese eventuell vor Erreichen eines nahezu vollständigen Ausgärgrads abgebrochen wurden.

Andere Autoren berichten von einer um 20-60 % erhöhten Gasausbeute bei einer Temperaturerhöhung von 15 °C auf 35 °C (BRAUN 1982). BRAUN merkt dazu an, dass mit Erhöhung der Temperatur theoretisch keine erhöhte Gasausbeute zu erwarten sei, sondern lediglich eine Zunahme der Gasbildungsrate, und führt als mögliche Erklärungen zu geringe Adaptionszeiten an oder fehlende Neubeimpfungen nach Änderung der Temperatur bzw. zu kurze Gärzeiten bei tiefen Temperaturen.

SIEGL (2010) rechnet mit demselben Datensatz wie in dieser Arbeit, setzt allerdings einen Reduktionsfaktor der spezifischen Methanausbeute gegenüber jener im Fermenter von 51 % an. Als Argument wird neben der Temperatur der Sauerstoffzutritt erwähnt. Vor allem die Auswirkung des Sauerstoffzutritts sieht der Verfasser allerdings als sehr gering an, da Sauerstoff nur in den ersten Millimetern an der Oberfläche in geringen Mengen nachweisbar ist und die Gülle darunter anaerob ist (CLEMENS et al. 2002). Die CH_4-Emissionen steuern demnach andere Parameter, vor allem die Temperatur.

Würden also die CH_4-Emissionen aus dem Gärrest in der Berechnung um 50 % reduziert werden, so würden sich die spezifischen CH_4-Emissionen von 6,16 ± 3,51 g CH_4/kWh$_{el}$ auf 4,52 ± 1,81 g CH_4/kWh$_{el}$ reduzieren (-26,6 %). Hinsichtlich des GWP-Potentials würden sich die $CO_{2,eq}$-Emissionen von 212 ± 116 g $CO_{2,eq}$/kWh$_{el}$ auf 174 ± 82 g $CO_{2,eq}$/kWh$_{el}$ reduzieren (-17,9 %).

CH_4-Emissionen aus dem BHKW

Das BHKW verursacht 46 ± 29 % der gesamten CH_4-Emissionen infolge des *Methanschlupfs*. Die Annahmen, welche dem Berechnungsmodus dieser Arbeit zugrunde liegen, stützen sich dabei zum einen auf Literaturwerte (ZELL 2002) sowie auf eine dem Verfasser vorliegende Messung (LAABER 2006). Zu einem deutlich anderen Ergebnis kommt dagegen PFEIFER (2008): dieser berichtet von einer C_xH_Y-Messung an einer Anlage, welche ebenfalls in diesem Datenset erhoben wurde, in Höhe von 251 mg/Nm³ (bezogen auf 5 % O_2). Dies entspricht– abzüglich der NMVOC-Emissionen – einer Methan-Emission von 222 mg CH_4/Nm³. Dagegen beträgt die Emission derselben Anlage nach dem hier angewandten Rechenalgorithmus 792 mg CH_4/Nm³, was einer Mehremission um den Faktor 3,56 entspricht. Wird dieser Faktor auf alle Anlagen in der gegenständlichen Arbeit umgelegt, so reduzieren sich die spezifischen CH_4-Emissionen von 6,16 ± 3,51 g CH_4/kWh$_{el}$ auf 4,14 ± 3,51 g CH_4/kWh$_{el}$ (-32,8 %). Hinsichtlich des GWP-Potentials reduzieren sich die $CO_{2,eq}$-Emissionen von 212 ± 116 g $CO_{2,eq}$/kWh$_{el}$ auf 165 ± 115 g $CO_{2,eq}$/kWh$_{el}$ (-22,2 %).

Lachgas-Emissionen

Die Lachgas-Emissionen wurden auf Basis weit streuender Literaturwerte berechnet, wobei die Mittelwert der gefundenen Einzelquellen zur Berechnung der Emissionen herangezogen wurde (Emissionen aus der Lagerung: 0,38 (± 0,27) g/(m²·d); Emissionen aus der Ausbringung: 3,26 (± 2,77) g/m³ Biogasgülle).

Eine Veränderung der Lagerungs-Emissionen um den Betrag der Standardabweichung bewirkt eine Änderung der N_2O-Emissionen um ± 0,018 g N_2O/kWh$_{el}$ (± 31,0 %). Hinsichtlich des GWP-Potentials ändern sich die $CO_{2,eq}$-Emissionen um ± 5,3 g $CO_{2,eq}$/kWh$_{el}$ (± 2,5 %).

Eine Veränderung der Ausbring-Emissionen um den Betrag der Standardabweichung bewirkt eine Änderung der N_2O-Emissionen um ± 0,013 g N_2O/kWh$_{el}$ (± 22,4 %). Hinsichtlich des GWP-Potentials ändern sich die $CO_{2,eq}$-Emissionen um ± 3,8 g $CO_{2,eq}$/kWh$_{el}$ (± 1,8 %).

Bezogen auf die gesamten THG-Emissionen hat eine Änderung der N_2O-Emissionen also in jedem Fall nur eine untergeordnete Bedeutung.

Schadstoff-Emissionen aus dem BHKW

Direkte Verbrennungsemissionen aus dem BHKW zeichnen für 75-94 % der gesamten Luftschadstoff-Emissionen SO_2, NO_x, CO und NMVOC verantwortlich. Den Eingangsdaten liegen zwar großteils berechnete Werte zugrunde, allerdings weichen diese kaum von den real erhobenen Werten ab (LAABER 2006). Selbst wenn die berechneten Werte von den realen um den Faktor 2 abweichen würden, so würde dies zwar etwas an den emittierten Schadstoff-Frachten ändern, nichts jedoch an dem Umstand, dass die Verbrennung von Biogas im BHKW die Hauptemissionsquelle für die genannten Luftschadstoffe darstellt.

4.6 Biologische Stabilität von Biogasanlagen

Die Bewertung der mikrobiologischen Stabilität (im Folgenden bezeichnet als *Stabilität*) von Biogasanlagen hat in erster Linie eine praktische Relevanz, da durch die Kenntnis der Stabilität der Handlungsspielraum zwischen Aktion und Reaktion wesentlich ausgedehnt werden kann. So kann z. B. ein Fermenter kontrolliert hochgefahren bzw. höher belastet werden, und eine drohende Überlastung rechtzeitig erkannt und verhindert werden.

Darüber hinaus wird die Stabilität von Biogasanlagen auch unter dem Aspekt des Ausgärgrads diskutiert, was speziell für Behörden von Interesse ist und später in die Diskussion des Gütesiegels einfließt.

Grundsätzlich ist die mikrobiologische Stabilität relativ weit gefasst und wird von den Milieubedingungen (vgl. Kapitel 1.4.1.2 „Milieueinflüsse") beeinflusst. Als mikrobiologische Stabilität wird im Kontext dieser Arbeit das Adaptionsvermögen der Mikroorganismen bezeichnet. Die Stabilität kennzeichnet somit das Vermögen eines Fermentationsprozesses, Betriebsbedingungen zu wechseln (v.a. Substratwahl und Raumbelastung), ohne dass in der Folge gravierende Beeinträchtigungen in der Fermentation auftreten (z. B. Einbruch in der Biogasproduktion).

Zur Beschreibung der Stabilität werden in dieser Arbeit die Fermentationsparameter pH-Wert, freie flüchtige Fettsäuren (VFA), Ammoniumstickstoff und (organische) Trockensubstanz (oTS, TS) herangezogen. In der Praxis treten die genannten Parameter in weiten Konzentrationsbereichen auf, wie aus Abbildung 62 am Beispiel der Gesamtfettsäure-Konzentration (VFA$_{ges}$) ersichtlich ist. Offenbar kann ein Messergebnis nur dann eindeutig interpretiert werden, wenn das Messergebnis Extremwerten zugewiesen werden kann, im Fall von Abbildung 62 beispielsweise einer VFA$_{ges}$-Konzentration von unter 1.000 mg/l oder über 20.000 mg/l. Messergebnisse, die zwischen den beiden Extremen liegen, können allerdings nur aufgrund eines zeitlichen Verlaufs der Messergebnisse und der Kenntnis der Betriebsbedingungen zuverlässig interpretiert werden (*Überlappungsproblem*, siehe später). Aufgrund einer Einzelanalyse können also keine eindeutigen Aussagen über die Stabilität von Fermentern gemacht werden.

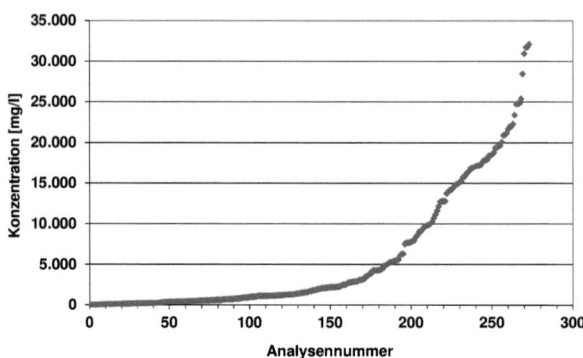

Abbildung 62: VFA$_{ges}$-Konzentrationen aus Biogasanlagen in der Praxis (n=280)

Im Folgenden werden die Ergebnisse der statistischen Auswertung dargestellt und interpretiert. Dabei werden die Analysen von NAWARO- und Abfall-verwertenden Anlagen getrennt betrachtetet und die Fermenter in *stabile* und *instabile* eingeteilt.

Als *stabil* werden jene Fermenter bezeichnet, die im Rahmen diverser Projekte routinemäßig untersucht wurden und laut Betreiber bis zum Zeitpunkt der Untersuchung keine besonderen Auffälligkeiten hinsichtlich Betriebsbeeinträchtigungen aufwiesen.

Im Vergleich dazu werden unter *instabilen* Anlagen solche zusammengefasst, deren Betreiber sich infolge von Problemen beim Biogasprozess direkt an das IFA-Tulln wandten (meist nach einem Rückgang in der Biogasproduktion), oder weil Behörden aufgrund von Geruchsproblemen der *nicht ausgegorenen* Biogasgülle den Betrieb als *instabil* bezeichneten.

4.6.1 pH-Wert

Beim pH-Wert wurde ein großer Unterschied zwischen NAWARO- und Abfall-Anlagen festgestellt: Während bei stabilen NAWARO-Anlagen eine Häufung zw. pH 7,4 und 8,1 auftritt, ist bei Abfall-Anlagen eine Verschiebung zu höheren pH-Werten hin feststellbar (Abbildung 63 a und b). Der Grund liegt daran, dass in Abfall-verwertenden Anlagen häufig proteinreiche Substrate eingesetzt werden und das im Abbauprozess gebildete Ammonium eine Verschiebung des pH-Werts bewirkt (siehe auch RESCH et al. 2006). Da bei NAWARO-Anlagen dieser Puffereffekt aufgrund von geringeren Ammonium-Gehalten meist geringer ist als bei Abfall-Anlagen, kommt es im Falle einer Überlastung des

Fermenters bei NAWARO-Anlagen rasch zu einem Absinken des pH-Werts, im Extremfall bis unter pH 6. Der pH-Wert von Abfall-Anlagen bzw. von Anlagen mit einem höheren Ammonium-Gehalt nimmt dagegen mit zunehmender VFA-Konzentration nur langsam ab, was allerdings nicht automatisch heißt, dass der Fermentationsprozess stabil wäre.

Aus den hier dargestellten Zusammenhängen wird ersichtlich, dass es zur Bewertung der Stabilität mehr bedarf als die bloße Kenntnis des pH-Werts, vor allem bei fehlender Kenntnis der Pufferkapazität des Faulschlamms. Wesentlich bei einer Einschätzung der Stabilität eines Fermenters ist daher auch die Kenntnis der VFA- sowie der TAN-Konzentration.

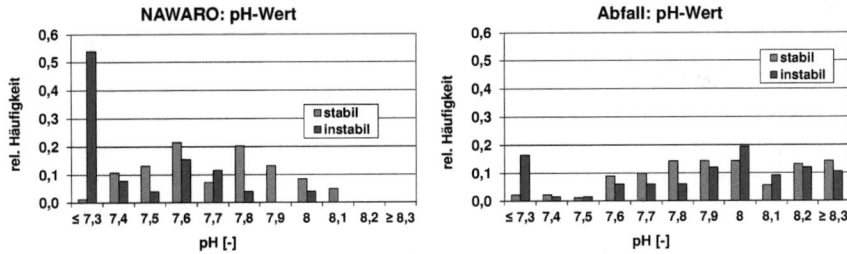

Abbildung 63: pH-Wert-Verteilung in NAWARO-Anlagen und Abfall-Anlagen

Als günstig wird nach diesen Erkenntnissen ein pH-Wert zwischen pH 7,5 und 8,2 angesehen, in dem 80 % der stabilen Biogasanlagen vorgefunden werden. Bei keiner einzigen Biogasanlage wurde ein pH-Wert von unter pH 7,2 gemessen, weshalb angenommen werden kann, dass in der Praxis unter diesem pH-Wert nur instabile Anlagen anzutreffen sind. Oberhalb von pH 8,2 kann kein eindeutiger Zusammenhang bezüglich pH-Wert und Instabilität festgestellt werden. Diese Werte treten sowohl bei instabilen als auch bei stabilen Abfall-Anlagen auf, sowie auch in Nachgärbehältern stabiler NAWARO-Anlagen, wo die Fettsäuren bereits soweit abgebaut sind, dass sich aufgrund des im Faulschlamm enthaltenen Ammonium-Stickstoffs ein hoher pH-Wert einstellt. Allerdings sei auf die Gefahr der Hemmung durch Ammonium bzw. Ammoniak hingewiesen, die speziell bei höheren pH-Werten auftritt (siehe später).

4.6.2 Freie Flüchtige Fettsäuren VFA

Der Verlauf der Konzentration an VFA stellt das zuverlässigste Steuerungsinstrument der mikrobiologischen Prozessoptimierung dar. Dabei ist das Wissen um den Konzentrations-Verlauf von großer Bedeutung, da eine zunehmende Konzentrationssteigerung Hinweise auf ein Ungleichgewicht in der mikrobiologischen Abbaukette anzeigen kann, während eine Abnahme der VFA-Konzentration auf eine Erholung hinweist.

Die Akkumulation von Säuren ist oft ein Zeichen für eine Abweichung vom Optimalbetrieb. Zwar wirken nach KALTSCHMITT et al. (2009) erhöhte Säurekonzentrationen bis zu einem gewissen Grad stimulierend, da entsprechend der Monod-Kinetik höhere Substratkonzentrationen auch höhere Wachstumsraten verursachen. Dennoch sollten aber insbesondere kontinuierliche Steigerungen von Säurekonzentrationen als Warnzeichen betrachtet werden, da bei einer fortschreitenden Säureanreicherung die Pufferkapazität des Faulschlamms überschritten werden kann. Dies kann in weiterer Folge zu einem rapiden Absinken des pH-Werts führen, wodurch die hemmende Wirkung der Säuren verstärkt wird.

Die statistische Auswertung der Analysen der gesamten Fettsäuren führt zu den in Abbildung 64 dargestellten Häufigkeits-Verteilungen. Dabei fällt auf, dass es auch hier zu Überschneidungen der stabilen und instabilen Anlagen in einem Konzentrationsbereich kommt. Dieser liegt im Falle der VFA$_{ges}$ bei NAWARO-Anlagen zwischen 1.000 und 3.000 mg/l und bei Abfall-Anlagen zwischen 3.000 und >4.000 mg/l. Durch diese Überschneidung gibt sich ein *Überlappungsproblem*, was bedeutet, dass in diesem Überlappungsbereich eine Punktanalyse ohne weitere Kenntnis des Konzentrationsverlaufs nicht einem stabilen oder instabilen Fermenterzustand zugeordnet werden kann. Erst durch entsprechende Hintergrundinformationen sowie eine Beobachtung über einen längeren Zeitraum können zuverlässige Aussagen getroffen werden.

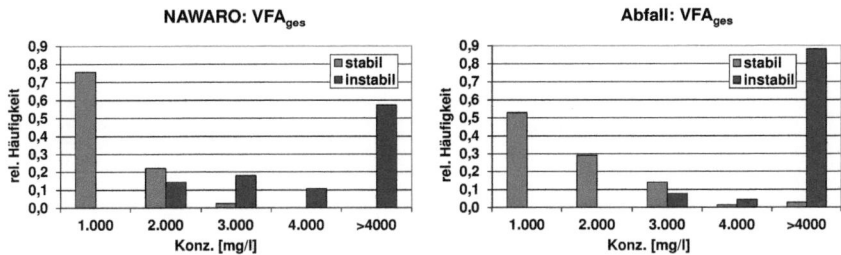

Abbildung 64: Verteilung der VFA_{ges}-Konzentrationen in NAWARO- und Abfall-Anlagen

Als günstiger Wertebereich wird eine VFA_{ges}-Konzentration bis 1.300 mg/l angesehen, die in 80 % der stabilen Biogasanlagen vorgefunden werden. Bei keiner einzigen stabilen Biogasanlage wurde eine Konzentration von über 4.500 mg/l gemessen, weshalb für die Praxis davon ausgegangen wird, dass der mikrobiologische Abbau bei dieser Konzentration bereits deutlich gehemmt ist und der Gärprozess darüber hinaus zunehmend instabil wird.

Bezüglich der Konzentration des undissoziierten Anteils der Fettsäuren, UVA, liegt das 0,8-Quantil bei stabilen NAWARO-Anlagen bei 1,0 mg/l und bei Abfall-Anlagen bei 2,3 mg/l. Keine der stabilen Anlagen hatte eine UVA-Konzentration über 10 mg/l (jeweils angegeben als Essigsäure-Äquivalent).

Bei der Bewertung der Anlagenstabilität ist allerdings auch die Kenntnis des Fettsäuremusters relevant, da insbesondere erhöhte C2-C5-Carbonsäure-Konzentrationen einen Rückschluss auf einen gehemmten Fermentationsprozess erlauben. Die Häufigkeits-Verteilungen der C2-C5-Carbonsäuren sind in den Abbildungen 66 bis 71 dargestellt. Die dazugehörigen Konzentrationsbereiche, welche einen günstigen Fermentationsprozess kennzeichnen, sind in der Zusammenfassung in Tabelle 26 „Wertebereiche zur Beurteilung der Stabilität von Biogasfermentern" dargestellt.

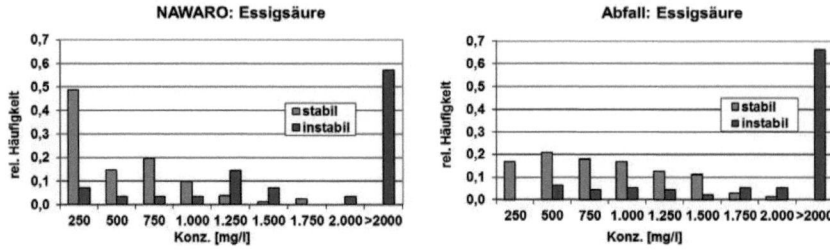

Abbildung 65: Verteilung der Essigsäure-Konzentrationen in NAWARO- und Abfall-Anlagen

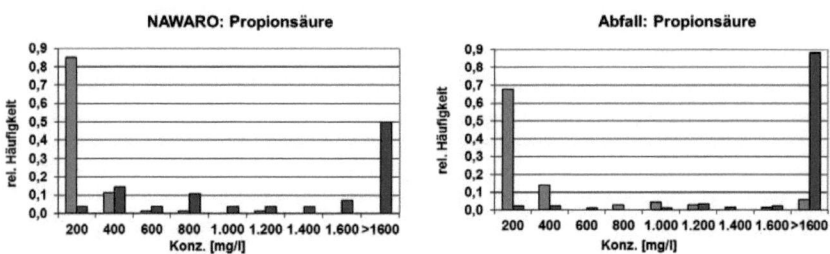

Abbildung 66: Verteilung der Propionsäure-Konzentrationen in NAWARO- und Abfall-Anlagen

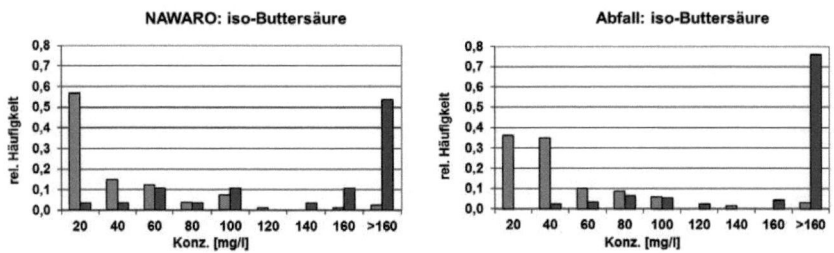

Abbildung 67: Verteilung der iso-Buttersäure-Konzentrationen in NAWARO- und Abfall-Anlagen

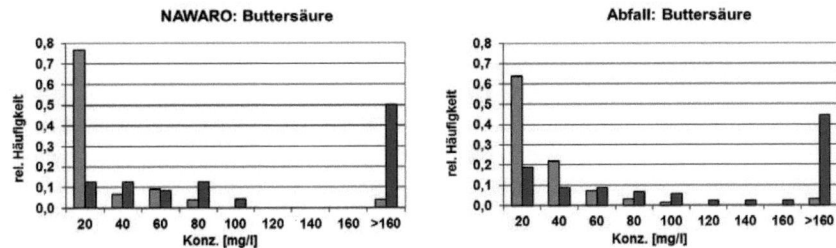

Abbildung 68: Verteilung der Buttersäure-Konzentrationen in NAWARO- und Abfall-Anlagen

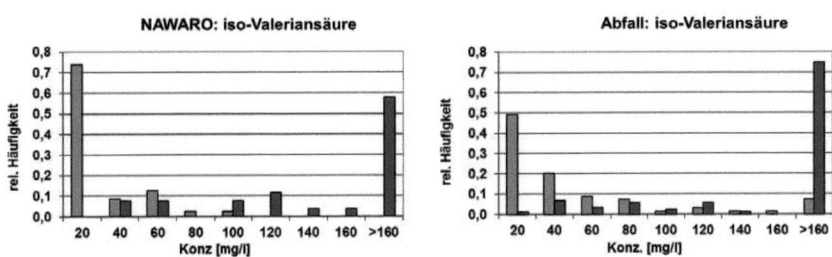

Abbildung 69: Verteilung der iso-Valeriansäure-Konzentrationen in NAWARO- und Abfall-Anlagen

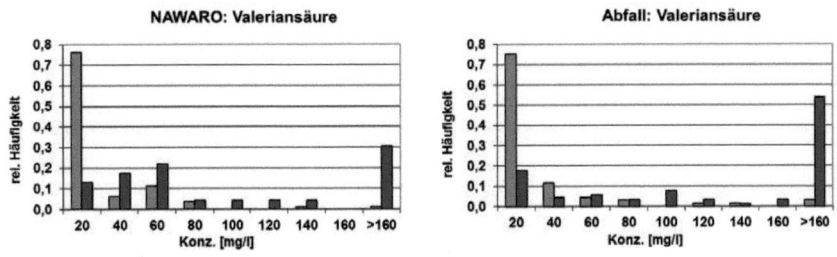

Abbildung 70: Verteilung der Valeriansäure-Konzentrationen in NAWARO- und Abfall-Anlagen

4.6.3 Ammoniumstickstoff NH_4-N und undissoziierter Ammoniumstickstoff UAN

Sowohl stabile als instabile NAWARO-Anlagen weisen substratbedingt NH_4-N-Konzentrationen zwischen 2 und 5 g/l auf (0,8-Quantil: 3,5 g/l). Fermentationsprobleme sind in diesem Konzentrationsbereich nicht zu erwarten und sind bei instabilen Anlagen in der Regel nicht auf einen hemmenden Einflusses durch NH_4-N zurückzuführen. Der Ammoniumstickstoff hat daher für NAWARO-Anlagen eine untergeordnete Bedeutung auf die Stabilität. Eine Ausnahme kann dann bestehen, wenn eine Biogasanlage hoch-stickstoffhaltige Substrate wie etwa Hühnermist und -gülle vergärt.

Bei Abfallverwertungsanlagen ist dagegen der Zusammenhang von NH_4-N-Konzentration und Stabilität schon deutlicher zu erkennen. Substratbedingt weisen diese Anlagen meist einen höheren Gehalt an Ammoniumstickstoff auf. Wie aus Abbildung 71 (linkes Diagramm) hervorgeht hat ein Großteil der stabilen Abfall-Anlagen NH_4-N-Werte bis 5 g/l (0,8-Quantil: 4,6 g/l), darüber nehmen die Anzeichen auf einen gehemmten Gärprozess signifikant zu. Instabile Anlagen (hauptsächlich Anlagen, welche proteinhaltige Abfälle wie Schlachtabfälle oder Blut vergären) erreichen dagegen NH_4-N-Konzentration bis 9 g/l und mehr. RESCH et al. (2006) berichten etwa von einer labilen aber noch beherrschbaren Fermentation bei NH_4-N-Konzentration von etwa 8,3 g/kg, bei einer NH_4-N-Konzentration von etwa 10 g/kg kommt es dagegen zu einer Akkumulation von Fettsäuren und somit zu einer Hemmung in der Abbaukette, die ohne ein Änderung der Betriebsweise zu einer Versäuerung führt.

Wie im Kapitel 1.4.1 „Mikrobiologische Grundlagen" erwähnt wird, wirkt vor allem die undissoziierte Form des Ammonium-Stickstoffs (Ammoniak bzw. UAN) in erhöhten Konzentrationen auf Mikroorganismen toxisch. Bei den stabilen Abfall-Anlagen liegt in der gegenständlichen Untersuchung das 0,8-Quantil von UAN bei 700 mg NH_3/l (NAWARO-Anlagen: 480 mg), weshalb Konzentrationen bis zu diesem Wert als günstig betrachtet werden. Auch KIRCHMAYR (2010) berichtet von 700 bis 1.100 mg/l NH_3 als Maximalkonzentration bei adaptierten Kulturen. Bei dem gegenständlichen Datensatz entsprechen 1.100 mg/l NH_3 dagegen bereits dem 0,95-Quantil der stabilen Abfall-Anlagen, weshalb schon von einer beginnenden Hemmung der Mikroorganismen ausgegangen werden kann. Oberhalb von 1.100 mg/l NH_3 sind dagegen nur noch instabile Anlagen vorzufinden (vgl. Abbildung 71 rechtes Diagramm).

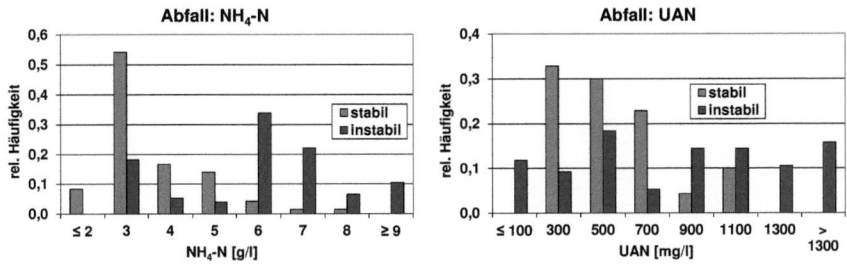

Abbildung 71: Verteilung der NH$_4$-N- und UAN-Konzentrationen in Abfall-Anlagen

4.6.4 Trockensubstanz TS und organische Trockensubstanz oTS

Der Gehalt an organischer Trockensubstanz im Faulschlamm gibt Aufschluss über den verbleibenden bzw. bereits abgebauten organischen Substratanteil. Hoch belastete Fermenter von NAWARO-Anlagen weisen in der Regel auch einen höheren oTS-Gehalt auf (vgl. Abbildung 72). Bei Abfall-Anlagen ist dieser Zusammenhang dagegen nicht eindeutig gegeben: bei diesen wird die Anlagenstabilität vielmehr von der Wahl des Substrates (z. B. langsamer Abbau von Fetten, hoher NH$_4$-N-Gehalt, vgl. RESCH et al. 2006) und der Betriebsweise beeinflusst (z. B. Raumbelastung).

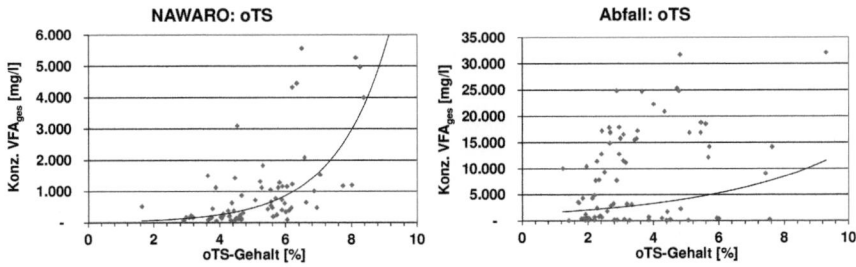

Abbildung 72: Zusammenhang zwischen oTS und VFA$_{ges}$-Konzentration in Hauptfermentern

In Abbildung 73 ist die Verteilung der TS- und oTS-Werte von stabilen NAWARO-Anlagen dargestellt. Stabile NAWARO-Anlagen weisen demnach Gehalte bis zu 8 % TS bzw. 6 % oTS auf (0,8-Quantil), dagegen sind die TS-

bzw. oTS- Gehalte fast aller instabilen NAWARO-Anlagen über diesen Werten anzutreffen. Bei keiner einzigen stabilen NAWARO-Biogasanlage wurden Gehalte von über 10,5 % TS bzw. 8,3 % oTS gemessen.

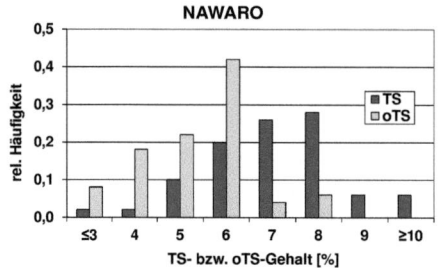

Abbildung 73: Verteilung der TS- und oTS-Gehalte *stabiler* NAWARO-Anlagen

Relevant ist der TS-Gehalt von Fermentern u.a. für die Viskosität des Faulschlamms, die vor allem die Mischbarkeit beeinflusst und damit zusammenhängend auch die erforderliche Wahl der Rührwerkstechnik sowie den zur Mischung erforderlichen Energieeintrag. Die Viskosität ergibt sich neben dem Faseranteil aus der Gelierwirkung von Dextrinen und Pektinen als Abbauprodukte der Substrate (KIRCHMAYR 2010). Ein Sonderfall des Biogasanlagen-Betriebs stellt der Einsatz stark faserhaltiger Substrate wie Gras- und Kleegrassilage dar, bei dem Halme und Fasern in einer sehr niedrigviskosen Matrix vorhanden sind. Ein Stillstand der Rührwerke bewirkt, dass sich an den Fasern Gasblasen bilden und die Halme auftreiben, wodurch sich schwer zu durchbrechende Schwimmdecken ausbilden können, die den Flüssigkeits- und Gasabzug verhindern. Um den Biogasprozess bei einem solchen Substrateinsatz aufrechterhalten zu können ist unter Umständen ein ständiges Rühren erforderlich (KIRCHMAYR 2010).

Aufgrund der Wahrscheinlichkeit des Auftriebs von Pflanzenfasern erscheint es bei NAWARO-Fermentern auch sinnvoll, einen unteren TS-Gehalt festzulegen. Als Erfahrungswert kann 4 % TS herangezogen werden, für den allerdings keine statistische Begründung vorgelegt werden kann.

4.6.5 Darstellung der Stabilitätsbereiche in einem *Ampelsystem*

Die oben beschriebenen Ergebnisse werden in Tabelle 26 zusammengefasst. Die Tabelle erlaubt eine vereinfachte Zuordnung einer Punktanalyse zu einem

Stabilitätsbereich, der in *stabil*, *ungewiss* und *instabil* unterteilt wird. Dieses *Ampelsystem* wurde zum ersten Mal von LAABER et al. (2006) beschrieben, allerdings mit geringfügig abweichenden Konzentrationsbereichen.

Tabelle 26: Wertebereiche zur Beurteilung der Stabilität von Biogasfermentern

	Einheit	Wertebereich		
		Grün	Gelb	Rot
pH	[-]	7,5 – 8,2	7,2 – 7,5	< 7,2; > 8,2
VFA gesamt	[mg/l]	< 1.300	1.300 – 4.500	> 4.500
Essigsäure	[mg/l]	< 1.000	1.000 – 2.000	> 2.000
Propionsäure	[mg/l]	< 250	250 – 1.000	> 1.000
iso-Buttersäure	[mg/l]	< 60	60 – 200	> 200
Buttersäure	[mg/l]	< 50	50 – 100	> 100
iso-Valeriansäure	[mg/l]	< 50	50 – 100	> 100
Valeriansäure	[mg/l]	< 50	50 – 100	> 100
UFA	[mg/l]	< 2,5	2,5 – 10	> 10
NH_4-N	[g/l]	< 5	> 5	-
UAN	[mg/l]	< 700	700 – 1.100	> 1.100
TS	[%]	4 – 8	< 4; 8 – 10,5	> 10,5
oTS	[%]	≤ 6	6 – 8,3	> 8,3

Das Ampelsystem ist dabei folgendermaßen zu verstehen:

- **Grün**: Dieser Bereich beinhaltet zumindest 80 % der Analyseergebnisse von als stabil eingestuften Biogasanlagen. Daraus kann abgeleitet werden, dass dieser Bereich einen günstigen Fermenterzustand kennzeichnet. Ein solcher Fermenter ist im Falle der Beibehaltung der Betriebsbedingungen (Substrat, Raumbelastung, Temperatur) nur einem geringen Risiko von Überlastung ausgesetzt und bedarf in der Regel keiner häufigen chemischen Beprobung.
- **Gelb**: Dieser Wertebereich beschreibt in erster Linie den Überlappungsbereich der Messwerte von stabilen und instabilen Fermentern. Eine Interpretation über den Zustand ist ohne weitere Analysen nicht möglich.
- **Rot**: In diesem Bereich sind vorwiegend Messergebnisse aus instabilen Fermentern zu finden. Der Bereich beschreibt einen hoch belasteten

Fermenter, dessen Zustand mit zunehmenden Analysewerten instabiler wird, die Mikroorganismen weisen bereits mehr oder weniger deutliche Anzeichen von Störungen auf. Stoffwechselzwischenprodukte können nicht mehr ausreichend schnell abgebaut werden und es besteht die Gefahr der Versäuerung. Fermenter sollten in diesem Bereich nur unter regelmäßiger Prozesskontrolle betrieben werden. Ist dies nicht möglich, sollten die Substratzufuhr und/oder Reaktionsbedingungen geändert werden, um eine drohende Versäuerung zu vermeiden. Bei diesem Wertebereich ist zu beachten, dass er aufgrund von Analysen jener Anlagen entstand, die zum Teil gravierende Prozessstörungen aufwiesen. Allerdings gilt nicht der Umkehrschluss: Eine Überschreitung der Werte in einem Punkt bedeutet nicht notwendigerweise eine drohende Überlastung des Fermenters: Mikroorganismen können sich an die Umgebung adaptieren, d. h. sie können sich auf das jeweilige Umfeld bis zu einem bestimmten Grad einstellen.

Wie bereits erwähnt ist dabei ist grundsätzlich zu beachten, dass der Informationsgehalt einer Einzelanalyse zwar durchaus hoch sein kann, aber dennoch nur eine begrenzte Aussagekraft hat. Dies gilt insbesondere dann, wenn die Ergebnisse im gelben oder roten Wertebereich liegen. Die Gründe hierfür sind folgende:

– Eine Einzelanalyse stellt nur einen Punkt auf einer Zeitskala dar, ohne deren Verlauf zu kennen. Es lässt sich daraus nicht ableiten, ob sich ein Fermenter gerade erholt oder zunehmend instabil wird.

– Die Adaption von Mikroorganismen an das jeweilige Milieu lässt sich aufgrund einer Einzelanalyse nicht feststellen.

– Ein Fermenter ist in der Praxis niemals ideal durchmischt, auch wenn in der Regel davon ausgegangen wird. Analysen von unterschiedlichen Punkten aus demselben Fermenter können dadurch zu unterschiedlichen Ergebnissen führen. Ist also der Fermenter bei der Probenahme nicht homogen durchmischt bzw. der Ort der Probenahme nicht repräsentativ für das übrige Fermentervolumen, können falsche Aussagen getroffen werden, die aufgrund einer Einzelanalyse nicht beurteilt werden können.

In der Praxis gilt eine erste Analyse daher als Entscheidungsgrundlage für Maßnahmen, die getroffen werden müssen, um einen Fermenter zu optimieren. Die Auswirkung der gesetzten Maßnahmen muss jedoch mit weiteren Analysen so lange überprüft werden, bis das gewünschte Ziel – ein stabiler Fermenterbetrieb – erreicht ist.

4.7 Clusteranalyse

Basierend auf den bisherigen Ergebnissen werden die Biogasanlagen in diesem Kapitel nach folgenden vier Eigenschaften gruppiert (geclustert).

- Installierte elektrische Leistung: Gruppierung in Anlagen ≤100 kW_{el} und >100 kW_{el}
- Einsatz von Kosubstraten: Gruppierung in NAWARO- und Abfall-Anlagen
- Anteil von Wirtschaftsdüngern: Gruppierung in Anlagen mit einem Wirtschaftsdünger-Anteil <30 % und ≥30 %
- Hydraulische Verweilzeit: Gruppierung in Anlagen <100 d und ≥100 d HRT

Zweck dieser Clusteranalyse ist es zu überprüfen, ob Zusammenhänge mit Anlagenkennzahlen bestehen und dadurch jene Faktoren zu identifizieren, welche zu einer besonders ökologischen und sozioökonomischen Betriebsweise führen.

Um Korrelationen zu den verglichenen Kennzahlen zu identifizieren wurden für das jeweilige Cluster Mittelwerte und Standardabweichungen ermittelt und mit den Maxima der jeweiligen Kennzahl in Bezug gestellt. So können die Cluster anhand der Mittelwerte und Standardabweichungen einzelner Kennzahlen miteinander verglichen und interpretiert werden.

Die Luftschadstoff-Emissionen fließen bei den nachfolgenden Betrachtungen als Summenparameter ein (*Luftschadstoffe gewichtet*).

4.7.1 Installierte elektrische Leistung ≤100 kW_{el} versus >100 kW_{el}

Der Datensatz wurde in zwei Anlagengruppen mit Leistungen ≤100 kW_{el} und >100 kW_{el} geclustert. Die Leistung des Clusters ≤100 kW_{el} beträgt im Mittel 80 ± 29 kW_{el} (n = 18), die Leistung der Anlagengruppe >100 kW_{el} 467 ± 345 kW_{el} (n = 23).

Die Cluster wurden mit den in Abbildung 74 dargestellten und im Folgenden beschriebenen Kennzahlen korreliert. Die Korrelationen streuen dabei mehr oder weniger, was in der Abbildung durch die Fehlerindikatoren (Standardabweichungen) dargestellt wird. Diese Streuungs-Bereiche überlappen oft derart weit, dass häufig nur Tendenzen festgestellt werden können. Auffällige Unterschiede gibt es bei folgenden Kennzahlen:

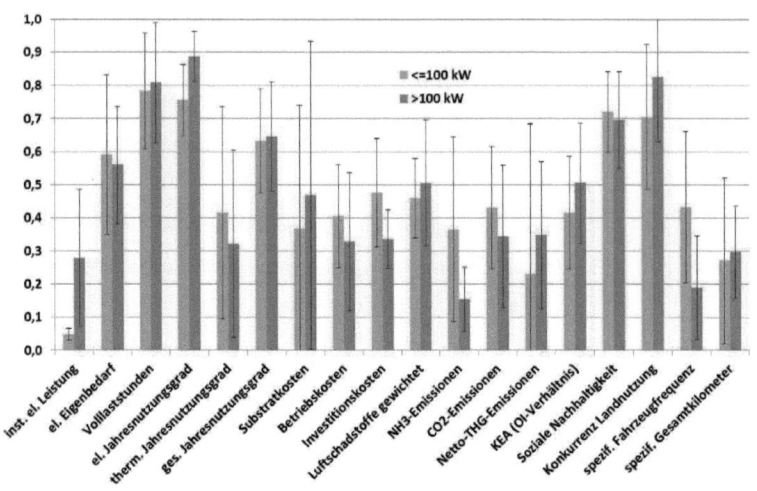

Abbildung 74: Clusteranalyse von Anlagen ≤100 kW$_{el}$ und >100 kW$_{el}$

- Elektrischer Jahresnutzungsgrad:
  Der elektrische Jahresnutzungsgrad von Biogasanlagen ≤100 kW$_{el}$ liegt in der Regel unter dem von Anlagen >100 kW$_{el}$. Das ist vor allem auf den elektrischen Wirkungsgrad der BHKW zurückzuführen: bei kleinen BHKW liegt dieser meist bei etwa 33 % oder darunter, während BHKW um 500 kW$_{el}$ (und darüber) Wirkungsgrade bis zu 40 % aufweisen. Dieser Nachteil der kleineren Anlagen wird aber häufig durch einen höheren thermischen Jahresnutzungsgrad kompensiert, sodass beim gesamten Jahresnutzungsgrad keine Unterschiede in Abhängigkeit von der installierten elektrischen Leistung festgestellt werden können.
- Substratkosten:
  Wie im Kapitel 4.3.2.1 „Substratkosten" erläutert, liegen in dieser Untersuchung die Substratkosten von kleineren Anlagen (2,95 ± 2,97 ct/kWhel) tendenziell unter denen von größeren Anlagen (3,75 ± 3,72 ct/kWhel). Dies steht im Widerspruch zu anderen Studien, die einen gegenteiligen Sachverhalt darstellen. Die möglichen Ursachen hierfür sind in Kapitel 3.2.2 erläutert. Bei dieser Kennzahl ist allerdings auch eine große Standardabweichung festzustellen, die auf eine hohe Variabilität der Substratkosten hinweist. Dies ist unter anderem auch darauf zurückzuführen, dass die Anlagengröße alleine nicht

ausschlaggebend ist, sondern vielmehr auch die Wahl des Substrats, wie z. B. der Einsatz von Wirtschaftsdünger oder von Kosubstraten.

- Betriebskosten:
  Die Betriebskosten liegen bei größeren Biogasanlagen infolge von Skaleneffekten deutlich unter denen von kleineren (>100 kW_{el}: 3,72 ± 2,36 ct/kWh_{el}; ≤100 kW_{el}: 4,59 ± 1,76 ct/kWh_{el}), allerdings ist auch hier wiederum eine große Standardabweichung zu beachten. Wie beim vorigen Punkt ist auch hier das Betriebskonzept relevant, der die Betriebskosten von Abfall-Anlagen aufgrund der aufwändigeren Substratmanipulation um 20-100 % über denen von Abfall-Anlagen liegen.

- Investitionskosten:
  Diese liegen bei Anlagen ≤100 kW_{el} mit 5.400 ± 1.900 €/kW rund 40 % über denen von größeren Anlagen (3.800 ± 1.000 €/kW), wobei die Skaleneffekte vor allem bis zu einer Größe von 250 kW_{el} eine Rolle spielen (vgl. Abbildung 38 in Kapitel 4.3.1). Oberhalb dieser Leistung lässt sich infolge der geringen Datenmenge keine signifikante Aussage über eine Kostendegression ableiten. Allerdings muss auch hier wiederum eine Unterscheidung in Abfall- und NAWARO-Anlagen getroffen werden.

- NH_3-Emissionen:
  Eine deutliche Korrelation ergibt sich beim Vergleich der Ammoniak-Emissionen. Hier emittieren kleine Biogasanlagen mit 5,89 ± 4,51 g/kWh_{el} im Durchschnitt 2,4-mal mehr als große Anlagen (2,49 ± 1,56 g/kWh_{el}). Dies ist zum einen darauf zurückzuführen, dass bei kleinen Biogasanlagen die Gülle meist flächig versprüht wird, während bei größeren Anlagen die Gülle mit Schleppschlauch ausgebracht wird. Zum anderen setzen kleinere Anlagen größere Mengen an Wirtschaftsdünger ein, was zu größeren Güllemengen und somit zu höheren spezifischen NH_3-Emissionen führt.

- CO_2-Emissionen:
  Bei den CO_2-Emissionen schneiden kleinere Anlagen tendenziell schlechter ab als größere Anlagen (76 ± 33 g $CO_{2,eq}/kW_{el}$ versus 61 ± 38 g $CO_{2,eq}/kW_{el}$). Der Grund liegt vor allem in den anteiligen CO_2-Emissionen aus dem Bereich *Infrastruktur/ Baumaterialien*, die bei Anlagen ≤100 kW_{el} im Durchschnitt um 8 g CO_2/kW_{el} höher liegen als bei Anlagen >100 kW_{el}. Aber auch der Verfahrensschritt *Substrat-Einbringung*, also der Transport von Silage vom Silo zur

Einbringeinrichtung, ist bei kleinen Anlagen im Durchschnitt um 6 g CO_2/kW_{el} ineffizienter. Das ist darauf zurückzuführen, dass kleine Anlagen keine eigenen Teleskoplader mit großen Transport-Kapazitäten verwenden, sondern in der Regel Radlader mit wesentlich kleineren Transport-Kapazitäten.

- Netto-THG-Emissionen:
Bei den Netto-Treibhausgas-Emissionen schneiden kleinere Anlagen im Durchschnitt mit 100 ± 196 g $CO_{2,eq}/kW_{el}$ deutlich besser ab als größere Anlagen mit 151 ± 96 g $CO_{2,eq}/kW_{el}$, wobei speziell bei den kleineren Anlagen die hohe Standardabweichung berücksichtigt werden muss. Dieser Unterschied wiederum ist dadurch zu erklären, dass der Anteil an Wirtschaftsdünger bei kleinen Anlagen meist höher ist als bei größeren Anlagen, was zu höheren Gutschriften für vermiedene Treibhausgase führt. Die hohe Standardabweichung ist darauf zurückzuführen, dass der Anteil von Wirtschaftsdünger im Substrat von Anlage zu Anlage unterschiedlich ist. Daraus ergibt sich, dass manche Anlagen Netto-Vermeider von Treibhausgasen sind, während andere Anlagen außerordentlich hohe Emissionen verursachen.
Relevant ist bei kleinen Anlagen auch die Emission von Lachgas, vor allem wenn diese viel Wirtschaftsdünger vergären. Dies ist zum einen auf die große Oberfläche des (offenen) Gärrestlagers zurückzuführen, zum anderen auf die Güllemenge: Beide Faktoren sind im Verhältnis zur installierten elektrischen Leistung überproportional hoch und hängen direkt mit der Emission von Lachgas zusammen. Allerdings werden gerade bei solchen Kleinanlagen mit einem hohen Wirtschaftsdünger-Anteil die N_2O-Emissionen durch Gutschriften kompensiert oder sogar überkompensiert.

- KEA:
Der Kumulierte Energieaufwand ist bei kleineren Anlagen tendenziell höher und das OI-Verhältnis somit geringer als bei größeren Anlagen (O:I ≤100 kW_{el} = 4,33 ± 1,78; O:I >100 kW_{el} = 5,26 ± 1,89), was auf dieselben Gründe zurückzuführen ist wie die höheren CO_2-Emissionen: ein höherer Energieeinsatz in den Bereichen *Infrastruktur/ Baumaterialien* sowie *Kraftstoff-Verbrauch* bei der Substrat-Einbringung.

- Konkurrenz in der Landnutzung:
Bei diesem Punkt ist festzustellen, dass kleinere Biogasanlagen tendenziell in eine höhere Konkurrenzsituation mit der konventionellen Landwirtschaft treten als große Anlagen (4,23 ± 1,31 versus 4,96 ± 1,18). Dies ist vor allem auf die Kategorie *Ackerbau* zurückzuführen. Weshalb

genau es zu dieser Konkurrenzsituation kommt ist dem Verfasser nicht bekannt. Es lässt sich aber der Zusammenhang feststellen, dass die Kleinanlagen einen überdurchschnittlich hohen Anteil an Wirtschaftsdünger einsetzen (vgl. Kapitel 4.7.3). Eine hohe verfügbare Menge an Wirtschaftsdünger ist speziell bei Kleinanlagen oftmals der Anreiz, eine Biogasanlage zu errichten, was an sich zu keiner Konkurrenzsituation führt. Setzt der Anlagenbetreiber allerdings auch NAWAROs ein, um die Wirtschaftlichkeit der Anlage zu erhöhen, und achtet dabei nicht auf ein entsprechend verfügbares Ackerflächenpotential (was vor allem dann passieren kann, wenn es sich um eigene Ackerflächen handelt), so kann dies zu einer unerwünschten Konkurrenzsituation in der Landnutzung in dem entsprechenden KPG führen.

– Spezifische Fahrzeugfrequenz:
Die spezifische Fahrzeugfrequenz ist bei kleinen Anlagen signifikant höher als bei größeren Anlagen (1,33 ± 0,70 Fahrten je MWh_{el} und Jahr, versus 0,58 ± 0,48 Fahrten je MWh_{el} und Jahr). Auch dieser Unterschied zwischen den Clustern lässt sich vorwiegend auf die Verwendung von Wirtschaftsdünger zurückführen, welcher bei kleineren Anlagen in einem höheren Masseanteil eingesetzt wird. Die Fahrzeugfrequenz hängt hier vor allem mit der Ausbringung der Gülle zusammen, was allerdings auch ohne Bestehen der Biogasanlage erforderlich wäre (vgl. Kapitel 4.4.2).

4.7.2 NAWARO- versus Abfall-Anlagen

Das Cluster der NAWARO-Anlagen besteht aus 27 Biogasanlagen mit einer Leistung von 288 ± 235 kW_{el}, das der Abfall-behandelnden Anlagen aus 14 Biogasanlagen mit einer Leistung von 315 ± 457 kW_{el}. Das Spektrum der Abfall-Anlagen reicht dabei von reinen Kofermentations-Anlagen bis hin zu Anlagen, welche vorwiegend Abfälle aus der *Positiv-Liste* vergären. Dadurch unterliegen die Abfall-Anlagen einer außerordentlich hohen Streuung nicht nur hinsichtlich ihrer Anlagengröße sondern praktisch hinsichtlich aller verglichenen Kennzahlen.

Abbildung 75 veranschaulicht jene Kennzahlen, mit denen die Cluster verglichen wurden.

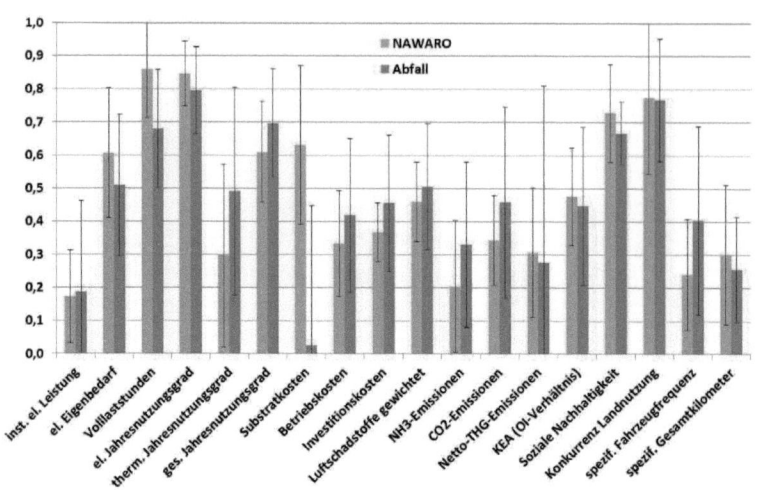

Abbildung 75: Clusteranalyse von NAWARO- und Abfall Anlagen

Besondere Unterschiede und Korrelationen zwischen NAWARO- und Abfallanlagen bestehen demnach bei folgenden Kennzahlen:

- Volllaststunden:
  Mit durchschnittlich 7.400 Volllaststunden verfügen NAWARO-Anlagen, über eine wesentlich höhere Verfügbarkeit als Abfall-Anlagen mit etwa 5.900 Volllaststunden[9]. Dies dürfte vor allem durch Unterschiede im Anlagenkonzept erklärbar sein, da sich Abfall-Anlagen häufig durch die Entsorgung von Co-Fermenten finanzieren und die Verfügbarkeit für diese Anlagen zweitrangig ist. NAWARO-Anlagen dagegen benötigen eine entsprechende Verfügbarkeit, da sie sich in erster Linie über die Vergütung der erzeugten Strommenge finanzieren.

- Thermischer Jahresnutzungsgrad:
  Der thermische Jahresnutzungsgrad von Abfall-Anlagen ist in dieser Untersuchung mit 20,9 ± 13,3 % signifikant höher als der von NAWARO-Anlagen (12,6 ± 11,8 %). Dies ist darauf zurückzuführen, dass die meisten der betrachteten Abfall-Anlagen über einen Anschluss an ein Nahwärmenetz verfügen. Inwiefern die Substratwahl damit zu tun hat,

---

[9] Diese Angabe unterscheidet sich von der Angabe unter Kapitel 4.2.8 dahingehend, dass hier der Mittelwert über die jeweiligen Kennzahl aus dem Cluster gebildet wird, während in Kapitel 4.2.8 dafür der Median verwendet wird.

darüber können nur Hypothesen gebildet werden (diese Motivation wurde bei der Datenerhebung nicht erhoben). Womöglich war bei den betrachteten Abfall-Anlagen in der Planungsphase der Verkauf von Wärme infolge der geringeren Einspeisetarife vielmehr Bestandteil von Wirtschaftlichkeitsbetrachtungen als bei den NAWARO-Anlagen.

- Substratkosten:
  Die Substratkosten von Abfall-verwertenden Anlagen (0,21 ± 3,83 ct/kWh$_{el}$) liegen naturgemäß unter denen von NAWARO-Anlagen (5,05 ± 1,92 ct/kWh$_{el}$), da Abfälle nicht nur nicht eigens produziert werden, sondern dafür zum Teil sogar Entsorgungsbeiträge eingehoben werden. Dieser Kostenfaktor wird von den Ökostromtarif-Verordnungen auch durch eine entsprechend geringere Vergütung je eingespeister kWh$_{el}$ berücksichtigt.

- Betriebs- und Investitionskosten:
  Wie im vorigen Kapitel und im Kapitel 4.3 „Betriebswirtschaftliche Ergebnisse" erläutert, liegen sowohl die Betriebskosten [ct/kWh$_{el}$] als auch die Investitionskosten [€/kW] von Abfall-Anlagen um 20-100 % über denen von NAWARO-Anlagen, was mit der aufwändigeren Anlageninfrastruktur und Substratmanipulation bei Abfall-Anlagen zusammenhängt.

- NH$_3$-Emissionen:
  Die Ammoniak-Emissionen der betrachteten Abfall-Anlagen sind mit 5,32 ± 4,03 g/kWh$_{el}$ um 60 % höher als bei NAWARO-Anlagen mit 3,29 ± 3,20 g/kWh$_{el}$. Dies liegt zum einen daran, dass der Gärrest von Abfall-Anlagen über einen höheren TAN-Wert verfügt und somit auch höhere NH$_3$-Verluste bei der Ausbringung verursacht (vgl. Kapitel 3.2.4.5 „Emissionen aus Biogasgülle bei der Ausbringung"). Vielmehr liegt die Ursache aber darin, dass im Abfall-Cluster viele der kleinsten Anlagen zu finden sind und diese – wie im vorigen Kapitel erläutert – spezifisch höhere NH$_3$-Emissionen aufgrund der Ausbringmethode aufweisen. Dadurch fallen sowohl bei Abfall- als auch bei NAWARO-Anlagen die kleinen Anlagen überdurchschnittlich ins Gewicht. Werden die Emissionen dagegen mit der produzierten Strommenge der gesamten Cluster gewichtet, so ändern sie sich auf 2,24 g/kWh$_{el}$ für NAWARO-Anlagen und 2,81 g/kWh$_{el}$ für Abfall-Anlagen. In diesem Fall liegen die Emissionen der Abfall-Anlagen nur noch um 25 % über denen von NAWARO-Anlagen, was vorwiegend auf den höheren TAN-Wert des Gärrests zurückzuführen ist.

- CO_2-Emissionen:
  Bei den CO_2-Emissionen schneiden NAWARO-Anlagen tendenziell besser ab als Abfall-Anlagen (61 ± 24 g CO_2/kW$_{el}$ versus 81 ± 51 g CO_2/kW$_{el}$). NAWARO-Anlagen haben zwar höhere CO_2-Emissionen in der Substratproduktion (Ackerbau, Düngermittel), dennoch emittieren Abfall-Anlagen mehr CO_2, was vor allem auf den Kraftstoff-Verbrauch für den Substrattransport zurückzuführen ist. Diesbezüglich müssten allerdings für Abfall-Anlagen alternative Verwertungswege gutgeschrieben werden, was in dieser Arbeit aber nicht erfolgte: Würden die Abfälle nicht in einer Biogasanlage entsorgt werden, so müssten diese anderweitig, z. B in einer Kompost-Anlage, entsorgt werden, was ebenso Emissionen verursacht. Eine weitere Ursache für die höheren CO_2-Emissionen durch die betrachteten Abfall-Anlagen liegt darüber hinaus darin, dass dieses Cluster jene Anlagen enthält, welche Zündöl einsetzen.

- Spezifische Fahrzeugfrequenz:
  Auch die spezifische Fahrzeugfrequenz ist bei NAWARO-Anlagen signifikant geringer als bei Abfall-Anlagen (0,74 ± 0,52 Fahrten je MWh$_{el}$ und Jahr, versus 1,24 ± 0,87 Fahrten je MWh$_{el}$ und Jahr). Dies lässt sich wiederum auf die unterschiedlichen Betriebskonzepte der Anlagen zurückführen, da Abfall-Anlagen ganzjährig beliefert werden und die Transportfahrzeuge bei der Substratanlieferung oftmals verhältnismäßig gering beladen sind (z. B. mit Speiseresten). Dagegen erfolgt bei NAWARO-Anlagen die Substratanlieferung nur zur Ernte und die Transportfahrzeuge verfügen darüber hinaus meist über große Ladekapazitäten.

4.7.3 Wirtschaftsdünger-Anteil <30 % versus ≥30 %

Dieser Punkt wird aus zwei Gründen einer genauen Betrachtung unterzogen: Erstens können durch den Einsatz von Wirtschaftsdünger in den Biogasanlagen zum Teil erhebliche Mengen an Treibhausgasen vermieden werden (Stichwort *THG-Gutschriften*), und zweitens wird in der aktuellen Ökostromverordnung gefordert, dass Biogasanlagen mindestens 30 % (Masseanteil) tierischen Wirtschaftsdünger einsetzen müssen (BGBl.II Nr.25/2011).

Vorweg sei angemerkt, dass der Verfasser der Anforderung aus dem Gesetzestext kritisch gegenübersteht, da das THG-Vermeidungspotential nicht nur durch die eingesetzte Menge an Wirtschaftsdünger bestimmt wird, sondern vor allem durch die hydraulische Verweilzeit, wie in diesem und dem folgenden Kapitel erläutert wird.

Im Cluster der Anlagen mit einem Wirtschaftsdünger-Anteil <30 % befinden sich 11 Biogasanlagen, die im Durchschnitt 9,03 ± 9,68 % der Frischmasse (oder 2,46 ± 3,97 % der oTS) aus Wirtschaftsdünger einsetzen. Das Cluster der Anlagen mit einem Wirtschaftsdünger-Anteil ≥30 % besteht aus 30 Biogasanlagen mit einem durchschnittlichen Wirtschaftsdünger-Anteil von 50,07 ± 15,83 % an der Frischmasse (entspricht 24,75 ± 20,68 % der eingesetzten oTS).

Die Cluster wurden mit den in Abbildung 76 dargestellten Kennzahlen verglichen.

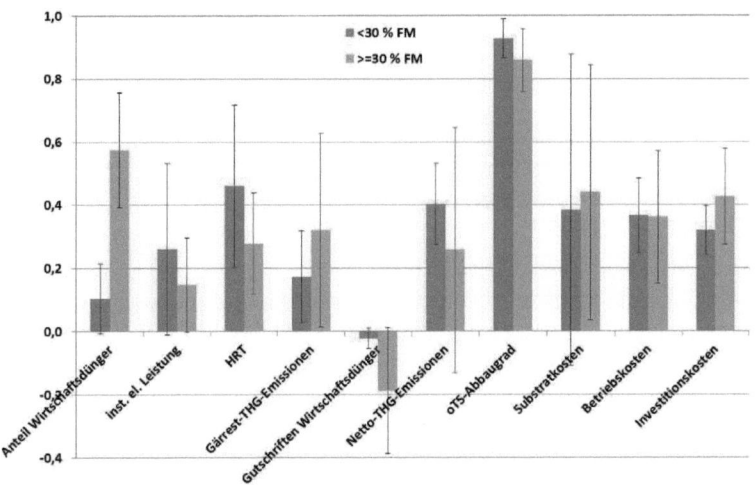

Abbildung 76: Clusteranalyse von Anlagen mit einem Wirtschaftsdünger-Anteil <30 % und ≥30 % der Frischmasse

Dabei wurde – mit Ausnahme der Kennzahlen *Substratkosten* und *Betriebskosten* – eine deutliche Korrelation mit den meisten Kennzahlen deutlich:

- Installierte elektrische Leistung:
  Das Cluster der Anlagen mit einem Wirtschaftsdünger-Anteil <30 % verfügt über eine Leistung von 435 ± 453 kW_{el}, das Cluster der Anlagen mit einem Wirtschaftsdünger-Anteil ≥30 % über eine Leistung von 246 ±

250 kW$_{el}$. Das bedeutet, dass vor allem kleinere Anlagen hohe Mengen an Wirtschaftsdünger einsetzen.

- Hydraulische Verweilzeit:
Anlagen mit einem geringen Wirtschaftsdünger-Anteil verfügen mit durchschnittlich 222 ± 124 d über eine außergewöhnlich lange Verweilzeit. Mit 134 ± 77 d verfügen Anlagen mit einem hohen Wirtschaftsdünger-Anteil bereits über eine deutlich geringere Verweilzeit, was vor allem auf den geringeren oTS-Anteil im Substrat zurückgeführt werden kann (Wirtschaftsdünger-Anteil <30 %: 32,63 ± 16,81 % oTS-Gehalt im Substrat; Wirtschaftsdünger-Anteil ≥30 %: 19,08 ± 6,94 % oTS-Gehalt im Substrat).

- Gärrest-THG-Emissionen:
Anlagen mit einem hohen Anteil an Wirtschaftsdüngern verfügen mit 112 ± 107 g $CO_{2,eq}$/kW$_{el}$ im Mittel über deutlich höhere THG-Emissionen aus der Gärrest-Lagerung als Anlagen mit einem geringen Wirtschaftsdünger-Anteil (60 ± 51 g $CO_{2,eq}$/kW$_{el}$). Bei dieser Kennzahl sind jedoch wiederum die hohen Standardabweichungen auffällig, sie sich vorwiegend aus den unterschiedlichen Verweilzeiten ergeben (vgl. Abbildung 79 „Spezifische THG-Emissionen aus der Gärrest-Lagerung" im folgenden Kapitel).

- Gutschriften aus Wirtschaftsdüngern:
Je mehr Wirtschaftsdünger eingesetzt werden, umso höher ist das THG-Vermeidungspotential. Dieser Zusammenhang erweist sich in der Praxis jedoch nicht als linear, was zum einen damit zu tun hat, dass der (Frisch-)Masseanteil an Wirtschaftsdünger nicht direkt mit dem oTS-Gehalt zusammenhängt. Zum anderen hängen die erzielbaren Gutschriften vor allem auch mit der hydraulischen Verweilzeit zusammen, worauf im nächsten Kapitel eingegangen wird.
Die Gutschriften betragen bei Anlagen mit einem hohen Wirtschaftsdünger-Anteil -151 ± 160 g $CO_{2,eq}$/kW$_{el}$, bei Anlagen mit einem geringen Anteil an Wirtschaftsdünger -18 ± 26 g $CO_{2,eq}$/kW$_{el}$.

- Netto-THG-Emissionen:
Die Netto-THG-Emissionen liegen bei Anlagen mit einem Wirtschaftsdünger-Anteil <30 % bei 174 ± 55 g $CO_{2,eq}$/kW$_{el}$, und damit im Mittel deutlich über den Emissionen der Anlagen mit ≥30 % Wirtschaftsdünger-Anteil (111 ± 168 g $CO_{2,eq}$/kW$_{el}$). Aufgrund der hohen Standardabweichungen beider Cluster kann jedoch keine eindeutige Korrelation zwischen *Wirtschaftsdünger-Anteil* und der *Netto-THG-Bilanz*

festgestellt werden. Eigentlich sollten ab einem bestimmten Wirtschaftsdünger-Anteil die Gutschriften die THG-Emissionen – zumindest aus dem Gärrest – kompensieren. Abbildung 77 zeigt allerdings anhand der Korrelation des Wirtschaftsdünger-Anteils mit der Summe aus *Gärrest-THG-Emissionen* und *Wirtschaftsdünger-Gutschriften*, dass dem in der Praxis nicht immer so ist. Wie im nachfolgenden Kapitel veranschaulicht wird, liegt es vor allem an der hydraulischen Verweilzeit, ob das THG-Vermeidungspotential tatsächlich genutzt werden kann oder nicht.

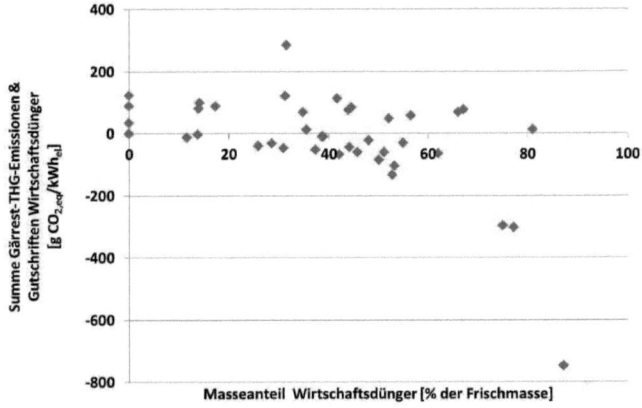

Abbildung 77: Korrelation des Wirtschaftsdünger-Anteils mit der Summe aus *Gärrest-THG-Emissionen* und *Wirtschaftsdünger-Gutschriften*

- oTS-Abbaugrad:
Der oTS-Abbaugrad von Anlagen mit einem hohen Wirtschaftsdünger-Anteil (79,7 ± 9,2 %) liegt in Folge der geringeren Abbaubarkeit von Wirtschaftsdüngern naturgemäß unter dem von Anlagen mit einem Wirtschaftsdünger-Anteil <30 % (86,1 ± 5,8 %).

- Investitionskosten:
Die Investitionskosten von Anlagen mit einem hohen Wirtschaftsdünger-Anteil liegen rund 25 % über denen von Anlagen mit einem geringen Wirtschaftsdünger-Anteil. Dieser Zusammenhang ist vor allem darauf zurückzuführen, dass im Cluster mit ≥30 % Wirtschaftsdünger-Anteil die meisten der kleinsten Anlagen zu finden sind, und diese – wie in den

vorigen Kapiteln erläutert – höhere spezifische Investitionskosten infolge der Skaleneffekte aufweisen.

4.7.4 Hydraulische Verweilzeit <100 d versus ≥100 d

Das Cluster mit einer HRT <100 d besteht aus 15 Biogasanlagen mit einer durchschnittlichen Verweilzeit von 73 ± 14 d, das Cluster mit einer HRT ≥100 d besteht aus 26 Anlagen mit einer durchschnittlichen Verweilzeit von 207 ± 93 d.

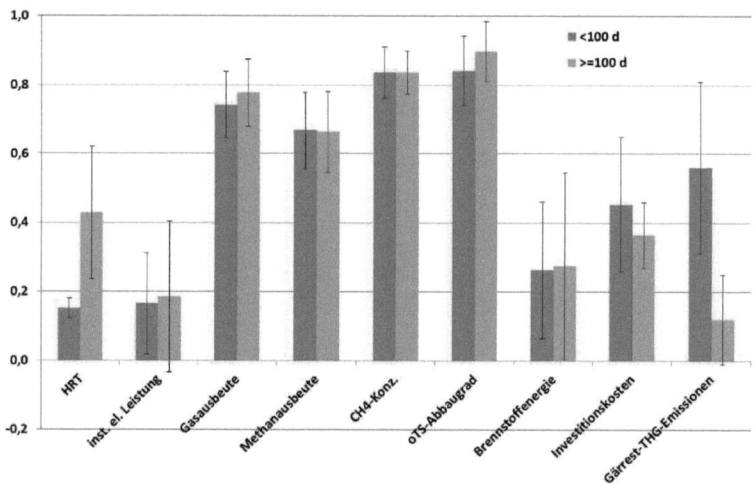

Abbildung 78: Clusteranalyse von Anlagen mit HRT <100 d und ≥100 d

Bei dem Vergleich der Cluster mit den in Abbildung 78 dargestellten Kennzahlen besteht nur mit der Kennzahl *Gärrest-THG-Emissionen* eine eindeutige Korrelation. Dies ist auf zwei Ursachen zurückzuführen, auf die bereits im Kapitel 3.2.4.4 eigegangen wurde:

1 Die hydraulische Verweilzeit hängt direkt mit dem Substratabbau zusammen. Je kürzer die Verweilzeit, desto geringer ist der oTS-Abbaugrad (vgl. den oTS-Abbaugrad der beiden Cluster in obiger Abbildung) und umso höher ist das Methanbildungspotential aus im Gärrestlager.

2 Dadurch, dass es sich bei Biogasanlagen um permanent durchmischte Fermenter handelt, kommt es infolge des Materialdurchsatzes zu einem laufenden Austrag mehr oder weniger abgebauten Materials. Dieser

(unerwünschte) Substrataustrag verursacht in offenen Gärrestlagern Methan-Emissionen.

Je kürzer also die HRT ist umso mehr nicht abgebautes Substrat wird in das (offene) Gärrestlager ausgetragen. Das wiederum hat einen unerwünschten Abbau im Gärrestlager und somit Emissionen in die Atmosphäre zur Folge. Daraus lässt sich die Forderung ableiten, dass eine entsprechende Mindest-Verweilzeit gewährleistet sein muss. Als solche wird 100 d vorgeschlagen, da vor allem bei einer Verweilzeit von weniger als 100 Tagen die Emissionen überproportional ansteigen (vgl. Abbildung 79).

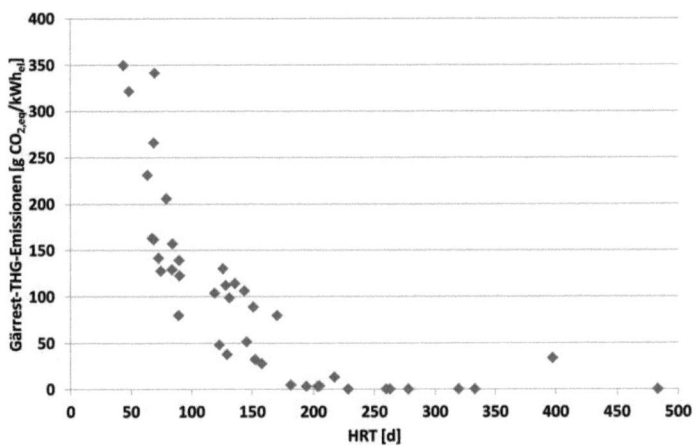

Abbildung 79: Spezifische THG-Emissionen aus der Gärrest-Lagerung in Abhängigkeit von HRT

An dieser Stelle sei noch einmal auf die Forderung aus dem aktuellen Ökostromgesetz hingewiesen, wonach Biogasanlagen mindestens 30 % (Masseanteil) tierischen Wirtschaftsdünger einsetzen müssen. Im Sinne des THG-Vermeidungspotentials ist diese Forderung zwar zu unterstützen, allerdings nur unter der gleichzeitigen Bedingung einer Mindest-Verweilzeit, da es sonst bei einem gleichzeitigen Einsatz von NAWAROs zu einer Umkehrung der erwünschten Vermeidung von Treibhausgasen kommen kann.

4.8 Vorschlag für ein *Gütesiegel Biogas*

4.8.1 Allgemeine Erläuterungen

Ein Gütesiegel stellt ein Prüfzeichen dar, welches auf die Einhaltung bestimmter Kriterien hinweist. Zweck eines Gütesiegels für Biogasanlagen soll sein, einerseits den Stromabnehmern, Kommunen oder Investoren positive Hinweise über die Qualität des Gesamtprozesses zu liefern und andererseits den ausgezeichneten Anlagenbetreiber als besonders vertrauenswürdigen Ökostrom-Anbieter herauszustellen.

Aufbauend auf den Ergebnissen dieser Arbeit werden in diesem Abschnitt Kriterien vorgeschlagen, welche zur Erlangung eines Gütesiegels für Biogasanlagen eingehalten werden müssen. Die Kriterien orientieren sich dabei vorwiegend an den ökologischen Kennzahlen, da diese für eine Ökostrom-Produktion aus Biogas besonders relevant scheinen. Durch die Einhaltung der Kriterien sollen folgende Ziele erreicht werden:

- Weitgehende Vermeidung der Treibhausgas-Emissionen
- Nutzung von THG-Gutschriften durch die Verwendung von Wirtschaftsdüngern
- Vermeidung der Emission von Luftschadstoffen
- Effiziente Energienutzung
- Steigerung der Betriebssicherheit

Die Gütekriterien decken sich teilweise mit Forderungen des aktuellen Ökostromgesetzes für die Genehmigung von Neuanlagen (Einsatz von Wirtschaftsdünger) oder weichen von diesen ab (Brennstoffnutzungsgrad), worauf bei dem jeweiligen Kriterium näher eingegangen wird.

Das Augenmerk dieser Arbeit richtet sich lediglich auf die Definition von Gütekriterien. Es werden keine Instrumentarien zur Überprüfung der Kriterien (z. B. Audits, messtechnische Nachweise, Dauer und Gültigkeit der Ausstellung, etc.) diskutiert. Im Falle der Einführung eines Gütesiegels müssten die vorgeschlagenen Kriterien noch mit Interessensvertretern der Biogas-Branche diskutiert sowie Instrumentarien zur Überprüfung der Kriterien geschaffen werden.

Als einzig vergleichbare Gütesiegel sind dem Verfasser die Strom-Label *naturemade basic* bzw. *naturemade star* aus der Schweiz bekannt. Parallelen dieser Label zu den hier vorgeschlagenen Kriterien bestehen in den Punkten

- Begrenzung der Umweltauswirkungen (*Ökobilanz*)
- Einhaltung von Emissionsgrenzwerten aus dem BHKW
- Düngermanagement (Abdeckung des Güllelagers und/oder Ausbringung der Gülle mittels Schleppschlauch)
- Begrenzter Einsatzes von Zündöl (10 % der zugeführten Energiemenge)
- Mindest-Anteil an Wirtschaftsdünger (50 % bei landwirtschaftlichem Biogas).

Weitere naturemade-Kriterien, welche sich nicht in den hier vorgeschlagenen Kriterien wiederfinden, betreffen das Landschaftsbild, die Sicherung der biologischen Vielfalt durch Einhaltung bestimmter Richtlinien im Pflanzenbau sowie Geruchs- und Lärmemissionen (VUE 2011).

4.8.2 Gütekriterien

Im Folgenden werden die vorgeschlagenen Gütekriterien erläutert.

1 Mindest-Verweilzeit

Anforderung

Einhaltung einer Mindestverweilzeit im gasdichten System von 100 Tagen.

Begründung und Diskussion

Der österreichische Strompark verursacht derzeit $CO_{2,eq}$-Emissionen von 277 g $CO_{2,eq}$/kWh$_{el}$. Ökostrom aus Biogas sollte – nicht zuletzt aufgrund der hohen Subventionierung – deutlich geringere spezifische Emissionen verursachen. Da die THG-Emissionen aus den Bereichen Substrat, Infrastruktur/Betriebsmittel und BHKW im Mittel bereits etwa 120 g $CO_{2,eq}$/kWh$_{el}$ betragen, sollten durch Emissionen aus dem Gärrest-Management so wenig THG wie möglich emittiert werden.

Vor allem die Lagerung von Gärrest verursacht mit knapp 40 % den Hauptteil der gesamten Treibhausgas-Emissionen, wobei ein eindeutiger Zusammenhang von hydraulischer Verweilzeit und der Emission von Treibhausgasen existiert. Vor allem bei einer Verweilzeit von weniger als 100

Tagen steigen die Emissionen aufgrund von nicht abgebautem Material überproportional an (vgl. Abbildung 79).

In der Lagerung von Gärrest liegt damit auch der effektivste Hebel zur Vermeidung von Treibhausgasen. Die wirksamste Maßnahme stellt dabei eine Abdeckung des Gärrestlagers dar, was allerdings auch mit erhöhten Investitionskosten verbunden ist. Neben der Vermeidung von THG würde darüber hinaus aber auch die Emission weiterer Schadstoffe (NH_3, NMVOC) aus Oberflächen-Grenzschichten vermieden werden. Falls eine Abdeckung des Gärrest-Lagers nicht realisierbar ist, ist eine Erhöhung der hydraulischen Verweilzeit in jedem Fall die nächst-effektivste Maßnahme.

2 Einhaltung einer Nachgärstufe

Anforderung

Einhaltung einer Nachgärstufe vor dem Auslass in ein Gärrestlager.

Begründung und Diskussion

Die meisten Biogasanlagen bestehen aus einem Haupt- und einem Nachfermenter. Letzterer hat die Funktion einer Nachgärstufe, wodurch der Ausgärgrad sowie die Gasausbeute erhöht und unerwünschte CH_4-Emissionen aus dem offenen Gärrestlager vermieden werden.

Wird neben dem Haupt- allerdings auch der Nachfermenter beschickt, dessen Überlauf in der Regel in ein offenes Gärrestlager führt, so hat dies einen erhöhten Austrag von nicht abgebautem Substrat zur Folge und somit einer erhöhte Methanbildung aus dem offenen Gärrestlager.

3 Einsatz von Wirtschaftsdünger

Anforderung

Einsatz von mindestens 30 % Wirtschaftsdünger (Masseanteil).

Begründung und Diskussion

Der Einsatz von Wirtschaftsdünger hat vielerlei Vorteile: Neben einer ständigen Neubeimpfung der Fermenter mit Mikroorganismen führt der Einsatz von Wirtschafsdünger auch zu einer besseren Versorgung der Mikroorganismen mit Spurenelementen, was sich ebenfalls günstig auf die Stabilität von Biogasanlagen auswirkt. Außerdem kann der Einsatz von Wirtschaftsdünger auch die Substratkosten senken, was die Wirtschaftlichkeit der Anlage positiv beeinflusst.

Neben dem unmittelbaren praktischen Nutzen für den Anlagenbetreiber besteht vor allem aber auch ein globaler Nutzen aufgrund der Vermeidung von THG-Emissionen: Ohne Nutzung der Wirtschaftsdünger in der Biogasanlage würden teils erhebliche Mengen an Treibhausgasen bei der Lagerung freigesetzt werden.

Durch den Einsatz von Wirtschaftsdünger in Biogasanlagen können nicht nur erhebliche Mengen an THG vermieden werden: Bei einem hohen Anteilen an Wirtschaftsdünger können die Gutschriften die gesamten THG-Emissionen der Biogasanlage sogar überkompensieren, wodurch mehr THG vermieden als emittiert werden.

Auch das aktuelle Ökostromgesetz fordert einen Einsatz von 30 % Wirtschaftsdünger für die Anerkennung einer Biogasanlage als Ökostromanlage. Wird diese Forderung auf den untersuchten Datensatz übertragen, so würden drei Viertel der betrachteten Anlagen diese Forderung erfüllen.

Es wird vorgeschlagen, die Einhaltung dieses Kriteriums über standardisierte DGVE-Tabellen zu überprüfen. Dies erscheint zuverlässiger als die alleinige messtechnische Erfassung der Massen, da der tatsächliche Anteil an Exkrementen infolge der Verdünnung mit Wasser oftmals nicht bekannt ist.

4 Obergrenze der VFA-Belastung von Biogasgülle

Anforderung

Die Konzentration an gesamten freien flüchtigen Fettsäuren (VFA) aus dem Überlauf in ein offenes Endlager darf maximal 1,5 g/l betragen.

Begründung und Diskussion

Grundlage für diesen Grenzwert ist die Untersuchung der mikrobiologischen Stabilität in Kapitel 4.6.2, bei der jene VFA-Belastung, bei der Hauptfermenter mit großer Wahrscheinlichkeit stabil betrieben werden, mit 1,5 g/l limitiert wurde. Eine höhere Konzentration an VFA beim Auslass in ein offenes Endlager wird als zunehmend instabiler Prozess bewertet oder zumindest als mikrobiologisch sehr aktiver Prozess infolge eines unvollständigen Substratabbaus. Es kann davon ausgegangen werden, dass unvergorenes Material im Endlager abgebaut wird, was im Sinne der Vermeidung von THG-Emissionen vermieden werden muss.

KIRCHMAYR (2010) verweist auf eine Regelung im deutschen Bundesland Niedersachsen, wonach dort die Konzentration von niederen Carbonsäuren von

2 g/l als Bedingung zur Ausbringfähigkeit von Gärresten aus Biogasanlagen herangezogen wird. In einer von ihm dargestellten Untersuchung an 60 Biogasanlagen verweist KIRCHMAYR jedoch auch auf die Tatsache, dass 10 der 60 Anlagen in den Haupt- bzw. Nachfermentern einen niedrigeren Wert an VFA aufweisen als im EL. Zwar liegen – bis auf 2 Anlagen – die VFA-Konzentrationen in den Nachfermentern stets unter 500 mg/l, dennoch stellt KIRCHMAYR die VFA-Konzentration als Maß für den Ausgärgrad in Frage, räumt ihm jedoch eine Berechtigung als Maß für eventuelle Geruchsemissionen ein.

In der Praxis würde dieses Kriterium vor allem instabile und hoch belastete Abfall-verwertende Anlagen von einem möglichen Gütesiegel-Empfängerkreis ausschließen.

5 Ausbringung der Biogasgülle mittels Schleppschlauch oder Schleppschuh

Anforderung

Ausbringung der Biogasgülle mittels Schleppschlauch oder Schleppschuh.

Begründung und Diskussion

Wie mehrfach in der Literatur dokumentiert ist, wird der größte Anteil an Ammoniak bei der Ausbringung von Gülle freigesetzt, wobei hier die Ausbringtechnik eine besondere Rolle spielt. Die Bedeutung der Ammoniak-Emissionen liegen vor allem in der Deposition von NH_3/NH_4^+ in stickstoffempfindlichen Ökosystemen (SOMMER 1997). Durch die Verwendung eines Schleppschlauch- oder Schleppschuh-Verteilers ist eine Reduktion der NH_3-Verluste um rund 40 bis 50 % möglich, wodurch in vielen Fällen auch auf den Einsatz von synthetischen Stickstoff-Düngern weitgehend verzichtet werden kann. Ein weiterer Vorteil der Gülle-Verschlauchung ist die weitgehende Vermeidung von Geruchsemissionen.

Es gäbe zwar auch Ausbringmethoden, welche die NH_3-Verluste noch weiter herabsetzen (Schlitzdrill oder Injektion), allerdings verursachen diese neben einem erhöhten Kraftstoff-Bedarf bei der Ausbringung vor allem auch höhere Lachgas-Emissionen, weshalb diese Ausbring-Methoden von Gütesiegel-Empfängern nicht eingesetzt werden dürfen.

Im Falle von Agrargemeinschaften oder bei Fremdabgabe ist die Einhaltung dieses Kriterium wohl etwas erschwert. In einem solchen Fall wäre ein Nachweis durch den Anlagenbetreiber einzuholen, in dem sich die Abnehmer bzw. Vertragspartner ebenfalls zur Ausbringung mittels Schleppschlauch oder Schleppschuh verpflichten.

6 Einhaltung eines Jahresnutzungsgrads von mindestens 50 %

Anforderung

Der gesamte Jahresnutzungsgrad der Biogasanlage muss mindestens 50 % betragen. Der Wert ist im Laufe der Jahre weiter anzuheben.

Begründung und Diskussion

Im Sinne eines verantwortungsvollen Umgangs mit erneuerbaren Ressourcen ist eine bestmögliche Nutzung der Brennstoffenergie anzustreben.

Diese Anforderung unterscheidet sich vom aktuellen Ökostromgesetz hinsichtlich zweier Punkte:

1. Im Ökostromgesetz wird die Energieeffizienz über den Brennstoffnutzungsgrad definiert. Dem Verfasser erscheint dagegen der Jahresnutzungsgrad als geeigneter, da dieser auch den Eigenverbrauch der Anlagen und somit die Energieeffizienz berücksichtigt.

2. Im Ökostromgesetz wird von Neuanlagen ein Brennstoffnutzungsgrad von zumindest 60 % gefordert. Es erscheint allerdings wenig sinnvoll vom bestehenden Anlagenpark diese Einhaltung zu fordern, da von den meisten Biogasanlagen zum Zeitpunkt der Anlagengenehmigung keine dahingehenden Anforderungen bestand und nur wenige Anlagen diese hohe Anforderung erfüllen (vgl. Tabelle 27).

Somit wird vorerst ein Jahresnutzungsgrad von mindestens 50 % vorgeschlagen. Im Laufe der Jahre wird eine Anhebung des Jahresnutzungsgrads vorgeschlagen.

In Tabelle 27 sind die Jahresnutzungsgrade der 41 Anlagen dargestellt. Anlagen, welche das Kriterium Jahresnutzungsgrad ≥50 % nicht erfüllen, sind in der Tabelle rot markiert. Die grün markierten Anlagen hätten aufgrund der Einhaltung dieses Kriteriums Anspruch auf das Gütesiegel, insofern auch die anderen Kriterien erfüllt sind.

Tabelle 27: Darstellung des Jahresnutzungsgrades H_{ges} der Biogasanlagen

Anlage Nr.	H_{ges} %	Anlage Nr.	H_{ges} %	Anlage Nr.	H_{ges} %	Anlage Nr.	H_{ges} %
1	38	11	31	21	51	31	49
2	52	12	37	22	63	32	66
3	48	13	35	23	50	33	55
4	33	14	33	24	57	34	47
5	45	15	64	25	63	35	35
6	47	16	68	26	48	36	53
7	38	17	48	27	52	37	35
8	36	18	33	28	73	38	39
9	55	19	36	29	37	39	52
10	38	20	68	30	30	40	49
						41	40

Im Falle der Einführung des Gütesiegels müsste auch eine Diskussion darüber geführt werden, welche Wärmenutzungskonzepte geltend gemacht werden können und welche nicht: Manche Anlagenbetreiber heizen mit der Abwärme der BHKW z. B. offene Laufställe, andere wiederum trocknen Hackschnitzel oder Körnermais.

7 Einhaltung von Emissionsgrenzwerten und jährliche BHKW-Überprüfung

Anforderung

Sicherstellung der Einhaltung von Emissionsgrenzwerten durch regelmäßige Überprüfung und Wartung der BHKW.

Begründung und Diskussion

Vor allem im Bereich der Luftschadstoffe weist die Stromproduktion aus Biogas bedeutende Nachteile gegenüber der konventionellen Stromproduktion auf. Wie im Kapitel 4.5.2 ausführlich dargestellt wird ist dabei das BHKW die Hauptemissionsquelle der bedeutendsten Luftschadstoffe (CO und NO_x).

Zahlreiche Anlagenbetreiber stellen die Luftzahl λ selber ein, da dadurch der Wirkungsgrad der BHKW geringfügig verbessert werden kann – allerdings zu dem Preis unverhältnismäßig hoher Emissionswerte aus dem BHKW. Dieser

Zusammenhang ist vielen Anlagenbetreibern nicht bekannt bzw. wird er aus betriebswirtschaftlichen Überlegungen häufig vernachlässigt. Durch eine regelmäßige Wartung und Einstellung des BHKW kann die Emission von Schadstoffen auf ein Minimum reduziert werden und ist für den Betrieb einer Biogasanlage zur Ökostromproduktion dadurch unabdingbar.

8 Verbot von Diesel in Zündstrahlaggregaten

Anforderung

Zündstrahlaggregate dürfen ausschließlich mit Biokraftstoffen betrieben werden. Der Einsatz von Diesel als Kraftstoff ist nicht gestattet.

Begründung und Diskussion

Die Biogastechnologie hat große Potentiale, wesentlich mehr Energie zu generieren, als in die Energiebereitstellung investiert werden muss. Der Einsatz von Diesel in Zündstrahl-Aggregaten führt zu einem unnötigen Einsatz von Primärenergie sowie zur Emission von fossilem CO_2. Außerdem wirkt sich der Einsatz von Diesel in den Zündstrahlaggregaten dahingehend aus, dass solche Anlagen mitunter zu den schlechtesten hinsichtlich des Ol-Verhältnisses gehören. Die Verwendung von Diesel in Zündstrahlaggregaten bei Ökostromanlagen wirkt sich im Sinne einer ökologischen Stromproduktion somit nicht nur nachteilig aus, sondern erscheint sogar widersinnig. Um die Vorteile der Ökostrom-Produktion zu maximieren ist ein Kraftstoff-Umstieg von Diesel auf Biokraftstoffe wie Pflanzenöl oder Biodiesel (FAME) unbedingt erforderlich.

Auch das aktuelle Ökostromgesetz geht auf den Einsatz von Zündstrahl-BHKW insofern ein, als dass ein Zuschlag von 2 ct/kWh nur solchen Anlagen gewährt wird, welche auf Basis von Biogas betrieben werden. Zündstrahlmotoren werden somit von diesem Zuschlag ausgeschlossen.

9 Datenerfassung

Anforderung

Führung einer Betriebsdokumentation in elektronischer Form zur Nachvollziehbarkeit der wichtigsten Stoff- und Energieströme.

Begründung und Diskussion

Aufgrund einer Betriebsdokumentation lassen sich Stoff- und Energieströme nachvollziehen. Dies ist nicht nur für einen möglichen Fördergeber von Vorteil, sondern erleichtert auch für den Anlagenbetreiber die Übersicht und Kontrolle über die Anlagenperformance. Auch im Falle von Prozess-Problemen kann aufgrund der Führung eines Betriebstagebuchs besser reagiert und mögliche Ursachen ausgemacht werden. Eine Betriebsdokumentation führt dadurch auch zu einer Erhöhung der Betriebssicherheit.

Momentan werden in der Regel bereits Aufzeichnungen zum Substrat-Einsatz sowie zur eingespeisten und bezogenen Strommenge geführt. Die hier geforderten Daten reichen dagegen über diese Aufzeichnungen hinaus: So sollen neben der Substratmenge auch die Parameter Biogasmenge, Gasqualität (CH_4, O_2), elektrischer Eigenbedarf und (extern) genutzte Wärmemenge aufgezeichnet werden, sowie auch besondere Vorkommnisse wie z. B. eine kurzzeitige Änderung der Substrat-Zusammensetzung.

Die Ausrüstung von Biogasanlagen mit dem entsprechenden Mess-Equipment erfordert zwar einen erhöhten Investitionsaufwand, der aber im Vergleich zur gesamten Investitionshöhe relativ gering ist. Nach Ansicht des Verfassers sollte eine Technologie, die massiv subventioniert wird, auch über eine entsprechende Datenaufzeichnung verfügen, um die wichtigsten Stoff- und Energieströme nachvollziehen zu können. Die meisten Anlagen in der Praxis verfügen ohnehin bereits über eine entsprechende Ausrüstung. Nicht zuletzt wird auch aus der praktischen Beratungstätigkeit des Verfassers festgestellt, dass eine umfassende Anlagenoptimierung ohne Kenntnis der oben genannten Anlagenparameter kaum möglich ist.

10 Besuch von Fortbildungsveranstaltungen

Anforderung

Besuch von mindestens einer Fortbildungsveranstaltung (Schulung/Tagung) pro Jahr.

Begründung und Diskussion

Dem Besuch von Schulungen und Veranstaltungen wird in der Regel viel Bedeutung beigemessen, dennoch wird ein mangelndes Know-how z. B. hinsichtlich Substrat- und Energieeffizienz sowie der Emission von Treibhausgasen und Luftschadstoffen georet. Zur Behebung von Wissens-Defiziten wird daher der verpflichtende Besuch eines gewissen Ausmaßes an Fortbildungsveranstaltungen (noch festzulegen) vorgeschlagen, ähnlich, wie es bei zahlreichen anderen Berufsgruppen (z. B. Klärwärter) gang und gäbe ist.

5 Zusammenfassung und Schlussfolgerungen

Die vorliegende Arbeit veranschaulicht einen Überblick über das Spektrum der in Österreich anzutreffenden Biogasanlagen. Die 41 betrachteten Anlagen repräsentieren 14 % der Ende 2010 in Betrieb befindlichen Biogasanlagen in Österreich bzw. rund 15 % der im Jahr 2010 von Biogasanlagen produzierten Ökostrommenge.

Technisch funktionelle Anlagenkennzahlen

Bei den betrachteten Anlagen handelt es sich um einen sehr heterogenen Datensatz, der das gesamte Spektrum hinsichtlich Größe, Verfahrensweise und Substratwahl von Biogasanlagen abbildet. Die Ergebnisse verdeutlichen, dass es keinen Standard-Typ einer Biogasanlage gibt, sondern dass der Anlagenpark hinsichtlich sämtlicher Kennzahlen großen Schwankungen unterliegt.

Die Anlagen weisen im Mittel einen relativ niedrigen Jahresnutzungsgrad von 47,8 % auf, worin ein wesentliches Optimierungspotential gesehen wird. Entscheidend ist dabei vor allem eine verstärkte Nutzung der bei der Verbrennung als Koppelprodukt anfallenden Wärme.

Ökonomische Ergebnisse

In den vergangenen Jahren lässt sich ein signifikanter Anstieg sämtlicher Kosten feststellen, sowohl für Errichtung als auch für den Betrieb (Substratkosten, Instandhaltung) der Biogasanlagen. Ohne den Einsatz von Wirtschaftsdünger als Substrat und ohne eine entsprechende Wärmenutzung ist ein wirtschaftlicher Anlagenbetrieb unter den Bedingungen der Einspeisetarifverordnung 2002 (BGBl.II Nr.508/2002) kaum darstellbar.

Eine wesentliche Rolle für einen wirtschaftlichen Betrieb spielen daneben auch das Anlagendesign, um Investitions- bzw. Abschreibungskosten gering zu halten, sowie die Rohstoff-Beschaffung. Insofern haben kleine Anlagen bzw. Anlagen, die das Substrat vorwiegend selbst erzeugen und damit nicht von Preisschwankungen am Rohstoffmarkt abhängig sind, einen Wettbewerbsvorteil.

Als Maßnahme zur Reduktion der Substratkosten ist bei jenen Anlagen, die vor der Ökostromverordnung 2010 (BGBl.II Nr.42/2010) genehmigt wurden, auch die Verwendung von Abfallstoffen aus der Positivliste zu nennen. Bei Anlagen, welche später genehmigt wurden, würde der Einsatz solcher Abfallstoffe allerdings zu einer Reduktion der Einspeisetarife um 20 % führen, wodurch sich der Kostenvorteil in einen Nachteil wandeln würde (vgl. Kapitel 1.3 „Aktuelle Ökostromverordnung").

Sozioökonomische Kennzahlen

Während drei Viertel der Biogasanlagen in einem geringen bis keinem Konkurrenzverhältnis zur herkömmlichen landwirtschaftlichen Flächennutzung stehen, bewirken zehn Anlagen eine merkliche bis massive Konkurrenz. Das bedeutet, dass der Betrieb dieser Anlagen zu einer erhöhten Konkurrenz im Pflanzenbau führt oder/und der Gärrest aus der Abfallverwertung zu einer Überversorgung mit Dünger im betreffenden Kleinproduktionsgebiet führt. Die Berücksichtigung dieser Kennzahl wäre bei der Anlagengenehmigung zukünftiger Neuanlagen denkbar, und zwar insofern, als die Genehmigung neuer Anlagen oder Kapazitätserweiterungen an die Errichtung in Gunstlagen gebunden sein könnte.

Wie zu erwarten war, ist der Transportaufwand bei Abfall-behandelnden Anlagen ungleich größer als bei NAWARO-Anlagen. Abfälle werden oft hunderte Kilometer weit transportiert, bis sie an ihren Bestimmungsort gelangen: Liegt der Transportaufwand bei NAWARO-Anlagen meist zwischen 2 und 6 km/MWh$_{el}$ (bei größeren Anlagen in der Regel weiter), so liegt dieser bei Abfall-behandelnden Anlagen meist bei 15 bis 20 km/MWh$_{el}$.

Hinsichtlich der Fahrzeugfrequenz belasten kleine Anlagen Ihre Anrainer in absoluten Zahlen gesehen zwar weniger als große Anlagen (100 kW$_{el}$: 400 bis 800 Fahrten pro Jahr, 500 kW$_{el}$: rund 1.500 Fahrten pro Jahr), bezogen auf die Anlagenkapazität ist die Fahrzeugfrequenz bei kleinen Anlagen allerdings höher.

Wie sich herausstellte, lassen sich Indikatoren zur Messung der *Sozialen Nachhaltigkeit* zur Bewertung von Biogasanlagen nur bedingt heranziehen. Der Grund liegt vor allem darin, dass die Anlagenbetreiber die Fragen selber bewertet haben und die Ergebnisse somit nur schwer objektivierbar sind. Dennoch kann festgestellt werden, dass die meisten Anlagenbetreiber eine große Aufgeschlossenheit gegenüber sozialen Fragestellungen haben und bemüht sind, das Thema Biogas und seine positiven Aspekte in der Bevölkerung zu verbreiten. Die Kommunikationsbereitschaft hinsichtlich möglicher Nachteile (z. B. Geruch) und zwiespältiger Themen (z. B. ökologische Einbußen durch Mais-Monokulturen) ist dagegen schon wesentlich geringer ausgeprägt. Der Verfasser führt das allerdings vor allem auf Wissensdefizite zurück, weshalb im Vorschlag für ein Gütesiegel der verpflichtende Besuch eines gewissen Ausmaßes an Fortbildungsveranstaltungen für Anlagenbetreiber vorgeschlagen wird.

Ökologische Kennzahlen / Ökobilanzierung

In dieser Kategorie erfolgte eine Betrachtung der drei Aspekte

- Treibhausgas- (THG-) Emissionen
- Luftschadstoff-Emissionen
- Kumulierter Energie Aufwand (KEA)

1. THG-Emissionen

Die THG-Emissionen der betrachteten Anlagen betragen im Mittel 212 ± 116 g $CO_{2,eq}$/kWh$_{el}$, die Gutschriften aufgrund der Verwendung von Wirtschaftsdüngern -63 ± 149 g $CO_{2,eq}$/kWh$_{el}$. In Summe emittieren die Biogasanlagen damit deutlich weniger Treibhausgase in der Stromproduktion als der österreichische Strompark. Durch die Auskopplung von Wärme können zusätzliche Einsparungspotentiale realisiert werden.

Mit zwei Drittel an den gesamten THG-Emissionen beeinflussen die Methan-Emissionen die Ergebnisse der Ökobilanz besonders stark. CO_2 ist mit etwa 25 % das zweitwichtigste Treibhausgas und Lachgas mit etwas über 8,2 % an letzter Stelle. Als größte Emissionsquellen gelten die offene Lagerung von Gärrest (39 %, vorwiegend infolge von Nachgärung), die BHKW (31 %, infolge des Methanschlupfs) und der Verbrauch von Kraftstoffen in den Bereichen *Substratproduktion, Transport, Einlagern/Festfahren, Beschickung* und *Gülleausbringung*. Die Beiträge von synthetischen Düngermitteln sowie Lachgas-Emissionen durch Gärrest bei der Ausbringung sind im Anlagenquerschnitt zwar verhältnismäßig gering, können aber im Einzelfall durchaus dominant werden.

Die Sensitivitätsanalyse der THG-Emissionen führt zu dem Ergebnis, dass vor allem die CH_4-Emissionen aus der Gärrestlagerung und aus dem BHKW einer gewissen Unsicherheit unterliegen. Eine Reduktion der Emissionen in der Berechnungsgrundlage würde zu einer Reduktion der spezifischen Emissionen um bis zu 40 % führen.

2. Luftschadstoff-Emissionen

Mit Ausnahme von SO_2 emittieren Biogasanlagen wesentlich mehr Luftschadstoffe als der derzeitige österreichische Strompark. Dabei erweist sich das BHKW mit einem Anteil von 75-94 % als Hauptquelle für die Komponenten SO_2, NO_x, CO und NMVOC. Für die Emission von NH_3 ist das Gärrestmanagement praktisch die alleinige Schadstoffquelle, wobei etwa 89 % auf die Ausbringung und rund 11 % auf die Lagerung zurückzuführen sind. Speziell bei den NH_3-Emissionen kommen allerdings auch die Gutschriften infolge der Verwendung von Wirtschaftsdünger zu tragen, die knapp 77 % der Emissionen wieder einsparen.

3. Kumulierter Energie Aufwand (KEA)

Der KEA wird in dieser Arbeit als Output-Input-Verhältnis ausgedrückt. Bezogen auf Strom als Output-Variable liegt das Verhältnis bei den untersuchten Biogasanlagen im Mittel bei 4,79 ± 1,88, was bedeutet, dass knapp fünfmal mehr an Strom erzeugt wird, als im Vorfeld an fossilen Energieträgern investiert wurde. Etwa zwei Drittel des Energieinputs erfolgt in Form von Kraftstoff-Verbrauch in der Substratproduktion und -beschaffung, ein Viertel ist auf die Verwendung von Baumaterialien in der Anlageninfrastruktur zurückzuführen. Besonders negativ wirkt sich in dieser Kategorie der Einsatz von Diesel in Zündstrahlaggregaten aus, da dieser den Einsatz von nicht erneuerbarer Energie verdoppelt bis verdreifacht.

Biologische Stabilität von Biogasanlagen

Aufgrund einer statistischen Auswertung der Fermenteranalysen stabiler und instabiler Biogasanlagen wurde für die Fermentationsparameter pH-Wert, freie flüchtige Fettsäuren, Ammoniumstickstoff und (organische) Trockensubstanz ein *Ampelsystem* entwickelt. Dieses erlaubt die vereinfachte Zuordnung einer Einzelanalyse zu einem *stabilen*, *ungewissen* oder *instabilen* Zustand der Gärung. *Ungewiss* bedeutet, dass ohne weitere Kenntnisse (z. B. eines zeitlichen Verlaufs) keine Aussagen über die biologische Stabilität gemacht werden können.

Clusteranalyse

Mittels einer Clusteranalyse wurde überprüft, ob Zusammenhänge zwischen charakteristischen Anlagenkennzahlen bestehen. Die Anlagen wurden dazu nach folgenden vier Haupteigenschaften geclustert:

- Elektrische Anlagenkapazität ≤100 kW_{el} versus >100 kW_{el}
- Einsatz von Kosubstraten: Gruppierung in NAWARO- und Abfall-Anlagen
- Wirtschaftsdünger-Einsatz <30 % versus ≥30 %
- Hydraulische Verweilzeit (HRT): <100 d und ≥100 d HRT

Es lässt sich feststellen, dass größere Anlagen den kleineren vor allem in ökonomischer Hinsicht deutlich überlegen sind, aber auch hinsichtlich der CO_2- und N_2O-Emissionen sowie des KEA. Letzterer ist unter anderem auf das günstigere Verhältnis von Baumaterialien-Einsatz zu installierter elektrischer Leistung zurückzuführen sowie auf eine weitgehend optimierte Logistik. In Bezug auf die Netto-THG-Emissionen dagegen, welche für eine Ökostrom-

Produktion von besonders wichtiger Bedeutung ist, weisen Kleinanlagen infolge der Verwendung von Wirtschaftsdüngern deutlich geringere Emissionen auf als größere Anlagen. Ein deutliches Optimierungspotential zeigt sich bei Kleinanlagen dagegen bei den NH_3-Emissionen: hier könnte ein großer Teil der NH_3-Emissionen durch die Anwendung von Schleppschlauch-Ausbringung vermieden werden.

In Bezug auf die Verwendung von Abfällen zeigt sich, dass Abfall-Anlagen bei den Kennzahlen *thermischer Jahresnutzungsgrad* und *Substratkosten* tendenziell besser abschneiden als NAWARO-Anlagen. Dagegen erzielen NAWARO-Anlagen bei den Volllaststunden und den ökologischen Kennzahlen günstigere Ergebnisse. Es sei jedoch angemerkt, dass in dieser Arbeit für Abfälle keine alternativen Verwertungswege (z. B. Kompostierung) berücksichtigt wurden, wofür derart hohe Gutschriften erzielbar wären, dass die Vergärung von Abfällen in jedem Fall zu befürworten ist (SIEGL 2010).

Der Einsatz von Wirtschaftsdünger ist vor allem in ökologischer Hinsicht positiv zu bewerten. Allerdings ist – speziell bei hohem Wirtschaftsdünger-Anteil – die Einhaltung einer Mindest-Verweilzeit obligatorisch, um nicht die positiven Auswirkungen hinsichtlich THG-Vermeidung in das Gegenteil zu verkehren. Ein hoher Anteil von Wirtschaftsdüngern wird vor allem von kleineren Anlagen eingesetzt.

Hinsichtlich der hydraulischen Verweilzeit besteht eine eindeutige Korrelation mit der Kennzahl *Gärrest-THG-Emissionen*: Je kürzer die HRT ist umso mehr nicht abgebautes Substrat wird in das (offene) Gärrestlager ausgetragen. Das wiederum hat einen unerwünschten Abbau von oTS im Gärrestlager und somit Emissionen in die Atmosphäre zur Folge. Daraus lässt sich die Forderung ableiten, dass eine entsprechende Mindest-Verweilzeit gewährleistet sein muss. Als solche wird 100 d vorgeschlagen, da vor allem bei einer Verweilzeit von weniger als 100 Tagen die Emissionen überproportional ansteigen.

Gütesiegel

Aufbauend auf den Ergebnissen dieser Arbeit wurden Kriterien für ein Gütesiegel definiert. Diese Kriterien orientieren sich dabei vorwiegend an den ökologischen Kennzahlen und zielen darauf ab, dass die Produktion von Ökostrom aus Biogas unter den bestmöglichen Voraussetzungen erfolgt.

Durch die Einhaltung der Kriterien sollen folgende Ziele erreicht werden:
- Weitgehende Vermeidung der Treibhausgas-Emissionen
- Nutzung von THG-Gutschriften durch die Verwendung von Wirtschaftsdüngern

- Vermeidung der Emission von Luftschadstoffen
- Effiziente Energienutzung
- Steigerung der Betriebssicherheit

Werden diese Aspekte bei der Stromproduktion berücksichtigt, so kann Biogas tatsächlich als eine sinnvolle Alternative zu fossilen Energieträgern dargestellt werden und sein ganzes Potential als nachhaltiger Energieträger entfalten.

6 Literaturverzeichnis

AGENTUR FÜR ERNEUERBARE ENERGIEN (2011): Wie funktioniert eine Biogasanlage? Online: http://www.unendlich-viel-energie.de. Letzter Zugriff 11.6.2011.

AMON, B. (1998): NH3-, N2O- und CH4-Emissionen aus der Festmistverfahrenskette Milchviehanbindehaltung Stall-Lagerung-Ausbringung. Dissertation. Universität für Bodenkultur. Wien.

AMON, B.; AMON, T.; BOXBERGER, J. (1998): Untersuchung der Ammoniakemissionen in der Landwirtschaft Österreichs zur Ermittlung der Reduktionspotentiale und Reduktionsmöglichkeiten. Wien: Bundesministerium für Land- und Forstwirtschaft, L883/94.

AMON, B. et al (2002): Methane, Nitrous Oxide and Ammonia Emissions from Management of Liquid Manures, Bundesministerium für Land- und Forstwirtschaft, Umwelt und Wasserwirtschaft BMLFUW Wien.

AMON, B. et al. (2005) Methane, nitrous oxide and ammonia emissions during storage and after application of dairy cattle slurry and influence of slurry treatment. Agriculture, Ecosystems & Environment 112, 153-162.

ARGE KOMPOST&BIOGAS (2011): http://www.kompost-biogas.info, letzter Zugriff 12.09.2011.

ATV-DVWK (2002): Merkblatt ATV-DVWK-M 363, Herkunft, Aufbereitung und Verwertung von Biogasen. ATV-DVWK-Regelwerk. Hennef: Deutsche Vereinigung für Wasserwirtschaft, Abwasser und Abfall (Hrsg.). Vertrieb: GFA Gesellschaft zur Förderung der Abwassertechnik e. V.

BACHMAIER, J. und GRONAUER, A. (2007): Klimabilanz von Biogasstrom, LfL-Information, Bayerische Landesanstalt für Landwirtschaft (LfL), Freising-Weihenstephan.

BayLfU (2004) Biogashandbuch Bayern – Materialienband, Stand 2007/2008. Augsburg: Bayerisches Landesamt für Umweltschutz (Harausgeber)

BayLfU (2006) Emissions- und Leistungsverhalten von Biogas-Verbrennungsmotoren in Abhängigkeit von der Motorenwartung. Augsburg: Bayerisches Landesamt für Umweltschutz (Harausgeber).

BGBl.I Nr.143/1998: 143. Bundesgesetz: Elektrizitätswirtschafts- und -organisationsgesetz. Wien: Bundesgesetzblatt für die Republik Österreich.

BGBl.II Nr.253/2001: 253. Verordnung: Grenzwerteverordnung 2001 - GKV 2001. Bundesgesetzblatt für die Republik Österreich.

BGBl.I Nr.149/2002: 149. Bundesgesetz: Ökostromgesetz sowie Änderung des Elektrizitätswirtschafts- und –organisationsgesetzes (EIWOG) und des Energieförderungsgesetzes 1979 (EnFG). Wien: Bundesgesetzblatt für die Republik Österreich.

BGBl.II Nr.508/2002: 508. Verordnung: Festsetzung der Preise für die Abnahme elektrischer Energie aus Ökostromanlagen. Wien: Bundesgesetzblatt für die Republik Österreich.

BGBl.I Nr.34/2003: 34. Bundesgesetz: Nationale Höchstmengen der Emissionen von SO2,NOx,VOC und NH3. Bundesgesetzblatt für die Republik Österreich.

BGBl.I Nr.105/2006: 105. Bundesgesetz: Oekostromgesetz-Novelle2006. Wien: Bundesgesetzblatt für die Republik Österreich.

BGBl.II Nr.401/2006: 401. Verordnung: Ökostromverordnung 2006. Wien: Bundesgesetzblatt für die Republik Österreich.

BGBl.I Nr.44/2008: 44. Bundesgesetz: Ökostromgesetz-Novelle 2008 und Änderung des Einkommensteuergesetzes 1988. Wien: Bundesgesetzblatt für die Republik Österreich.

BGBl.I Nr.114/2008: 114. Bundesgesetz: 2. Ökostromgesetz-Novelle 2008. Wien: Bundesgesetzblatt für die Republik Österreich.

BGBl.II Nr.59/2008: 59. Verordnung: Ökostromverordnung 2008. Wien: Bundesgesetzblatt für die Republik Österreich.

BGBl.II Nr.42/2010: 42. Verordnung: Ökostromverordnung 2010 - ÖSVO 2010. Wien: Bundesgesetzblatt für die Republik Österreich.

BGBl.II Nr.25/2011: 25. Verordnung: Ökostromverordnung 2011 - ÖSVO 2011. Wien: Bundesgesetzblatt für die Republik Österreich.

BISCHOFSBERGER, W. et al. (2005): Anaerobtechnik, 2. vollständig überarbeitete Auflage, Springer Verlag Berlin Heidelberg.

BMLFUW (2002a): Standarddeckungsbeiträge und Daten für die Betriebsberatung 2002/03, konventionelle Produktion, Ausgabe Ostösterreich. Wien: Bundesministerium für Land- und Forstwirtschaft, Umwelt und Wasserwirtschaft, Abteilung II72 - Schule, Erwachsenenbildung und Beratung.

BMLFUW (2002b): Strategie Österreichs zur Erreichung des Kyoto-Ziels, Klimastrategie 2008/2012. Wien: Bundesministers für Land- und Forstwirtschaft, Umwelt und Wasserwirtschaft.

BMLFUW (2003): Verordnung des Bundesministers für Land- und Forstwirtschaft, Umwelt und Wasserwirtschaft über das Aktionsprogramm 2003 zum Schutz der Gewässer vor Verunreinigung durch Nitrat aus landwirtschaftlichen Quellen, CELEX Nr. 391L0676. Wien: Bundesministers für Land- und Forstwirtschaft, Umwelt und Wasserwirtschaft. idF Novelle 2006 vom 16.02.2006

BMLFUW (2006): Nationaler Biomasseaktionsplan für Österreich, Begutachtungsentwurf. Wien: Bundesministerium für Land- und Forstwirtschaft, Umwelt und Wasserwirtschaft.

BMLFUW (2007): Der sachgerechte Einsatz von Biogasgülle und Gärrückständen im Acker- und Grünland, 2. Auflage. Wien: Fachbeirat für Bodenfruchtbarkeit und Bodenschutz beim Bundesministerium für Land- und Forstwirtschaft, Umwelt und Wasserwirtschaft. Online: http://www.landnet.at/article/articleview/63353/1/5198.

BMWA (2003a): Erlass des Bundesministers für Wirtschaft und Arbeit vom 20. März 2003, ZL. 551.352/48-IV/1/03, betreffend die Anerkennung von Biogasanlagen gemäß § 7 Ökostromgesetz.

BMWA (2003b): Erlass des Bundesministers für Wirtschaft und Arbeit vom 9. Juli 2003, ZL. 551.352/110 - IV/1/03, mit dem der Erlass vom 20. März 2003, ZL. 551.352/48-IV/1/03, betreffend die Anerkennung von Biogasanlagen gemäß § 7 Ökostromgesetz geändert wird.

BMWA (2007): Technische Grundlage für die Beurteilung von Biogasanlagen. Online: http://www.bmwfj.gv.at/Unternehmen/gewerbetechnik/Documents/Biogasanlagen. pdf, letzter Zugriff 06.09.2011.

BRAUN, R. (1982): Biogas-Methangärung organischer Abfallstoffe - Grundlagen und Anwendungsbeispiele, Springer-Verlag Wien New York.

BOHUNOVSKY, L. (2005): Indikatoren zur Messung von sozialer Nachhaltigkeit von landwirtschaftlichen Biogasanlagen, Werkvertrag im Auftrag der Universität für Bodenkultur Wien, IFA Tulln, Inst. für Umweltbiotechnologie. Wien: unveröffentlichte Arbeit.

CLEMENS, J. et al. (2002): Methan- und Lachgas-Emissionen bei der Lagerung und Ausbringung von Wirtschaftsdüngern. In: Emissionen der Tierhaltung. Grundlagen, Wirkungen, Minderungsmaßnahmen. KTBL/UBA-Symposium, 3.–5. Dezember 2001, Bildungszentrum Kloster Banz. Darmstadt: Kuratorium für Technik und Bauwesen in der Landwirtschaft e. V. (KTBL) (Hrsg.).

CLEMENS, J. et al. (2006): Mitigation of greenhouse gas emissions by anaerobic digestion of cattle slurry. Agriculture. Ecosystems & Environment 112, 171-177.

DE BODE, M. et al. (1990): Odour and ammonia emissions from livestock farming. In: Proceedings of a seminar held by the Expert Odours Group of the Commission of the European Communities, 26-26.03.1991. London.

DIE VERBRAUCHER INITIATIVE (2007): Bewertungsmatrix für Label. http://www.verbraucher.org/, letzter Zugriff 12.02.2007.

DÖHLER, H.; EURICH-MENDEN, B.; GRIMM, E. (2001): Ammoniak-Emissionen bei der Ausbringung von Fest- und Flüssigmist sowie Minderungsmaßnahmen. In: Emissionen der Tierhaltung, Kurzfassung der Tagungsbeiträge 45|03, 20.-21.2001, Kloster Banz. Darmstadt: Kuratorium für Technik und Bauwesen in der Landwirtschaft (KTBL).

DRAKE, F. (1996): Kumulierte Treibhausgasemissionen zukünftiger Energiesysteme. Hannover: Springer Verlag.

DSM Agro (2006): Zusammensetzung Wirtschaftsdünger. http://www.nutrinorm.nl/de/html/algemeen/Wirtschaftdunger/zusammenzetzungWD.pshe, letzter Zugriff 24.05.2006

E-CONTROL (2004): Bericht über die Ökostrom-Entwicklung und fossile Kraft-Wärme-Kopplung in Österreich gemäß § 25 Abs 1 Ökostromgesetz zur Vorlage beim Bundesministerium für Wirtschaft und Arbeit und beim Elektrizitätsbeirat. Wien: Energie-Control GmbH.

E-CONTROL (2008): Ökostrom, Bericht der Energie-Control GmbH gemäß § 25 Abs 1 Ökostromgesetz. Wien: Energie-Control GmbH.

E-CONTROL (2009): Ökostrombericht 2009, Bericht der Energie-Control GmbH gemäß § 25 Abs 1 Ökostromgesetz. Wien: Energie-Control GmbH.

E-CONTROL (2010): Ökostrombericht 2010, Bericht der Energie-Control GmbH gemäß § 25 Abs 1 Ökostromgesetz. Wien: Energie-Control GmbH.

E-CONTROL (2011a): Archiv - Einspeisetarife für Ökostromanlagen, http://www.e-control.at/de/industrie/oeko-energie/einspeisetarife/einspeisetarife-archiv, letzter Zugriff 15.07.2011.

E-CONTROL (2011b): Publikationen und Statistiken zur Ökostromerzeugung 2003-2011, http://www.e-control.at, letzter Zugriff 15.07.2011.

EDELMANN, W. et al. (2001): Ökobilanz der Stromgewinnung aus landwirtschaftlichem Biogas. Baar: Arbeitsgemeinschaft Bioenergie (arbi).

EDER, M.; KIRCHWEGER, S. (2011): Aufbereitung & Analyse von Daten aus dem Arbeitskreis Biogas zu Kosten bestehender Biogasanlagen. Wien: Universität für Bodenkultur, Department für Wirtschafts- und Sozialwissenschaften, Institut für Agrar- und Forstökonomie.

EGGER-STEINER, M.; MARTINUZZI, A. (2000): Die NachhaltigkeitsTATENbank. 100 Projekte für eine nachhaltige Entwicklung, Wirtschaftsuniversität Wien, Institut für Wirtschaftsgeographie, Regionalentwicklung und Umweltwirtschaft, Abteilung für Wirtschaft und Umwelt. http://taten.municipia.at/TATENbank.pdf, letzter Zugriff 03.10.2005.

EMPACHER, C., WEHLING, P. (2002): Soziale Dimension der Nachhaltigkeit, Theoretische Grundlagen und Indikatoren, ISOE-Studientext Nr. 11, Frankfurt am Main.

ENTEC (2007): entec-BIMA-Fermenter. URL http://www.entec-biogas.at/technik_bima.html, letzter Zugriff 27.3.2007.

EU (2001): RICHTLINIE 2001/77/EG DES EUROPÄISCHEN PARLAMENTS UND DES RATES vom 27. September 2001 zur Förderung der Stromerzeugung aus erneuerbaren Energiequellen im Elektrizitätsbinnenmarkt. Brüssel

EU (2002): 2002/358/EG: Entscheidung des Rates vom 25. April 2002 über die Genehmigung des Protokolls von Kyoto zum Rahmenübereinkommen der Vereinten Nationen über Klimaänderungen im Namen der Europäischen Gemeinschaft sowie die gemeinsame Erfüllung der daraus erwachsenden Verpflichtungen.

FAL (2005): Ergebnisse des Biogas-Messprogramms. Bundesforschungsanstalt für Landwirtschaft (FAL). Gülzow: Fachagentur Nachwachsende Rohstoffe e.V. (FNR) (Hrsg.).

FNR (2006): Biokraftstoffe: Eine vergleichende Analyse. Fachagentur für Nachwachsende Rohstoffe. Gülzow: Fachagentur Nachwachsende Rohstoffe e.V. (FNR) (Hrsg.).

FRISCH, J. et al. (2005): Kalkulationsprogramm zur KTBL-Datensammlung Betriebsplanung Landwirtschaft 2004/05, Maschinen-, Arbeits- und Verfahrenskosten in der Pflanzenproduktion. Darmstadt: Kuratorium für Technik und Bauwesen in der Landwirtschaft (KTBL).

FRITSCHE, U.; SCHMIDT, K. (2004): Handbuch zu GEMIS 4.2, Öko-Institut (Institut für angewandte Ökologie e.V.), Darmstadt.

FUCHS, W. und DROSG, B. (2010): Technologiebewertung von Gärrestbehandlungs- und Verwertungskonzepten, Universität für Bodenkultur Wien, Interuniversitäres Department für Agrarbiotechnologie, IFA-Tulln, Tulln.

GALLER, J. (2005): Biogasgülle: weniger Geruch, volle Düngewirkung. http://land.lebensministerium.at/article/articleview/30865/1/4989, letzter Zugriff 21.02.2007.

GRIEßLER, E.; LITTIG, B. (2004): Soziale Nachhaltigkeit, Informationen zur Umweltpolitik. Wien: AK Österreich.

GUGELE, B. et al. (2007):Kyoto-Fortschrittsbericht Österreich 1990-2005 (Datenstand 2007). Wien: Umweltbundesamt GmbH.

HANDLER, F. et al. (2005): Erstellung eines Bewertungstools für die regionale Akzeptanz von Biogasanlagen mit Energiepflanzen sowie deren Eignung und Verfügbarkeit, Arbeitspaket 1: Verfügbarkeit von Energiepflanzen zur Biogasproduktion. Energiesysteme der Zukunft, 1. Ausschreibung. Wieselburg: BLT Wieselburg.

HANDLER, F.; RATHBAUER, J. (2005): Kraftstoff- und Arbeitszeitbedarf in der österreichischen Landwirtschaft, unveröffentlichte Arbeit.

HECK, T. (2007): Wärme-Kraft-Kopplung, Final report ecoinvent No. 6-XIV, Paul Scherrer Institut, Villigen, Swiss Centre for Life Cycle Inventories, Dübendorf, CH, www.ecoinvent.ch. In: Dones, R. (ed.) et al. (2007): Sachbilanzen von Energiesystemen: Grundlagen für den ökologischen Vergleich von Energiesystemen und den Einbezug von Energiesystemen in Ökobilanzen für die Schweiz.

HELFFRICH, D. (2005): Fermentertechnik zur Vergärung von NAWAROs – Eintragsysteme, Rührwerke, Massenströme und Biologie. In: Tagungsunterlagen Biogas - Optimale Gewinnung und innovative Verwertung, 16.3.2005. Steyr: Bundesministerium für Verkehr, Innovation und Technologie.

HENSELING, C.; EBERLE, U.; GRIEßHAMMER, R. (1999): Soziale und ökonomische Nachhaltigkeits-Indikatoren. Freiburg: Institut für angewandte Ökologie e.V.

HERRY, M.; SEDLACEK, N.; STEINACHER, I. (2007): Verkehr in Zahlen. Österreich., Ausgabe 2007. Wien: Bundesministerium für Verkehr, Innovation und Technologie (Hrsg.).

HÜTHER, L. (1999): Entwicklung analytischer Methoden und Untersuchung von Einflußfaktoren auf Ammoniak-, Methan- und Distickstoffmonoxidemissionen aus Flüssig- und Festmist. Sonderheft 200. Völkenrhode: FAL.

HÜTHER, L.; SCHUCHARDT, F. (1998): Einflußfaktoren auf die Schadgasfreisetzung bei der Lagerung/Kompostierung tierischer Exkremente. In: Jahresbericht 1997. Braunschweig: Selbstverlag der Bundesforschungsanstalt für Landwirtschaft Braunschweig-Völkenrode (FAL).

IFA-TULLN (2005): unveröffentlichte Untersuchung der Biogasgülle von 15 Anlagen.

IPCC (1996): Guidelines for National Greenhouse Gas Inventories, Revised 1996. Hayama: The Intergovernmental Panel on Climate Change (IPCC).

JÄKEL, K. (2002): Grundlagen der Biogasproduktion. Dresden: Sächsische Landesanstalt für Landwirtschaft.

KALTSCHMITT, M.; HARTMANN, H.; HOFBAUER, H. (Hrsg.) (2009): Energie aus Biomasse, Grundlagen, Techniken und Verfahren, 2., neu bearbeitete und erweiterte Auflage, Springer-Verlag Berlin Heidelberg.

KIRCHMAYR, R. (2010): Untersuchungen zur Methangärung hochkonzentrierter und schwer fermentierbarer Substrate. Dissertation. Universität für Bodenkultur. Wien.

KRYVORUCHKO, V. (2004): Methanbildungspotential von Wirtschaftsdüngern aus der Rinderhaltung und der Wirkung der Abdeckung und anaeroben Behandlung auf klimarelevante Emissionen bei der Lagerung von Milchviehflüssigmist. Dissertation. Universität für Bodenkultur. Wien.

KTBL (1996): Energieversorgung in der Landwirtschaft. KTBL Schrift Nr. 235. Darmstadt: Kuratorium für Technik und Bauwesen in der Landwirtschaft (KTBL).

KÜLLING, D., et al. (2001): Emission of ammonia, nitrous oxide and methane from different types of dairy manure during storage as affected by dietary protein content. Journal of Agricultural Science 137, 235-250.

LAABER, M.; KIRCHMAYR, R.; BRAUN, R. (2005): Development of an evaluation system for biogas plants. Proceedings of the 1st BOKU Waste Conference, 4.-6-4.2005. Wien: Universität für Bodenkultur, Institut für Abfallwirtschaft.

LAABER, M. et al. (2006): Biologische Prozessoptimierung von Biogasanlagen. Beitrag im Tagungsband *biogas06*, 22.2.2006. Linz: ARGE Kompost und Biogas.

LAABER, M. (2006): Abgasmessungen Biogas-BHKW. Quelle: Anonym. Unveröffentlichte Arbeit.

LAABER, M. (2011a): Leistungsbeurteilung der Biogasanlage ÖSG Ökoenergie Stocking GmbH (Wildon). Wien: unveröffentlichte Arbeit.

LAABER, M. (2011b): Auswertung von Batch-Gärtests. Unveröffentlichte Arbeit. IFA-Tulln.

LEONTIEF, W. (1941): The structure of American economy, An empirical application of equilibrium analysis. Cambridge: Harvard University Press, 1919 - 1929.

LINDORFER, H. et al. (2007): Doubling the organic loading rate in the co-digestion of energy crops and manure – a full scale case study. Bioresource Technology.

LINDORFER, H. (2007a): oTS-Abbaugrad der Biogasanlage Pfiel. Schriftliche Mitteilung.

LINDORFER, H. (2007b): Optimised Digestion Of Energy Crops And Agricultural Residues In Rural Biogas Plants. . Dissertation. Universität für Bodenkultur. Wien.

LITTIG, B.; GRIEßLER, E. (2004): Soziale Nachhaltigkeit. Informationen zur Umweltpolitik Nr. 160, AK Österreich, Wien.

MATT, J. (2006): Messergebnisse der Emissionen aus Biogas-BHKW. Schriftliche Mitteilung. Amt der Landesregierung Vorarlberg, Abteilung Umweltschutz.

PETERSEN, S. O.; LIND, A.-M.; SOMMER, S. G. (1998): Nitrogen and organic matter losses during storage of cattle and pig manure. Journal of Agricultural Science 130, 69-79.

PETZ, W. (2000): Auswirkungen von Biogasgülle-Düngung auf Bodenfauna und einige Bodeneigenschaften – Eine Freilandstudie an vier Standorten in Oberösterreich. Hallwang: Im Auftrag von: Amt der Oberösterreichischen Landesregierung Landesrat für Wasserwirtschaft Dr. Achatz.

PFEIFER, J. (2007): Energetische Nutzung von Biogas – technische, wirtschaftliche und ökologische Bewertung. Dissertation. Technische Universität Graz.

PFUNDTNER, E. (2005): Auswertung der Analysen von Biogasgülle im Rahmen des NÖ Biogasanlagenmonitoring, schriftliche Mitteilung.

PÖLZ, W. (2006): schriftliche Mitteilung zur Beschreibung von GEMIS 4.3. Wien: Umweltbundesamt.

PÖLZ, W. (2007): schriftliche Mitteilung zu Emissionsfaktoren des Stromparks in Österreich. Wien: Umweltbundesamt.

RAIFFEISEN LAGERHAUS ASCHBACH (2006): Masse Silofolie, mündliche Mitteilung.

REINDL, K. (2005): Ökologische und Ökonomische Bewertung relevanter Energiepflanzen zur Biogaserzeugung. Diplomarbeit. FH-Wieselburg.

RESCH, C. (2006): Kraftstoffbedarf beim Einlagern/Festfahren, unveröffentlichte Arbeit.

RESCH, C. et al. (2006): Optimised anaerobic treatment of house-sorted biodegradable waste and slaughterhouse waste in a high loaded half technical scale digester. Water Science and Technology 53/8, 213-221.

RESCH, C.; Braun, R.; Kirchmayr, R. (2008): The influence of energy crop substrates on the mass-flow analysis and the residual methane potential at a rural anaerobic digestion plant. Water Science and Technology 57.1.

ROSS, A.; et al. (1999): Quantifizierung der Freisetzung von klimarelevanten Gasen aus Güllebehältern mit und ohne Strohhäckselabdeckung. Oldenburg: Landwirtschaftskammer Weser-Ems.

SCHIMPL, M. (2001): Die Wirkung von Flüssigmistzusätzen auf die Emission der klima- und umweltrelevanten Gase Methan, Ammoniak, Lachgas und Kohlendioxid während der Lagerung von Rinderflüssigmist. Dissertation. Wien: Universität für Bodenkultur.

SIEGL, S. (2010): Öko-Strom aus Biomasse. Vergleich der Umweltwirkungen verschiedener Biomasse-Technologien zur Stromerzeugung mittels Lebenszyklusanalyse. Dissertation. Wien: Universität für Bodenkultur.

SOMMER, S. G. (1997): Ammonia volatilization from farm tanks containing anaerobically digested animal slurry. Atmospheric Environment 31, 863-868.

SOMMER, S. G.; PETERSEN, S. O.; SOGAARD, H. T. (2000): Greenhouse gas emission from stored livestock slurry. J Environ Qual 29, 744-751.

SOMMER, S. G.; HUTCHINGS, N.J. (2001): Ammonia emission from field applied manure and its reduction - invited paper. European Journal of Agronomy 15.

STATISTIK AUSTRIA (2007): Agrarpreise, Agrarpreisindex. www.statistik.at/web_de/statistiken/preise/agrarpreise_agrarpreisindex/index.html, letzter Zugriff 13.11.2011.

STÜRMER, B.; Schmid, E.; Eder, M.W. (2005): Impacts of biogas plant performance factors on total substrate costs. Biomass and Bioenergy, doi:10.1016/j.biombioe.2010.12.030.

THRÄN, D. et al. (2007): Möglichkeiten einer Europäischen Biogaseinspeisungsstrategie. Teilbericht 1. Leipzig: Institut für Energetik und Umwelt gGmbH.

TRAGNER, F. et al. (2008): Biogas Branchenmonitor. Erhebung von Wirtschaftsdaten und Trends zu Biogas in Österreich. In: Berichte aus Energie- und Umweltforschung 41/2008. Wien: BM für Verkehr, Innovation und Technologie.

UBA (2010): Emissionstrends 1990-2008. Ein Überblick über die österreichischen Verursacher von Luftschadstoffen (Datenstand 2010). REPORT REP-0285. Wien: Umweltbundesamt. Online: http://www.umweltbundesamt.at/fileadmin/site/publikationen/REP0285.pdf

UBA (2011): Luftschadstoffe, Online-Information Umweltbundesamt, http://www.umweltbundesamt.at/umweltsituation/luft/luftschadstoffe/. Letzter Zugriff 11.6.2011.

UNECE (1999): Draft guidance documents on control techniques and economic instruments to the protocol to abate acidification, eutrophication and ground-level ozone. EB.AIR/1999/2, 98-102. 11-10-1999. Geneva: United Nations Economic Commission for Europe (UNECE).

UNITED NATIONS (1998): Kyoto Protocol to the United Nations Framework Convention on Climate Change. Kyoto: United Nations.

VDI (1997): Ganzheitliche Bilanzierung von Energiesystemen. VDI-Bericht 1328, 13-15. Düsseldorf: VDI-Verlag.

VUE (2011): Zertifizierungsrichtlinien. Bestimmung und Kriterien naturemade star und naturemade basic. Zürich: Verein für umweltgerechte Energie. Online: http://www.naturemade.ch/Dokumente/zertifizierung/Richtlinien_d.pdf. Letzter Zugriff: 11.12.2011.

WAGNER-ALT, C. (2002): CH4-, NH3- und N2O-Emissionen aus der Lagerung von Milchviehflüssigmist und Reduziermöglichkeiten. Dissertation. Universität für Bodenkultur. Wien.

WOESS-GALLASCH, S. et al. (2007): Treibhausgasemissionen aus Biogasanlagen. Graz: Institut für Energieforschung. Im Auftrag des Landesenergievereines Steiermark.

WULF, S.; MAETING, M.; CLEMENS, J. (2002a): Application Technique and Slurry Co-Fermentation Effects on Ammonia, Nitrous Oxide, and Methane Emissions after Spreading: I. Ammonia Volatilization. J Environ Qual 31, 1789-1794.

WULF, S.; MAETING, M.; CLEMENS, J. (2002b): Application Technique and Slurry Co-Fermentation Effects on Ammonia, Nitrous Oxide, and Methane Emissions after Spreading: II. Greenhouse Gas Emissions. J Environ Qual 31, 1795-1801.

WULF, S.; JAGER, P.; DÖHLER, H. (2005): Balancing of greenhouse gas emissions and economic efficiency for biogas-production through anaerobic co-fermentation of slurry with organic waste. Agriculture, Ecosystems & Environment 112, 178-185.

ZELL, B. (2002): Emissionen von Biogasblockheizkraftwerken. In: Biogasanlagen - Anforderungen zur Luftreinhaltung. BayLfU Fachtagung am 17. Oktober 2002. Bayrisches Landesamt für Umweltschutz (Hrsg.), Augsburg.

7 Tabellenverzeichnis

Tabelle 1: Einspeisetarife für Ökostromanlagen 2003 – 2009 (eigene Darstellung modifiziert nach E-CONTROL 2011a) 4

Tabelle 2: Einspeisetarife für neue Ökostromanlagen 2010/2011 (eigene Darstellung nach BGBI.II Nr.25/2011) 5

Tabelle 3: Einteilung der Substratkomponenten nach Herkunft sowie Darstellung des Bewertungsschemas 40

Tabelle 4: Bewertungsfaktoren für das Ackerflächenpotenzial in den Kleinproduktionsgebieten 42

Tabelle 5: Bewertungsfaktoren für das Grünlandbiomassepotenzial in den Kleinproduktionsgebieten 43

Tabelle 6: Bewertungsfaktoren der Abfallverwertung in Biogasanlagen in Abhängigkeit vom Tierbesatz 45

Tabelle 7: Standortbedingungen für eine Biogasanlage in einem definierten Kleinproduktionsgebiet 46

Tabelle 8: Beispiel für die Bewertung einer Biogasanlage in einem Kleinproduktionsgebiet 46

Tabelle 9: Gewichtungsfaktoren der Luftschadstoffe 58

Tabelle 10: Treibstoffbedarf und benötigte Anzahl von Arbeitsgängen für die Pflanzenproduktion 62

Tabelle 11: Berücksichtigte Baumaterialien für die Errichtung der Biogasanlagen 64

Tabelle 12: Grenzwertempfehlungen für Biogas-BHKW (BMWA 2007) 66

Tabelle 13: Berechnung des oTS-Abbaus im offenen Endlager 75

Tabelle 14: Vergleich der Zusammensetzung von Rindergülle und Biogasgülle 77

Tabelle 15: NH_3-Emissionen bei der Lagerung von Rindergülle 77

Tabelle 16: Einfluss- und Korrekturfaktoren auf die NH_3-Emission bei der Lagerung von Rindergülle 78

Tabelle 17: N_2O-Emissionen bei der Lagerung von Rindergülle 79

Tabelle 18: NH_3-Emissionen bei der Ausbringung von Rindergülle 80

Tabelle 19: Einfluss der Ausbringtechnik auf die NH_3-Verluste (Referenz = Prallteller) 82

Tabelle 20: Emissionsfaktoren für Wirtschaftsdünger 83

Tabelle 21: Kennzahlenüberblick der untersuchten Biogasanlagen 104

Tabelle 22: Erforderliche Einspeisetarife für einen wirtschaftlichen Betrieb von Biogasanlagen: Gegenüberstellung mit aktuell gewährten Einspeisetarifen (nach EDER und KIRCHWEGER (2011)) 113

Tabelle 23: Bedeutung der Standortbewertung in Bezug auf die landwirtschaftliche Flächennutzung 117

Tabelle 24: Detailauswertung der Indikatoren zur Bewertung der sozialen Nachhaltigkeit 123

Tabelle 25: Luftschadstoff-Emissionen und Gutschriften in [g/kWh$_{el}$] 136

Tabelle 26: Wertebereiche zur Beurteilung der Stabilität von Biogasfermentern 153

Tabelle 27: Darstellung des Jahresnutzungsgrades H_{ges} der Biogasanlagen 174

Tabelle 28: Fragebogen zur Erhebung der charakterisierenden Daten von Biogasanlagen... 201

Tabelle 29: Dichten unterschiedlicher Substrate 209

Tabelle 30: Eigenschaften, Erträge und Produktionskosten unterschiedlicher Substrate (BMLFUW, 2002a) 210

Tabelle 31: Baumaterialien 210

Tabelle 32: Charakteristische Anlagendaten 211

Tabelle 33: Eingangsdaten zur Berechnung der Ökobilanzen 214

8 Abbildungsverzeichnis

Abbildung 1: Entwicklung der Ökostromerzeugung aus Biogas in Österreich 2002-2011 (eigene Darstellung) 3

Abbildung 2: Reaktionsmodell der Methanbildung (KALTSCHMITT et al. 2009) 8

Abbildung 3: pH-Wert- und Temperaturabhängigkeit des Dissoziationsgleichgewichtes (polynome Datenregression nach Lide, eigene Darstellung) 12

Abbildung 4: Allgemeines Verfahrensschema einer typischen Biogasanlage (abgeändert nach AGENTUR FÜR ERNEUERBARE ENERGIEN 2011) 14

Abbildung 5: Darstellung der Biogas-Wertschöpfungskette (LAABER et al. 2005) 22

Abbildung 6: Standorte der untersuchten Biogasanlagen 23

Abbildung 7: Funktionsübersicht des Computerprogramms GEMIS 4 (PÖLZ 2006) 26

Abbildung 8: Ackerflächenpotenzial für einen Energiepflanzenanbau in den österreichischen Kleinproduktionsgebieten (HANDLER et al. 2005, 151) 41

Abbildung 9: Darstellung des möglichen Grünlandbiomassepotenzials für Biogas in den österreichischen Kleinproduktionsgebieten (HANDLER et al. 2005, 158) 43

Abbildung 10: Gesamt-DGVE/ha reduzierter landwirtschaftlicher Nutzfläche in Österreich (HANDLER et al. 2005, 145) 45

Abbildung 11: Systemgrenze der Ökobilanz 60

Abbildung 12: Qualitativer Zusammenhang zwischen Luftverhältnis, Wirkungsgrad und Abgasemissionen (HECK 2007) 67

Abbildung 13: CO- und NO_x-Emissionen von Gas-BHKW in Abhängigkeit von der O_2-Konzentration im Abgas (LAABER 2006, MATT 2006) 69

Abbildung 14: CO- und NO_x-Emissionen von Zündstrahl-BHKW in Abhängigkeit von der O_2-Konzentration im Abgas (MATT 2006) 70

Abbildung 15: *CH_4- und NMVOC-Emissionen von Zündstrahl-BHKW in Abhängigkeit von der CH_4-Konzentration im Biogas* (eigene Darstellung, modifiziert nach ZELL 2002) 71

Abbildung 16: Abbau unterschiedlicher Substrate in Batch-Gärversuchen (LAABER 2011b) 73

Abbildung 17: oTS-Abbau in zweistufigen Biogasanlagen in Abhängigkeit von HRT 73

Abbildung 18: Ammoniak-Verluste von Gülle in Abhängigkeit von Trockensubstanz (% DM) und Temperatur (SOMMER und HUTCHINGS 2001) 80

Abbildung 19: Ammoniak-Verluste nach dem Ausbringen von vergorener (hier: *entgast*) und unvergorener Schweinegülle (EDELMANN et al. 2001) 81

Abbildung 20: Installierte elektrische Leistung der 41 Biogasanlagen 86

Abbildung 21: Zusammenhang zwischen Beschickungshäufigkeit und Biogasanfall (ATV-DVWK, 2002) 87

Abbildung 22: Häufigkeit der Substratzugabe und Gasspeicherkapazität der betrachteten Biogasanlagen 87

Abbildung 23: Temperaturverteilung der betrachteten Anlagen 88

Abbildung 24: Substrateinsatz bei den 41 betrachteten Biogasanlagen (bezogen auf oTS) 89

Abbildung 25: Substrateinsatz aller Anlagen: a: bezogen auf Frischmasse, b: bezogen auf oTS 89

Abbildung 26: Hydraulische Verweilzeit im geschlossenen System 90

Abbildung 27: Organische Raumbelastung der betrachteten Biogasanlagen .. 92

Abbildung 28: CH_4-Konzentrationen im Biogas der betrachteten Biogasanlagen 93

Abbildung 29: Abhängigkeit der Gaszusammensetzung vom mittleren Oxidationsgrad ("Oxidationszahl") des Kohlenstoffs (KALTSCHMITT 2009) ... 94

Abbildung 30: Volumenspezifische Biogasproduktivität der betrachteten Biogasanlagen 95

Abbildung 31: oTS-Abbaugrad der betrachteten Biogasanlagen 96

Abbildung 32: Methanausbeute der betrachteten Biogasanlagen 97

Abbildung 33: Volllaststunden der betrachteten Biogasanlagen 98

Abbildung 34: Aufteilung der elektrischen Verbraucher einer Biogasanlage (LAABER 2011a) 100

Abbildung 35: Elektrischer Eigenbedarf der betrachteten Biogasanlagen 101

Abbildung 36: Häufigkeitsverteilung der elektrischen (a) bzw. thermischen (b) Jahresnutzungsgrade der betrachteten Biogasanlagen 102

Abbildung 37: Nutzungsgrade der betrachteten Biogasanlagen: elektrisch (grün bzw. orange), thermisch (rot schraffiert) und gesamt (Summe der Balken) ... 102

Abbildung 38: Spezifische Investitionskosten in Abhängigkeit von der Anlagengröße 106

Abbildung 39: Spezifische Investitionskosten der untersuchten Biogasanlagen 107

Abbildung 40: Erzeugerpreis für Mahlweizen, Futterweizen und Körnermais 2005 bis 2011 (STATISTIK AUSTRIA 2011) 109

Abbildung 41: Stromgestehungskosten der 41 Biogasanlagen (ohne Abschreibungskosten und Zinsen) 111

Abbildung 42: Stromgestehungskosten in Abhängigkeit von der Anlagengröße (ohne Abschreibung und Verbindlichkeiten); die Fehlerindikatoren beschreiben die Standardabweichungen 112

Abbildung 43: Arbeitszeitbedarf bezogen auf die Brutto-Stromproduktion 114

Abbildung 44: Arbeitszeitbedarf für den Betrieb von NAWARO-Anlagen in Abhängigkeit von der installierten elektrischen Leistung 115

Abbildung 45: Bewertung der untersuchten Biogasanlagen in Bezug auf die Konkurrenz in der Flächennutzung 117

Abbildung 46: Fahrzeugfrequenz an den betrachteten Biogasanlagen 118

Abbildung 47: Spezifische Fahrzeugfrequenz bezogen auf die installierte elektrische Leistung 118

Abbildung 48: Spezifische Fahrzeugfrequenz bezogen auf die Brutto-Stromproduktion 119

Abbildung 49: Gesamtkilometer-Anzahl der betrachteten Biogasanlagen 121

Abbildung 50: Spezifische Gesamtkilometer-Anzahl bezogen auf die Brutto-Stromproduktion 122

Abbildung 51: Spezifische CO_2-Emissionen und Gutschriften (Kreisdiagramm ohne Gutschriften) 128

Abbildung 52: Spezifische CH_4-Emissionen und Gutschriften (Kreisdiagramm ohne Gutschriften) 129

Abbildung 53: Spezifische N_2O-Emissionen und Gutschriften (Kreisdiagramm ohne Gutschriften) 130

Abbildung 54: Beiträge zu den THG-Emissionen aller betrachteten Biogasanlagen 131

Abbildung 55: Spezifische CO_2-Äquivalent-Emissionen und Gutschriften (Kreisdiagramm ohne Gutschriften) 132

Abbildung 56: THG –Emissionen abzgl. Wirtschaftsdünger-Gutschriften (in CO_2-Äquivalenten) von Ökostrom aus Biogas im Vergleich zum österreichischen Strompark 2004 133

Abbildung 57: Quellen der Luftschadstoff-Emissionen 135

Abbildung 58: Luftschadstoff-Emissionen (netto) von Ökostrom aus Biogas im Vergleich zum österreichischen Strompark 136

Abbildung 59: Zusammensetzung sämtlicher Energieaufwendungen zur Erzeugung von Ökostrom aus Biogas 137

Abbildung 60: Kehrwert des OI-Verhältnisses und Gutschriften aus der Verwendung von Wirtschaftsdüngern 138

Abbildung 61: OI-Verhältnis bezogen auf die gesamte Nutzenergie als Output-Variable 140

Abbildung 62: VFA_{ges}-Konzentrationen aus Biogasanlagen in der Praxis (n=280) 144

Abbildung 63: pH-Wert-Verteilung in NAWARO-Anlagen und Abfall-Anlagen 145

Abbildung 64: Verteilung der VFA_{ges}-Konzentrationen in NAWARO- und Abfall-Anlagen 147

Abbildung 65: Verteilung der Essigsäure-Konzentrationen in NAWARO- und Abfall-Anlagen 148

Abbildung 66: Verteilung der Propionsäure-Konzentrationen in NAWARO- und Abfall-Anlagen 148

Abbildung 67: Verteilung der iso-Buttersäure-Konzentrationen in NAWARO- und Abfall-Anlagen 148

Abbildung 68: Verteilung der Buttersäure-Konzentrationen in NAWARO- und Abfall-Anlagen 149

Abbildung 69: Verteilung der iso-Valeriansäure-Konzentrationen in NAWARO- und Abfall-Anlagen 149

Abbildung 70: Verteilung der Valeriansäure-Konzentrationen in NAWARO- und Abfall-Anlagen 149

Abbildung 71: Verteilung der NH_4-N- und UAN-Konzentrationen in Abfall-Anlagen 151

Abbildung 72: Zusammenhang zwischen oTS und VFA_{ges}-Konzentration in Hauptfermentern 151

Abbildung 73: Verteilung der TS- und oTS-Gehalte *stabiler* NAWARO-Anlagen 152

Abbildung 74: Clusteranalyse von Anlagen ≤100 kW_{el} und >100 kW_{el} 156

Abbildung 75: Clusteranalyse von NAWARO- und Abfall Anlagen 160

Abbildung 76: Clusteranalyse von Anlagen mit einem Wirtschaftsdünger-Anteil <30 % und ≥30 % der Frischmasse 163

Abbildung 77: Korrelation des Wirtschaftsdünger-Anteils mit der Summe aus *Gärrest-THG-Emissionen* und *Wirtschaftsdünger-Gutschriften* 165

Abbildung 78: Clusteranalyse von Anlagen mit HRT <100 d und ≥100 d 166

Abbildung 79: Spezifische THG-Emissionen aus der Gärrest-Lagerung in Abhängigkeit von HRT 167

Abbildung 80: Spezifische SO_2-Emissionen und Gutschriften 218

Abbildung 81: Spezifische NO_x-Emissionen und Gutschriften 218

Abbildung 82: Spezifische CO-Emissionen und Gutschriften 219

Abbildung 83: Spezifische NMVOC-Emissionen und Gutschriften 219

Abbildung 84: Spezifische Staub-Emissionen und Gutschriften 220

Abbildung 85: Spezifische NH_3-Emissionen und Gutschriften 220

9 Anhang

9.1 Fragebogen zur Datenerhebung

Tabelle 28: Fragebogen zur Erhebung der charakterisierenden Daten von Biogasanlagen

Parameter	Beschreibung	Einheit
A. Technisch-funktionelle Anlagenbeschreibung		
A.1. Substrat		
A.1.1. Produktion und Transport		
A.1.1.1. Feldfrüchte		
Kulturart	z. B. Mais Ganzpflanzen-Silage, Grassilage	Beschreibung
dazu jeweils:		
Mengen	Angabe der Substratmasse von siliertem Substrat. Bei Angabe in m³ → Umrechnungsfaktoren! *	$t_{Frischmasse}/a$
durchschnittliche Schlaggröße		ha
gesamte Erntefläche		ha
Substratcharakterisierung	Trockensubstanz	%
	organische Trockensubstanz	%
	CSB	g/kg
Kosten netto (inkl. Ernte und Transport, ab Silo)	falls keine Werte angegeben werden → ÖKL-Werte *	$€/t_{Frischmasse}$
Anbauverfahren	Pflug, Saatbeet-kombination	Beschreibung
	Pflug, kombinierter Anbau	
	Grubber, kombinierter Anbau	
	Direktsaat	
zur Biogasgülle zusätzlich verwendete Dünger	ausgebrachte Mengen	kg/ha
Spritzmittel	Herbizide, Fungizide, Insektizide, Molluskizide	kg/ha
Feldweg	durchschnittl. Entfernung Bauernhof-Felder	km
Transportweg zur Biogasanlage	Durchschnitt	km
Transportmittel zur Biogasanlage	Transportmittel (z. B. Traktor + Anhänger)	Beschreibung
dazu:	durchschnittliche Beladung	t
dazu:	Leistung des Transportfahrzeugs	PS/kW
Anbaufläche gesamt	gesamte Bewirtschaftungsfläche, die für den Anbau von Substrat für die Biogasanlage vorgesehen ist	ha
A.1.1.2. Wirtschaftsdünger		
Art des Wirtschaftsdüngers	z. B. Rindergülle, Hühnermist	Beschreibung
dazu jeweils:		
Mengen	bei Angabe in m³ → Umrechnungsfaktoren! *	$t_{Frischmasse}/a$

Tabelle 28: Fortsetzung

Substratcharakterisierung	Trockensubstanz	%
	organische Trockensubstanz	%
	CSB	g/kg
Kosten netto (inkl. Transport)		€/tFrischmasse
Transportweg zur Biogas-anlage	Durchschnitt	km
Transportmittel zur Biogas-anlage	Transportmittel (z. B. Traktor + Güllefass)	Beschreibung
dazu:	durchschnittliche Beladung	t
dazu:	Leistung des Transportfahrzeugs	PS/kW
A.1.1.3. Abfälle (Positivliste und sonstige Abfälle)		
Art des Reststoffs	z. B. überlagerte Futtermittelmittel, Rübenschnitzel; Speisereste, Glycerin	Beschreibung
dazu jeweils:		
Mengen	bei Angabe in m³ → Umrechnungsfaktoren! *	$t_{Frischmasse}$/a
Substratcharakterisierung	Trockensubstanz	%
	organische Trockensubstanz	%
	CSB	g/kg
Kosten netto (inkl. Transport)		€/$t_{Frischmasse}$
Transportweg zur Biogasanlage	Durchschnitt	km
Transportmittel zur Biogas-anlage	Transportmittel (z. B. Traktor + Güllefass)	Beschreibung
dazu:	durchschnittliche Beladung	t
dazu:	Leistung des Transportfahrzeugs	PS/kW
A.1.1.4. Wasser		
Gelangen Oberflächenwässer (Regenwasser) in die Anlage?	falls die Menge nicht bekannt ist → abschätzen durch Niederschlagsmenge und Fläche	m³/a
Werden Hausabwässer in die Anlage geleitet?	abschätzen: Anzahl Personen im Haushalt multipliziert mit 0,14 m³/d	m³/a
Wird zusätzlich Wasser zugegeben?		m³/a
A.1.2. Lagerung, Vorbehandlung und Einbringung		
A.1.2.1. Lagerung		
Datenerfassung bei der Anlieferung der Substrate	z. B. Brückenwaage, Lieferschein, Kubatur	Beschreibung
Speicher für feste und flüssige Substrate	z. B. Fahrsilo, Hochsilo, Güllelager	Beschreibung
dazu:		Anzahl
dazu:	bei Fahrsilos: Gesamtfläche	m²
dazu:	Gesamtvolumen	m³
Falls Fahrsilo:	Art der Abdeckung (Plane oder Gründecke)	Beschreibung
dazu:	Wohin laufen die Sickerwässer?	Beschreibung
Ort der Lagerung	z. B vor Ort, Außenfläche	Beschreibung
vorgelagerte Behälter zur Substrateinbringung	z. B. Vorgrube, Mischgrube, Hydrolysestufe	Beschreibung
dazu:	Volumen	m³
Mischeinrichtung des vorgelagerten Behälters		Beschreibung
dazu:	el. Leistungsaufnahme	kW
dazu:	Laufzeit	h/d
dazu:	Stromverbrauch	kWh/d

Tabelle 28: Fortsetzung

für Abfallentsorger	Maßnahmen zur Vermeidung von Geruchsemissionen (z. B. Biofilter)	Beschreibung
dazu:	el. Leistungsaufnahme	kW
dazu:	Laufzeit	h/d
dazu:	Stromverbrauch	kWh/d
A.1.2.2. Vorbehandlung (exkl. Silierung)		
Werden Substrate vorbehandelt?	Welche? Art der Vorbehandlung: z. B. Mahlen, Quetschen, Hygienisieren, Sieben, Handsortierung, Magnetscheider, Aufkochen	Beschreibung
dazu:	Leistungsaufnahme der Vorbehandlungseinrichtung	$kW_{el/therm}$
dazu:	Laufzeit	h/d
dazu:	Stromverbrauch/Wärmebedarf	$kWh_{el/therm}/d$
Kosten ***	Welche Kosten, die bei den Substratkosten nicht berücksichtigt wurden, fallen bei der Vorbehandlung an?	€
Zusatzstoffe	Welche Zusatzstoffe werden dem Biogasprozess zugegeben (z. B. Enzyme, Zeolithe)?	Beschreibung
A.1.2.3. Einbringung Feststoffe		
Entfernung Lagerort - Feststoffeinbringung	Durchschnitt	m
Transportmedium	z. B. Teleskoplader, Frontlader, Kran	Beschreibung
dazu:	Transportkapazität	m^3
dazu:	Betriebsstunden pro Jahr (ausschließlich für die Beschickung!)	h/a
dazu:	Treibstoffverbrauch	l/h
Feststoffeinbringung	z. B. Mischwagen, Schubboden, Einspülschacht, Mischgrube	Beschreibung
dazu:	el. Leistungsaufnahme	kW
dazu:	Laufzeit	h/d
dazu:	Stromverbrauch	kWh/d
Mengenerfassung	Wie werden die eingesetzten Mengen erhoben (Brückenwaage, Wiegezellen, Kubatur, andere Methode, gar nicht)?	Beschreibung
A.1.2.4. Einbringung Flüssige Substrate		
Flüssigeinbringung	z. B. zentrale Pumpstation, Drehkolbenpumpe, Kreiselpumpe	Beschreibung
dazu:	el. Leistungsaufnahme	kW
dazu:	Laufzeit	h/d
dazu:	Stromverbrauch	kWh/d
Mengenerfassung	z. B. Durchflusszähler, Förderkennzahl, Füllstand Vorgrube, andere Methode, gar nicht	Beschreibung
A.2. Fermentation		
A.2.1. Fermenterbauweise		
Angabe je Fermenter:		
Fermentergeometrie	z. B. Rührkessel, Rohrfermenter, Quader	Beschreibung
Fermenterdimension	Durchmesser, Innenhöhe, Nutzhöhe, Länge, Breite	m
Arbeitsvolumen	Fermentervolumen abzgl. Volumen Gasraum	m^3
Bauweise	z. B. oberirdisch, tw. eingegraben, eingegraben	Beschreibung
Fermentermaterial	z. B. Stahlbeton, Stahl	Beschreibung
Wärmedämmung	Material, Stärke [cm]	Beschreibung
Betriebstemperatur bzw. Temperaturbereich		°C

Tabelle 28: Fortsetzung

tritt Selbsterwärmung auf?		Beschreibung
Kühlmöglichkeit vorhanden		Beschreibung
Bodenaustrag	z. B. Sandrechen, hydraulischer Abzug	Beschreibung
dazu:	el. Leistungsaufnahme	kW
dazu:	Laufzeit	h/d
dazu:	Stromverbrauch	kWh/d
Fermenterabdeckung	z. B. Stahlbeton, Gaszelt, andere	Beschreibung
Fließschema/ Prozessablauf	Welche Fermenter werden wie beschickt?	Beschreibung
Beschickungsintervall	Intervall der Substrateinbringung	Beschreibung
A.2.2. Rührwerks- und Mischtechnik		
Angabe je Fermenter:		
Methoden	z. B. Propellerrührwerk, Paddelrührwerk, hydraulisches Umpumpen, pneumatisch	Beschreibung
Rühr- bzw. Mischintervalle	Laufzeit und Rührpausen	Beschreibung
dazu:	el. Leistungsaufnahme	kW
dazu:	Laufzeit	h/d
dazu:	Stromverbrauch	kWh/d
A.2.3. Fermentationsparameter		
Angabe je Fermenter:		
pH-Wert	Konzentrationsbereich	-
Freie Flüchtige Fettsäuren	Konzentrationsbereich	mg/l
chemischer Sauerstoffbedarf	Konzentrationsbereich	g/l
Gesamtstickstoff nach Kjeldahl	Konzentrationsbereich	g/l
Ammonium-Stickstoff	Konzentrationsbereich	mg/l
Trockensubstanz	Konzentrationsbereich	%
organische Trockensubstanz	Konzentrationsbereich	%
dazu:	Häufigkeit der Erhebung (1/a)	Beschreibung
A.3. Biogas		
A.3.1. Messung		
A.3.1.1. Menge		
Messeinrichtung für Gasvolumen	z. B. induktiv, Zähluhr	Beschreibung
durchschnittliche Biogasmenge	Bedarf bei Volllast der BHKW	m³/h
Messbedingungen	Druck und Temperatur	Beschreibung
A.3.1.2. Zusammensetzung		
Welche Gase werden gemessen?		Beschreibung
durchschnittliche Konzentration	CH_4, CO_2, O_2, N_2, H_2S	% bzw. ppm
Wie häufig wird die Qualität erhoben?	Beschreibung	
Eigene oder externe Gasmessung?		Beschreibung
Methode		Beschreibung
A.3.2. Aufbereitung		
A.3.2.1. Entschwefelung		
Methode	z. B. Lufteintrag in Fermenter	Beschreibung
Steuerung	z. B. automatisch, manuelle Steuerung	Beschreibung
dazu:	Ort des Lufteintrags	Beschreibung
dazu:	el. Leistungsaufnahme	kW

Tabelle 28: Fortsetzung

dazu:	Laufzeit	h/d
dazu:	Stromverbrauch	kWh/d
A.3.2.2. Kondensation		
Kondensatabscheidung	z. B. Kondensatschacht, Gaskühlung	Beschreibung
dazu:	Kondensatschacht vor oder nach dem Gasspeicher?	Beschreibung
dazu:	el. Leistungsaufnahme	kW
dazu:	Laufzeit	h/d
dazu:	Stromverbrauch	kWh/d
A.3.2.3. Sonstige Gasaufbereitung		
Sonstige Gasaufbereitung	z. B. Druckwechseladsorption (PSA), Druckwasserwäsche (DWW), Membrantrennverfahren	Beschreibung
dazu:	Leistungsaufnahme	kW
dazu:	Laufzeit	h/d
dazu:	Stromverbrauch	kWh/d
A.3.3. Speicherung		
Anzahl der Gasspeicher		Anzahl
Gasspeicher	z. B. Ort, Material, etc.	Beschreibung
Speichervolumen ges.	gesamtes Speichervolumen	m³
Speicherkapazität	errechnet aus "max. Gasbedarf" und "Speichervolumen ges."	h
Sicherheitsvorrichtung bei Gasüberschuss	z. B. Gasfackel, Zweit-BHKW, Gasbrenner, nichts	Beschreibung
A.3.4. Nutzung		
Nutzung des Biogases durch	z. B. BHKW, Gasbrenner, Einspeisung ins Erdgasnetz, Verwendung als Treibstoff	Beschreibung
max. Gasbedarf	max. Gasbedarf sämtlicher Einrichtungen (in Betriebskubikmeter)	m_B^3/h
A.3.4.1. Verstromung		
Angabe je Blockheizkraftwerk (BHKW):		
BHKW	Hersteller, Type, Zündstrahlaggregat	Beschreibung
Zündstrahlaggregat?		Beschreibung
dazu:	Zündölverbrauch	[l/a]
dazu:	Zündöl (z. B. Diesel, RME, Pflanzenöl)	Beschreibung
el. Nennleistung		kWh_{el}
therm. Nennleistung		kWh_{therm}
el. Wirkungsgrad	lt. Hersteller	%
Lambda		-
Gasbedarf		Nm³/h
Betriebsstunden		h/a
Volllaststunden	errechnet aus "el. Nennleistung" und "jährl. Betriebsstunden"	h/a
Ölstandszeiten	Angabe in Betriebsstunden	h
Ölwechsel	errechnet aus "Betriebsstunden" und "Ölstandszeiten"	Anzahl
Ölwechselmenge		l
Ölverbrauch	errechnet aus "Ölwechsel" und "Wechselmenge"	l/a
Ölbedarf	errechnet aus "Ölverbrauch" sämtlicher BHKW	l/a
Jahresarbeit elektrisch	jährlich produzierte Strommenge	kWh_{el}/a
jährl. Netzeinspeisung	Wieviel Strom wird jährl. in das Netz gespeist?	kWh_{el}/a
el. Eigenbedarf	Strombedarf der gesamten Biogasanlage (inkl. Rührwerke, Umlaufpumpen, etc.)	kWh_{el}/a

Tabelle 28: Fortsetzung

dazu:	Messwert, Schätzwert oder Rechenwert?	Beschreibung
Systemgeräte	z. B. Kühlgebläse, Umlaufpumpen (Motorkühlung, Wärmetauscher, Heizung, ...), Anlagentechnik (Steuer- und Regeltechnik, Licht)	Beschreibung
dazu:	Leistungsaufnahme	kW
dazu:	Laufzeit	h/d
dazu:	Stromverbrauch	kWh/d
Arbeitszeitbedarf	Für die Instandhaltung der BHKW	h/a
Betriebskosten BHKW ***	z. B. Instandhaltungsvertrag, Motorenöl, Zündöl, Ölfilter, Luftfilter, Zündkerzen, Ersatz- und Verschleißteile, Reparatur, Service, Servicevertrag	€/a
Abgaswerte BHKW	Anmerkung: Bezug erheben! (Werte häufig auf 5 % O_2 bezogen): O_2, NO_x, NMVOC, CO, CH_4, SO_2	O_2: [%]; Rest: [ppm] od. [mg/Nm³]
A.3.4.2. Abwärmenutzung		
Jahresarbeit thermisch	durch BHKW jährlich produzierte Wärmemenge	[kWh$_{therm}$/a]
dazu:	Messwert, Schätzwert oder Rechenwert?	Beschreibung
therm. Eigenbedarf der Biogasanlage	für Fermenter, Hygienisierung	[kWh$_{therm}$/a]
dazu:	Messwert, Schätzwert oder Rechenwert?	Beschreibung
externe Wärmenutzung	z. B. Heizung, Nahwärmenetz, Warmwasserbereitung	Beschreibung
dazu:	bei Nahwärmenetz - Altbestand?	Beschreibung
substituierter. Energieträger	Welcher Energieträger wurde durch die Abwärmenutzung substituiert?	Beschreibung
dazu:	substituierte Mengen	t bzw. m³
extern genutzte Wärmemenge	jährlich genutzte Wärmemenge (ohne Eigenbedarf der Anlage)	kWh$_{therm}$/a
dazu:	Messwert, Schätzwert oder Rechenwert?	Beschreibung
externe Wärmenutzung - Abnehmerleistung		kW
A.3.5. Prozesskontrolle/Sicherheit		
Möglichkeit zur Probenentnahme	z. B. Probenahmehahn (Angabe Durchmesser!), Mannloch	Beschreibung
Zutrittsmöglichkeit	Mikrobaggerzutritt, Mannloch	Beschreibung
Automatische Benachrichtigung bei Störfällen	z. B. elektronische Benachrichtigung auf Mobiltelefon	Beschreibung
Prozesskontrolle Beschickung	elektronisch, automatisch und/oder zentral	Beschreibung
Prozesskontrolle Rührwerke	elektronisch, automatisch und/oder zentral	Beschreibung
Datenerfassung	z. B. Beschickungsmenge, Temperatur, pH, Biogaszusammensetzung, Biogasvolumen, Betriebsstunden BHKW, prod. Strommenge, Eigenstrombedarf	Beschreibung
Kalibration	Wie oft werden die Messgeräte zur Prozessüberwachung kalibriert?	Beschreibung
Häufigste Problemzonen	z. B. durchgebrannte Turbolader, Bruch der Rührwelle, Geruchsprobleme, Wartungsprobleme	Beschreibung
Ausfälle seit Inbetriebnahme	z. B. Anzahl, Ursache (Überhitzung, Versäuerung, Schaum, ...), Dauer	Beschreibung

Tabelle 28: Fortsetzung

bei Abfallverwertungsanlagen: Maßnahmen zur Emissionsvermeidung	z. B. Anlieferung offen oder geschlossen, Abgas der Vorgrube über Biofilter, etc.	Beschreibung

A.4. Gärrest

A.4.1. Gärrestlagerung

Anzahl Gärrestlager		Anzahl
Angabe je Gärrestlager:		
Ort der Gärrestlagerung	z. B. vor Ort oder außerhalb des Betriebsgeländes (bei Partnerbetrieb)	Beschreibung
Geometrie	z. B. Rührkessel, Rohrfermenter, Quader	Beschreibung
Maße	Länge, Breite, Nutzhöhe, Durchmesser	m
Endlagervolumen		m^3
Oberfläche des offenen Gärrestlagers		m^2
Bauweise	z. B. oberirdisch, tw. eingegraben, eingegraben	Beschreibung
Baumaterial	z. B. Stahlbeton, Stahl, Lagune	Beschreibung
Abdeckung	z. B. keine, Stahlbeton, Gaszelt	Beschreibung
Endlager-Volumen gasdicht	Gesamtvolumen der gasdichten Endlager	m^3
Verweilzeit gasdicht	errechnet aus "Endlager-Volumen gasdicht" und täglicher Beschickungsmenge	d
Betriebstemperatur bzw. -bereich		°C
Kapazität der Endlager	errechnet aus Summe der "Endlager-Volumen" und "Menge Gärrest"	d

A.4.2. Gärrestnutzung

Menge Gärrest	berechnet aus Mengen Substrat und Wasser, abzgl. Masse Biogas	m^3/a
Aufarbeitung des Gärrests	z. B. fest-flüssig-Separation, Ultrafiltration, Umkehrosmose	Beschreibung
dazu:	aufgearbeitete Mengen	m^3/a
dazu:	el. Leistungsaufnahme	kW
dazu:	Laufzeit	h/d
dazu:	Stromverbrauch	kWh/d
Art der Ausbringung	z. B. Schleppschlauch, Prallteller, …	Beschreibung
gesamte Ausbringfläche		ha
ausgebrachte Mengen	berechnet aus "Menge Gärrest" und "gesamte Ausbringfläche"	$m^3/(ha*a)$
Transportmittel Biogasanlage-Feld	z. B. Tankwagen, Traktor	Beschreibung
dazu:	durchschnittliche Leistung	PS/kW
dazu:	Transportkapazität	m^3
dazu:	Betriebsstunden für den Transport	h/a
dazu:	durchschnittliche Entfernung Endlager-Feld	km
Ausbringfahrzeug	z. B. Traktor, Gülletruck	Beschreibung
dazu:	durchschnittliche Leistung	PS
dazu:	Kapazität je Ausbringung	m^3
dazu:	Betriebsstunden für das Ausbringen	h/a
Ausbringkosten ***	Ausbringkosten, die nicht der Pflanzenproduktion zugeschrieben werden	€/a

Tabelle 28: Fortsetzung

Verwendung des aufgearbeiteten Produkts		Beschreibung
Gärrestentsorgung	entsorgte Mengen	t/a
Entsorgungskosten ***		Kosten
A.4.3 Qualität des Gärrests		
pH-Wert		-
Freie Flüchtige Fettsäuren		mg/l
chemischer Sauerstoffbedarf		g/l
Gesamtstickstoff nach Kjeldahl		g/l
Ammonium-Stickstoff		mg/l
Trockensubstanz		%
organische Trockensubstanz		%
P2O5		mg/kgTS
K2O		mg/kgTS
Konzentration Spurenstoffe und Schwermetalle	relevant bei Abfallbehandlungsanlagen	mg/kgTS
Hygienestatus	relevant bei Abfallbehandlungsanlagen	Beschreibung
dazu:	Häufigkeit der Erhebung	1/a
B. Ökonomische Parameter * **		
Gesamtinvestitionssumme		€
Betriebskosten für:		
Personal		€/a
Instandhatung/Reparatur/Wartung	der gesamten Biogasanlage, z. B. Zündkerzen, Motorenöl, ...	€/a
Betriebskosten der Anlagenfahrzeuge	für Treibstoff, Versicherung, Abschreibung	€/a
Versicherung der Biogasanlage		€/a
Kosten EVU	Stromzukauf, Zählermiete, Grundpreis	€/a
Sozialversicherung	des Betreibers	€/a
Rechts- und Beratungskosten; Buchhaltung		€/a
Analysen	Fermenter- und Gärrestanalysen	€/a
Telefonkosten		€/a
Zusatzmittel für die Fermenter		€/a
Siloanstrich und Silofolie		€/a
sonstige Betriebsmittel	z. B. Fermenterzusatzmittel, etc.	€/a
Einspeisetarif	Angabe bzw. Beschreibung falls Genehmigung vor 2003	ct/kWhtherm
Einnahmen durch Stromverkauf		€/a
Wärmepreis		€/MWhtherm
Einnahmen durch Wärmeverkauf		€/a
Arbeitsbedarf für den Anlagenbetrieb	z. B. Beschickung, Instandhaltung, Reparatur, Wartung	h/d
wöchentlicher Büroaufwand		h/Wo
C. verwendete Baumaterialien * ***		
verwendete Baumaterialien		Einheit
Beton	z. B. Fermenter, Betriebsgebäude, Siloplatte, etc.	t
Mauerziegel		t
Verputz		t
Dämmung		t
Dachziegel		t
Holz		t

Tabelle 28: Fortsetzung

Edelstahl	z. B. Gasleitung	t
Baustahl		t
Blech	z. B. Fermenterverkleidung	t
Kunststoff	z. B. Gasleitung, Membranspeicher etc.	t
Schotter		m³
Asphalt		t
Versiegelte Fläche gesamt	für Fermenter, Betriebsgebäude, Silos, Straßen, etc.	m²

* Falls die Substratmengen nur in Kubikmetern angegeben werden können, werden die Angaben mit den Dichten aus der Tabelle 29 „Dichten unterschiedlicher Substrate" umgerechnet.
** Falls keine Werte angegeben werden, werden Werte aus den Standarddeckungsbeiträgen (BMLFUW 2002a) eingesetzt (siehe Tabelle 30 „Eigenschaften, Erträge und Produktionskosten unterschiedlicher Substrate".
*** Sämtliche Kosten werden netto abgefragt.
**** Umrechnungstabelle siehe Tabelle 31 „Baumaterialien".

9.2 Umrechnungstabellen zur Berechnung der Anlagenkennzahlen

Tabelle 29: Dichten unterschiedlicher Substrate

Substrat	kg/m³
Mais-GPS*	0,75
unverdichtet	0,48
Getreideausputz	0,3 - 0,4**
Grassilage	0,6 - 0,8**
Grünschnittroggensilage	0,7 - 8**
Sonnenblumensilage	0,8
Sudangrassilage	0,65
Weizenkorn	0,8
Pferdemist	
mit viel Einstreu	0,375
ohne Einstreu	0,63
Rinderfrischmist	0,725 - 0,83**
Rindergülle	1,0
Schweinemist	0,725
Schweinegülle	1,0
Hühnermist	0,5 – 1,0**
Schlachtabfälle	1,0
Flotatfett	0,95
Glycerinphase	0,9

* GPS = Ganzpflanzensilage
** je nach Schätzung Landwirt

Tabelle 30: Eigenschaften, Erträge und Produktionskosten unterschiedlicher Substrate (BMLFUW, 2002a)

Substrat Bezeichnung	TS [%]	oTS [%]	CSB [g/kg FM]	Erntemenge Min [t/ha]	Erntemenge Max [t/ha]	Produktionskosten Min [€/ha]	Produktionskosten Max [€/ha]	Produktionskosten Durchschnitt [€/t]
Grassilage Anwelksilage	37,43	33,30	522	20,6	30,8	360	493	16,73
Grassilage Rundballensilage						531	729	24,71
Gras Grünschnitt	18,20	16,45	258	40,0	60,0	360	493	8,60
Hafer-GPS *	41,67	38,62	606					
Heu (Wiesenheu)	86,00	78,26	1228	8,4	12,6	303	416	34,52
Karotten	11,80	11,30	158					
Kartoffel	22,50	22,00	300					
Kleegrassilage; inkl Ernte und Silieren	40,29	35,66	559	20,6	41,1	539	700	21,59
Luzerne Gras Gemenge (frisch)	18,81	16,61	261					
Luzerne Silage	34,16	29,82	468					
Landsberger Gemenge	37,43	33,30	522	30,0	40,0			
Mais, CCM-Silage; inkl Ernte und Silieren	64,13	62,96	831	9,2	15,3	647	779	60,84
Mais, GPS; exkl. Ernte	34,58	33,23	452	30,0	55,0	497	706	14,70
Mais, GPS; inkl Ernte und Silieren				30,0	55,0	706	971	20,59
Mais, Korn trocken	87,00	85,83	1132					
Rapssilage	13,39	11,24	176	23,6	27,5	808	808	31,83
Roggen-GPS; inkl Ernte und Silieren	25,38	22,56	354	30,0	40,0	470	563	14,87
Roggen Grünschnitt	23,24	20,69	300	19,3	29,0			
Soja				3,8	3,8			
Sonnenblumensilage; inkl Ernte und Silieren	21,67	19,41	327	30,0	50,0	630	742	17,93
Sudangrassilage	38,60	35,94	564	25,9	51,8	448	448	12,96
Weizenkorn; inkl. Lohndrusch	86,22	84,45	1085	4,0	7,5	422	616	93,90
Weizen-GPS	46,88	43,60	684					
Wintergerste	86,22	84,45	1085					22,89

Tabelle 31: Baumaterialien

	Dichte t/m³
Beton	2,3
Mauerwerk	
Klinker	1,9
Vollziegel	1,6
Ziegel HLZ 25/25	1,12
Ziegel 30 por.	1,12
Ziegel 38 por. N+F	0,92
Ziegel 45 por. N+F	0,66
Mörtel	1,8
Dämmstoffe	
Expand. Polystyrol EPS	0,02
Extrud. Polystyrol XPS	0,035
Polyurethan-Schaum	0,035
Dachziegel	2,0
Weichholz	0,6
Hartholz	0,8
Stahl u. Blech	7,8

9.3 Anlagenüberblick

Tabelle 32: Charakteristische Anlagendaten

Anlagen-Nr.	Fermenter Nutzvolumen			Baumaterial (Beton=B, Stahl=S)	Anzahl BHKW	BHKW			
	HF	NF	ELg			Hersteller	P_{inst} [kWel]	Zündstrahl	Wirkungsgrad [%]	O2-Gehalt Abgas [%]
1	1.681	2.638		B	1	Jenbacher	500		37,0	8,1
2	1.352	1.298		B	1	Jenbacher	500		37,0	8,1
3	633		899	B	2	MAN	99		33,0	7,6
4	1.106		1.106	B	2	MAN	236		33,8	8,6
5	588		1.791	B	1	Oberdorfer	100		35,0	5,5
6	847	622		B	2	MAN	202		32,7	7,8
7	599		1.206	B	1	Oberdorfer	100		35,0	9,2
8	677	677		B	2	MAN	220		34,0	7,1
9	2.011	1.854		B	1	Jenbacher	500		39,8	10,4
10	2.701	2.701		B	1	Jenbacher	500		37,0	8,1
11	925	925		B	2	MAN	220		32,9	7,1
12	5.911		10.837	S	2	Jenbacher	1.672		39,9	8,1
13	824		1.248	B	2	MAN	99		33,0	5,5
14	824		1.248	B	2	MAN	99		34,0	5,5
15	539	539		B	2	MAN	200		33,0	7,4
16	520	813		B	2	MAN	100		31,5	7,6
17	270			S	1	Opel	18		30,0	9,0
18	1.729	1.729	4.000	B	2	MDE	500		34,0	7,4
19	1.665	1.665		B	1	Jenbacher	500		39,2	5,9
20	3.982		7.200	S	1	Deutz	1.000		40,0	8,1
21	2.285	2.714		B	1	Jenbacher	500		38,2	8,1
22	903	1.527		S	1	Deutz	920		40,0	8,1
23	1.944		3.600	B	2	Oberdorfer; MAN	489		36,6	7,1
24	437	437	725	B	2	MAN	125		33,0	7,4
25	333	333	0	B	2	MAN, (37+62)	99		33,0	7,4
26	99	297		S	1	Ford	48		28,0	7,4
27	508	508		B	2	MAN	99		33,0	7,4
28	163	884	972	B,S	1	Deutz	190		32,0	7,4
29	342	342		B	2	MAN	99		33,0	7,4
30	523	361		B	1	Oberdorfer	100		34,0	6,0
31	1.597	905		B	2	MAN	392		34,3	7,4
32	393		600	S	1	Ford (Hochreiter)	45		26,7	9,0
33	447		945	B	2	Opel; John Deere (Z.)	36	1	21,7	7,5
34	743	286	758	B	3	Oberdorfer; MAN	320		33,8	5,7
35	486		760	B	1	Oberdofer	100		35,0	6,0
36	1.325	1.325		B	1	Jenbacher	500		39,8	6,5
37	795		1.196	B	1	MAN	100		33,4	7,1
38	1.460		1.728	B	2	Schnell	200	2	34,0	8,4
39	708		1.206	B	1	Baldur	40		31,3	5,3
40	503	475		B	1	Schnell	55	1	34,5	8,4
41	2.398	2.398		B	1	Deutz	500		40,0	8,1

Tabelle 32: Fortsetzung

Anlagen-Nr.	Substrat [t FM/a]	Substrat															org. Reststoffe u. Abfälle [% FM]
		NAWARO						Wirtschaftsdünger									
		[% FM]	Mais GPS	Mais CCM	Grassilage	Getreide GPS	Getreide Korn	Sonnenblume	[% FM]	RGülle	SGülle	HGülle	RJauche	RMist	SMist	PMist	GMist	HTrockenkot	
1	10.100	71,6	x	x					14,8		x							13,5
2	12.900	24,5	x	x	x				56,6		x							19,0
3	2.750	69,1	x					x	30,9	x				x				0,0
4	6.500	61,1	x		x		x		38,9	x	x							0,0
5	3.300	37,1	x			x		x	58,3	x	x			x				4,5
6	5.250	0,0							34,8	x								65,2
7	3.400	49,5	x		x			x	43,0	x								7,5
8	5.850	68,7	x			x			31,3	x								0,0
9	10.600	41,6	x	x	x	x	x		52,1	x							x	5,4
10	9.900	86,2	x					x	13,8	x								0,0
11	6.900	26,4		x	x				62,0	x					x			11,5
12	20.000	8,2	x				x		0,0									91,8
13	3.350	49,8		x	x				50,2			x						0,0
14	3.500	46,8	x		x	x		x	53,2	x				x		x		0,0
15	5.700	27,8	x		x	x		x	44,0	x	x				x			28,2
16	1.300	50,0	x				x	x	0,0									50,0
17	2.000	0,0							55,0		x					x		45,0
18	11.200	42,4	x	x	x				49,0	x	x							8,5
19	10.700	54,8	x	x	x	x			44,6	x				x				0,6
20	21.500	46,5	x	x					44,2	x	x							9,3
21	10.700	82,7	x	x		x			17,3	x								0,0
22	11.900	9,7		x					66,2	x								24,2
23	4.800	74,1	x	x	x				25,9	x					x			0,0
24	6.600	12,5	x		x				37,4	x					x			50,0
25	3.750	12,5	x		x				31,5			x	x					55,9
26	1.900	12,0	x					x	41,7	x								46,4
27	5.350	17,0	x		x				81,1	x					x		x	2,0
28	1.500	0,0							11,6	x								88,4
29	2.100	28,9	x		x	x			13,9						x			57,2
30	3.350	61,4							38,6	x		x	x					0,0
31	13.600	27,4	x	x	x		x		67,2	x						x	x	5,4
32	300	0,0							0,0									100,0
33	3.300	9,7						x	87,3	x	x			x				3,0
34	2.800	64,3	x	x	x				35,7	x								0,0
35	3.100	38,5	x		x	x		x	43,8	x			x					17,7
36	10.000	100,0	x		x	x	x		0,0									0,0
37	3.250	31,9	x			x			37,3	x			x	x	x			30,8
38	15.850	0,0							77,2	x	x		x					22,8
39	1.900	24,9	x			x		x	75,1	x					x			0,0
40	2.800	24,2	x	x	x			x	46,6	x								29,2
41	10.600	100,0	x		x	x		x	0,0									0,0

Tabelle 32: Fortsetzung

Anlagen-Nr.	Menge [t/a]	Endlager				Gülle-Ausbringung				
		gasdicht	Anzahl offene	abged., n.g.	Lagune	Breitverteiler	Schlepp-schlauch	Schleppschuh	Schlitzdrill	Injektion
1	9.150		>2		x	100%				
2	10.500		>3			100%				
3	2.200	x	2			100%				
4	5.200	x	>3			100%				
5	2.750	x					100%			
6	3.500		1				100%			
7	2.900	x	1			90%	10%			
8	3.400		4			95%	5%			
9	8.100		4				100%			
10	8.600		1			100%				
11	6.450	x	>2				100%			
12	18.800	x					50%			50%
13	4.150	x	>1			100%				
14	4.350	x	>1			100%				
15	4.900		2	x		100%				
16	600	x	1			90%	10%			
17	1.900		>1				100%			
18	8.900	x					50%			50%
19	10.700		>2			100%				
20	17.700	x	4			50%	50%			
21	10.200		1				50%			50%
22	12.150		>2			100%				
23	3.400	x				30%	70%			
24	6.250	x	>1				100%			
25	5.150		>2			100%				
26	1.950		3			25%	25%			50%
27	4.850		1				100%			
28	1.650	x				100%				
29	1.250		1	x		100%				
30	3.500		>2			100%				
31	12.400		>3				100%			
32	1.250	o	1			100%				
33	3.300	x	>1			100%				
34	2.000	x	1			100%				
35	2.900	x	>1			100%				
36	8.100		2	x		100%				x
37	3.000	x	>1			100%				
38	15.700	x	>4				100%			
39	1.900	x				100%				
40	2.500	x	>2	x		100%				
41	9.100		1			100%				

9.4 Ökobilanzierung

Tabelle 33: Eingangsdaten zur Berechnung der Ökobilanzen

Anlagen-Nr.	Wege		vorgelagerte Emissionen Kraftstoffverbrauch				Düngermitteleinsatz		
	Traktor	Lkw	Ackerbau	Gülle-ausbringung	Einlagern/ Festfahren	Einbringung	N	K	P
	km/a	km/a	l Diesel/a	l Diesel/a	l Diesel/a	l Diesel/a	kg/a	kg/a	kg/a
1	14.191	5.966	11.213	3.115	1.455	3.500	0	0	0
2	26.956	8.681	6.975	3.038	568	3.720	0	0	0
3	1.469	0	2.702	578	342	730	0	0	0
4	5.027	0	6.205	1.598	657	2737,5	0	0	0
5	1.422	400	3.941	929	221	2.738	600	678	230
6	1.108	5.270	0	1.687	0	0	0	0	0
7	4.435	0	2.620	759	302	1.400	0	0	0
8	4.638	0	4.051	1.373	723	2.190	2.742	3.411	0
9	28.507	2.000	10.051	2.240	754	3.600	0	0	0
10	18.891	0	16.342	2.608	1.541	5.400	8.434	3.299	0
11	2.973	2.133	4.263	2.228	329	2.520	1.094	0	0
12	17.615	125.000	1.687	10.142	1.080	3.000	0	0	0
13	11.314	2.000	2.792	955	299	1.800	2.359	2.294	708
14	4.430	0	2.279	1.259	294	1.300	0	0	0
15	13.175	12.924	2.763	1.431	252	2.190	316	1.517	541
16	164	640	1.382	237	112	1.825	0	0	0
17	724	1.460	0	493	0	0	0	0	0
18	24.337	0	12.257	4.757	853	0	1.217	7.365	5.596
19	22.818	0	14.114	2.046	1.331	5.566	2.932	2.136	4.453
20	33.061 (Biodiesel)	13.408 (Biodiesel)	25.627 (Biodiesel)	4.714 (Biodiesel)	1.080 (Biodiesel)	9.461 (Biodiesel)	0	0	0
21	15.423	595	21.733	4.073	1.594	2.920	0	0	0
22	28.181	34.293	5.225	3.372	0	1.350	3.240	0	0
23	9.930	0	7.478	1.678	644	3.300	7.839	9.800	2.521
24	6.321	128.967	1.324	1.135	148	700	670	0	741
25	984	0	713	1.756	29	3.833	0	0	0
26	977	250	527	1.062	41	500	0	0	0
27	3.936	0	1.353	1.884	164	1.825	1.504	0	732
28	1.100	9.028	0	403	0	0	0	0	0
29	5.013	16.800	1.240	401	109	0	0	0	0
30	7.884	0	4.280	903	368	2.190	0	0	0
31	13.846	0	8.478	3.415	670	6.400	3.237	3.579	0
32	1.418	0	0	328	0	484	0	0	0
33	375	0	599	934	58	900	0	0	0
34	8.272	250	4.052	751	360	1.500	3.993	0	0
35	5.039	2.889	2.167	790	216	4.320	236	0	0
36	29.126	0	17.989	3.794	1.796	2.100	8.185	0	0
37	1.002	3.768	1.540	948	186	1.400	689	0	0
38	10.003	9.223	0	2.771	0	728	0	0	0
39	378	0	730	561	76	657	61	28	21
40	5.202	0	1.413	796	121	608	631	0	0
41	16.690	0	15.516	3.467	1.905	2.190	0	0	0

Tabelle 33: Fortsetzung

Anlagen-Nr.	Pflanzenschutz-mittel	Silofolie	vorgelagerte Emissionen Baumaterialien/Infrastruktur						
			Beton	Mauerziegel	Verputz	Dämmung	Dachziegel	Holz	Edelstahl
	kg/a	kg/a	t	t	t	t	t	t	t
1	240	417	4.250	33,0	18,0	6,0	20,0	31,0	5,0
2	140	172	3.000	33,0	18,0	6,0	20,0	31,0	10,0
3	63	83	1.250	22,0	2,0	0,6	0,0	0,0	4,5
4	70	183	2.091	51,4	6,1	2,5	9,6	12,5	3,0
5	52	195	1.175	101,0	2,0	0,5	5,0	1,5	2,7
6	0	0	1.100	101,0	2,0	0,5	5,0	1,5	2,7
7	41	87	1.175	101,0	2,0	0,5	5,0	1,5	2,7
8	121	206	2.091	51,4	6,1	2,5	9,6	12,5	3,0
9	424	330	3.500	30,0	10,0	2,0	30,0	50,0	10,0
10	355	413	5.060	36,0	18,0	3,0	10,0	12,0	5,0
11	42	165	2.091	51,4	6,1	2,5	9,6	12,5	3,0
12	49	0	4.311	44,0	18,7	4,7	26,7	41,3	210,0
13	20	720	1.100	101,0	2,0	0,5	5,0	1,5	2,7
14	0	83	1.100	180,0	0,0	0,4	10,0	3,0	0,9
15	53	99	2.091	51,4	6,1	2,5	9,6	12,5	3,0
16	46	0	1.250	22,0	2,0	0,6	0,0	0,0	4,5
17	0	0	206	4,0	0,4	0,1	0,0	0,0	0,8
18	251	138	5.060	36,0	18,0	3,0	10,0	12,0	5,0
19	243	385	5.060	36,0	18,0	3,0	10,0	12,0	5,0
20	575	275	2.000	30,0	10,0	4,0	30,0	50,0	210,0
21	230	0	4.250	33,0	18,0	6,0	20,0	31,0	5,0
22	124	0	2.333	20,0	6,7	6,0	20,0	33,3	10,0
23	156	138	3.500	30,0	10,0	9,0	30,0	50,0	5,0
24	24	50	1.175	101,0	2,0	0,5	5,0	1,5	2,7
25	10	18	1.175	101,0	2,0	0,5	5,0	1,5	2,7
26	22	20	588	50,5	1,0	0,3	2,5	0,8	13,7
27	16	55	1.175	101,0	2,0	0,5	5,0	1,5	2,7
28	0	0	1.100	0,0	0,0	0,5	5,0	10,0	5,7
29	11	0	1.175	101,0	2,0	0,5	5,0	1,5	2,7
30	0	112	1.100	180,0	2,0	0,4	10,0	3,0	0,9
31	98	690	5.060	36,0	18,0	3,0	10,0	12,0	5,0
32	0	0	588	50,5	1,0	0,3	2,5	0,8	18,4
33	36	18	588	50,5	1,0	0,3	2,5	0,8	0,5
34	65	174	1.336	32,8	3,9	1,6	6,1	8,0	1,9
35	44	0	1.175	101,0	2,0	0,5	5,0	1,5	2,7
36	283	275	2.128	0,0	0,0	2,0	0,0	0,0	15,0
37	26	55	1.100	180,0	2,0	0,4	10,0	3,0	0,9
38	0	0	2.091	51,4	6,1	2,5	9,6	12,5	3,0
39	18	28	1.000	8,8	0,8	0,2	0,0	0,6	1,8
40	26	86	1.100	180,0	2,0	0,4	10,0	3,0	0,9
41	242	495	5.060	36,0	18,0	3,0	10,0	12,0	5,0

Tabelle 33: Fortsetzung

Anlagen-Nr.	vorgelagerte Emissionen Baumaterialien/Infrastruktur								Gärrest-Emissionen Lagerung		
	Baustahl	Blech	Kunststoff	Schotter	Asphalt	BHKW-Investkosten	Motoröl	Zündöl	CH4	N2O	NH3
	t	t	t	m³	m³	EUR	l/a	l/a	kg/a	kg/a	kg/a
1	90,0	5,0	6,0	15.000	2.025	250.000	1.005	0	14.662	104	1.038
2	70,0	5,0	6,0	15.000	2.025	250.000	2.148	0	19.283	68	684
3	35,0	0,0	1,2	150	600	49.500	636	0	86	1	14
4	47,0	2,1	2,8	2.872	1.198	118.000	1.577	0	3.423	14	145
5	32,6	0,6	1,2	575	1.100	50.000	525	0	0	0	0
6	32,6	0,6	1,2	150	300	101.000	1.016	0	4.734	79	790
7	32,6	0,6	1,2	575	1.100	50.000	267	0	76	1	12
8	47,0	2,1	2,8	2.872	1.198	110.000	915	0	11.032	42	419
9	60,0	6,0	10,0	2.250	3.000	250.000	3.360	0	16.023	55	459
10	90,0	4,0	2,0	15.000	1.050	250.000	1.563	0	12.850	103	1.035
11	47,0	2,1	2,8	2.872	1.198	110.000	812	0	5.148	32	317
12	120,0	120,0	18,0	6.533	5.000	836.000	5.734	0	0	0	0
13	32,6	0,6	1,2	575	600	49.500	889	0	698	11	107
14	30,1	1,2	0,0	1.000	1.600	49.500	565	0	799	13	129
15	47,0	2,1	2,8	2.872	1.198	100.000	601	0	7.818	101	608
16	35,0	0,0	1,2	150	600	50.000	713	0	866	7	73
17	6,3	0,2	0,2	27	0	9.000	92	0	1.315	32	321
18	90,0	4,0	2,0	15.000	1.050	250.000	2.900	0	0	0	0
19	90,0	4,0	2,0	15.000	1.050	250.000	1.674	0	22.184	77	775
20	73,9	0,0	15,0	4.300	3.000	500.000	5.572	0	763	67	671
21	90,0	5,0	6,0	15.000	2.025	250.000	2.899	0	14.793	156	1.565
22	60,0	4,0	6,7	4.611	2.000	460.000	2.300	0	22.084	224	2.243
23	90,0	6,0	10,0	6.917	3.000	244.500	1.793	0	0	0	0
24	32,6	0,6	1,2	575	1.100	62.500	809	0	4.307	47	475
25	32,6	0,6	1,2	575	1.100	49.500	286	0	6.534	96	960
26	16,3	0,3	0,6	288	550	24.000	150	0	1.474	38	253
27	32,6	0,6	1,2	575	1.100	49.500	555	0	5.469	96	966
28	32,6	0,6	1,2	500	0	95.000	197	0	0	0	0
29	32,6	0,6	1,2	575	1.100	49.500	489	0	2.293	20	83
30	30,1	1,2	1,2	1.000	1.600	50.000	674	0	5.443	36	359
31	90,0	4,0	2,0	15.000	1.050	196.000	624	0	22.706	109	1.093
32	16,3	0,3	0,6	288	550	22.500	206	0	0	0	0
33	16,3	0,3	0,6	288	550	18.000	258	3.739	253	10	40
34	30,0	1,4	1,8	1.835	766	160.000	799	0	417	7	72
35	32,6	0,6	1,2	575	1.100	50.000	776	0	940	11	110
36	30,0	7,8	15,0	3.250	5.000	250.000	1.876	0	20.253	125	1.653
37	30,1	1,2	1,2	1.000	1.600	50.000	342	0	100	2	19
38	47,0	2,1	2,8	2.872	1.198	100.000	712	43.200	6.179	129	1.294
39	14,0	0,5	0,5	60	240	20.000	272	0	0	0	0
40	30,1	1,2	1,2	1.000	1.600	27.500	200	11.000	1.918	25	108
41	90,0	4,0	2,0	15.000	1.050	250.000	1.155	0	13.939	86	863

Tabelle 33: Fortsetzung

Anlagen-Nr.	Gärrest-Emissionen Ausbringung			Emissionen aus dem BHKW					Output-produkt	Koppel-produkt
	CH4	N2O	NH3	NOx (als NO2)	NMVOC	CO	CH4	SO2	Strom netto	Wärme genutzt
	kg/a	kg/a	kg/a	kg/a	kg/a	kg/a	kg/a	kg/a	kWh/a	kWh/a
1	30	38	7.012	3.382	484	4.167	9.976	317	3.220.000	285.000
2	34	44	9.701	3.832	549	4.721	7.928	303	3.636.550	2.000.000
3	7	9	1.637	2.121	98	1.926	2.331	13	791.280	450.000
4	17	22	3.890	3.269	226	4.926	5.690	213	1.740.000	145.775
5	9	12	781	941	74	1.620	2.365	56	640.000	285.000
6	11	15	1.371	1.855	125	2.792	3.340	86	1.017.281	475.000
7	9	12	1.296	1.089	87	551	2.037	57	695.391	129.006
8	11	14	1.641	2.924	201	4.599	5.655	114	1.696.920	200.000
9	26	34	8.101	4.299	616	5.296	9.252	351	3.904.192	2.000.000
10	28	36	4.011	4.107	588	5.060	11.519	371	4.079.006	181.013
11	21	27	3.143	2.777	191	4.369	4.688	138	1.600.081	0
12	61	156	4.816	6.144	880	7.570	10.738	466	6.398.971	0
13	14	17	1.676	2.552	85	2.021	2.855	67	697.000	112.500
14	14	18	11.063	2.869	86	1.927	2.633	63	695.000	100.000
15	16	21	4.137	2.602	158	3.836	2.727	372	1.300.000	1.419.522
16	2	3	1.040	1.414	88	2.085	2.465	25	657.800	884.500
17	6	8	1.508	204	22	491	307	49	123.601	148.000
18	29	73	3.972	7.683	508	11.008	12.869	416	3.953.250	420.000
19	35	45	7.569	7.893	536	8.123	12.192	1.477	3.837.467	150.000
20	58	74	14.183	7.331	1.050	9.033	19.897	1.055	7.760.000	6.000.000
21	33	84	3.350	3.703	530	4.562	10.569	338	3.635.509	1.500.000
22	40	51	8.033	4.024	576	4.957	9.834	1.099	4.061.014	3.000.000
23	11	14	3.558	3.239	208	5.174	6.184	613	1.797.268	900.000
24	20	26	2.462	1.846	112	2.721	2.948	381	875.000	812.000
25	17	22	2.397	1.075	65	1.584	1.484	42	511.000	580.000
26	6	16	495	326	22	467	467	54	132.480	141.743
27	16	20	4.345	1.262	77	1.861	2.073	212	580.000	460.000
28	5	7	2.649	966	64	1.385	1.169	229	547.986	711.666
29	4	5	1.464	1.121	68	1.652	1.657	178	564.142	100.000
30	11	15	3.430	1.017	80	1.122	2.441	59	660.000	0
31	40	52	8.027	5.057	307	7.456	8.567	595	2.400.000	1.500.000
32	4	5	565	251	27	605	617	70	158.470	291.045
33	11	14	2.070	499	203	959	788	61	168.729	262.666
34	8	10	1.811	3.110	102	1.713	2.857	288	887.000	475.000
35	9	12	3.434	1.122	79	1.166	2.603	19	665.000	89.644
36	26	73	2.441	8.653	610	12.783	11.759	139	4.099.838	1.632.000
37	10	13	3.077	1.358	92	2.130	2.400	112	778.000	75.225
38	51	66	7.613	2.027	632	1.355	2.463	195	1.106.763	140.420
39	6	8	1.486	843	29	947	903	56	217.819	212.500
40	8	10	1.509	799	331	534	1.201	78	458.000	150.000
41	30	38	7.160	3.626	519	4.467	10.521	183	3.901.800	225.000

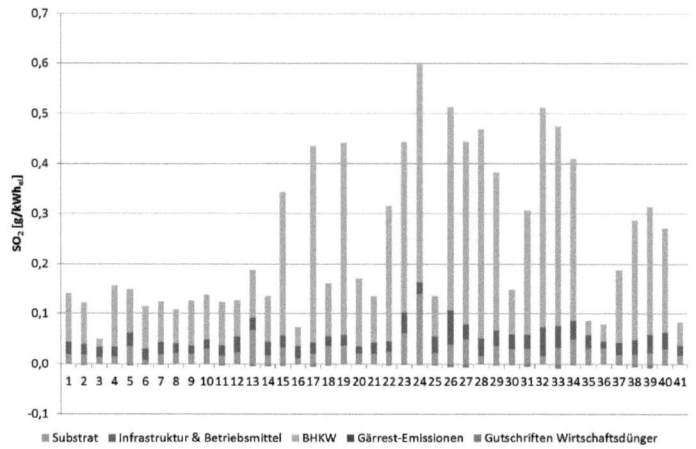

Abbildung 80: Spezifische SO_2-Emissionen und Gutschriften

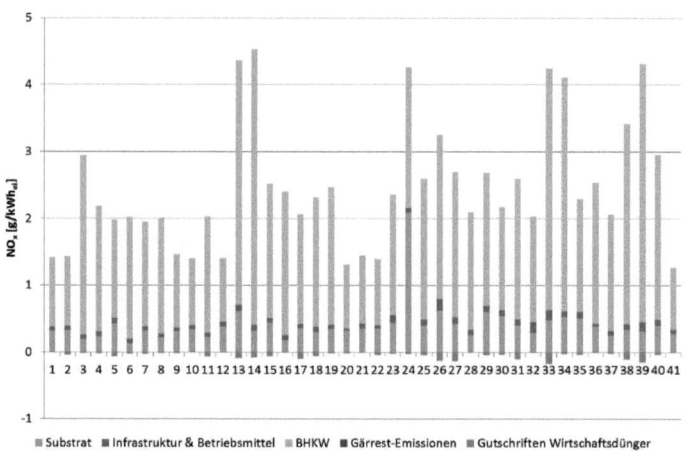

Abbildung 81: Spezifische NO_x-Emissionen und Gutschriften

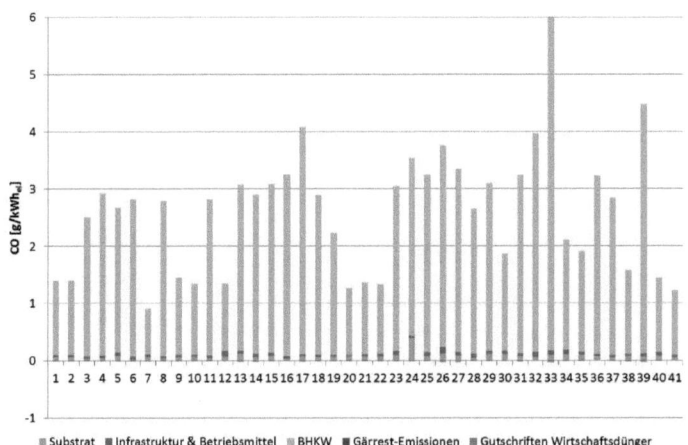

Abbildung 82: Spezifische CO-Emissionen und Gutschriften

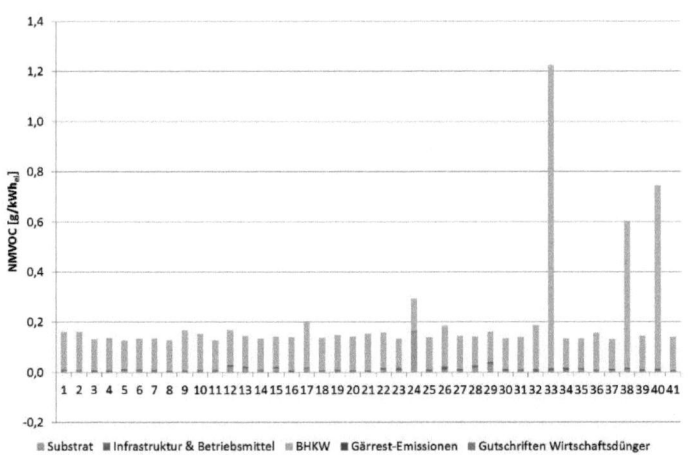

Abbildung 83: Spezifische NMVOC-Emissionen und Gutschriften

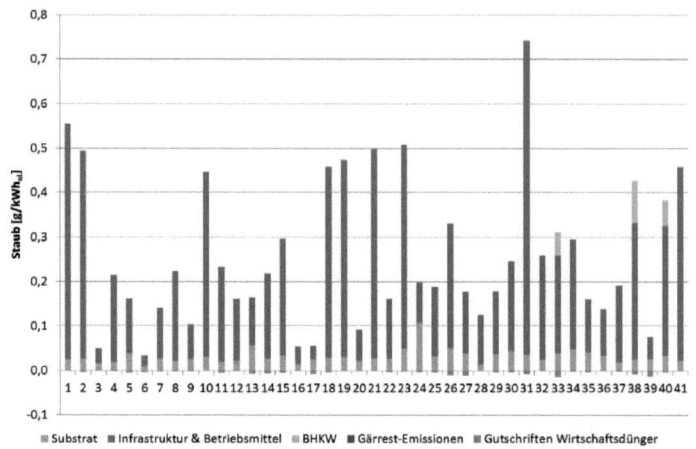

Abbildung 84: Spezifische Staub-Emissionen und Gutschriften

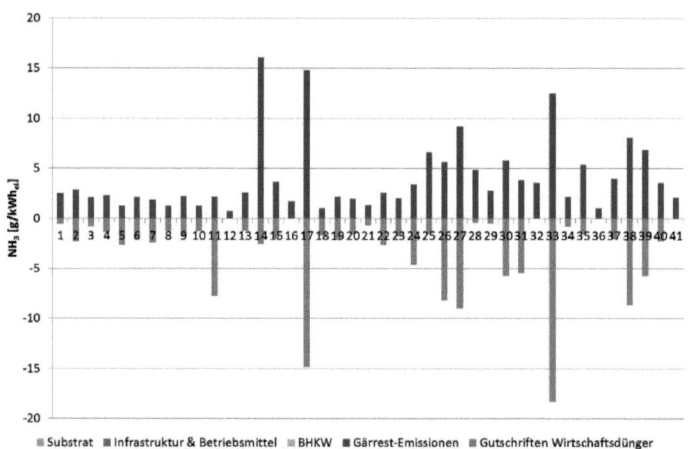

Abbildung 85: Spezifische NH_3-Emissionen und Gutschriften

10 Abkürzungsverzeichnis

Das Abkürzungsverzeichnis enthält Abkürzungen, welche im Text laufend verwendet werden. Nicht enthalten sind solche Abkürzungen, die ausschließlich in Kapitel 3.2 zur Darstellung der Berechnungsmodi verwendet werden.

a	Jahr
CSB	chemischer Sauerstoffbedarf
BHKW	Blockheizkraftwerk
CO_2	Kohlenstoffdioxid
$CO_{2,eq}$	CO_2-Äquivalent
CH_4	Methan
CO	Kohlenstoffmonoxid
ct	Eurocent
DGVE	Düngergroßvieheinheit
GWP	Global Warming Potential
H_2S	Schwefelwasserstoff
HRT	hydraulic retention time: für hydraulische Verweilzeit
IPCC	International Panel on Climate Change
KPG	Kleinproduktionsgebiet
kWh	Kilowattstunde
$kWh_{el/therm}$	Kilowattstunde elektrisch/thermisch
$MWh_{el/therm}$	Megawattstunde elektrisch/thermisch
N_2O	Lachgas
NAWARO	nachwachsender Rohstoff
NMVOC	Non-Methane Volatile Organic Compounds: Nichtmethankohlenwasserstoffe (flüchtige organische Verbindungen mit Ausnahme von Methan)
NH_3	Ammoniak
NH_4^+	Ammonium(-Ion)
NH_4-N	Ammoniumstickstoff

NO_x	Stickoxid
N_t	Gesamtstickstoff
OI	Output-Input
oTS	organische Trockensubstanz
RLN	reduzierter landwirtschaftlicher Nutzfläche
RL_o	organische Raumbelastung
SO_2	Schwefeldioxid
STABW	Standardabweichung
TAN	Ammoniumstickstoff (Total Ammonium Nitrogen)
TS	Trockensubstanz
UAN	undissociated ammonium nitrogen: undissoziierter Anteil des TAN
UCTE	Union for the Coordination of the Transmission of Electricity
UVA	undissociated volatile fatty acids: undissoziierter Anteil der VFA
VFA	volatile fatty acids: flüchtige Carbonsäuren der Kettenlänge C2-C5
VFA_{ges}	Summe der VFA

11 Glossar

An dieser Stelle sind ausgewählte Begriffe erklärt, die in verschiedenen Publikationen teils unterschiedlich verwendet werden. Die Begriffe sind im Text bei erstmaliger Verwendung mit dem Symbol (⌐) gekennzeichnet.

Biogasgülle: Synonym zu Gärrest: Fermentationsrückstand aus der Vergärung von NAWAROs, Wirtschaftsdünger und Abfällen.

Brennstoffnutzungsgrad: Summe aus Stromerzeugung und genutzter Wärmeerzeugung, geteilt durch den Energieinhalt des eingesetzten Energieträgers (Summe aus Jahresnutzungsgrad und Anteil für Eigenenergiebedarf).

Energetische Amortisationsdauer: Jene Zeit, die ein Energiesystem benötigt, um die für seine Herstellung investierte Energie bereitzustellen.

Gärrest: Synonym zu Biogasgülle: Fermentationsrückstand aus der Vergärung von NAWAROs, Wirtschaftsdünger und Abfällen.

Jahresnutzungsgrad: Verhältnis der nutzbar abgegebenen Energie zur gesamten zugeführten Brennstoffenergie (Brennstoffnutzungsgrad abzgl. Anteil für Eigenenergiebedarf).

Kosubstrate: Abfallstoffe wie Magen- / Darminhalte, verdorbene Lebensmittel, Abfälle aus der Speisezubereitung (Großküchen und Gastronomie), Fettabscheider, Panseninhalt, etc.

NAWARO: Abkürzung für *Nachwachsender Rohstoff*; organische Rohstoffe, die aus land- und forstwirtschaftlicher Produktion stammen und für weiterführende Anwendungszwecke außerhalb des Nahrungs- und Futterbereiches verwendet werden; für die Biogasproduktion sind das in der Regel Energiepflanzen wie Mais, Zuckerhirse etc., aber auch sonstige Stoffe der landwirtschaftlichen Urproduktion wie (überlagerte) Futtermittel, verdorbenes sowie überlagertes Saatgut (nicht gebeizt), Rübenschnitzel etc.

Output-Input-Verhältnis (OI-Verhältnis): Das OI-Verhältnis beschreibt das Verhältnis der zur Energiebereitstellung aufgewendeten Energie (KEA) zur Nutzenergie (Elektrizität, Nutzwärme, inhärente Kraftstoff-energie). Das Output-Input-Verhältnis beantwortet die Frage: "Wie oft bekommt man die hineingesteckte Energie wieder heraus?" Werte über eins bedeuten eine positive Gesamt-Energiebilanz.

Positiv-Liste: Abfälle, welche gemäß BMWA (2003) explizit für den Einsatz in NAWARO-Anlagen erlaubt sind: Verdorbenes sowie überlagertes Saatgut (nicht gebeizt); Rübenschnitzel, Rübenschwänze, Rübenblatt, Melasse; Treber, Trester, Pressrückstände; Kerne, Schalen, Fallobst; Futterreste; Brauereirückstände (Trub); Molkerei- und Käserückstände; Vinasse; Ölsaatrückstände (wenn frei von Extraktionsmittel); Abfälle aus der Speisezubereitung (nicht aus Großküche und Gastronomie); Gemüseabfälle.

Strompark in Österreich: Summe aller österreichischen Anlagen zur Stromerzeugung. Die Emissionen, die diese Anlagen verursachen, werden als *Emissionen des Stromparks in Österreich ohne Stromimporte* bezeichnet. Werden Stromimporte berücksichtigt, so wird der Begriff *Emissionen des Stromparks in Österreich inklusive Stromimporte* verwendet. Die *Emissionen der Stromimporte* beziehen sich in GEMIS (und somit auch in dieser Arbeit) auf den UCTE-Mix (Strom unbekannter Herkunft).

Wirtschaftsdünger: Tierische Ausscheidungen (Gülle, Jauche und Stallmist).

i want morebooks!

Buy your books fast and straightforward online - at one of world's fastest growing online book stores! Environmentally sound due to Print-on-Demand technologies.

Buy your books online at
www.get-morebooks.com

Kaufen Sie Ihre Bücher schnell und unkompliziert online – auf einer der am schnellsten wachsenden Buchhandelsplattformen weltweit! Dank Print-On-Demand umwelt- und ressourcenschonend produziert.

Bücher schneller online kaufen
www.morebooks.de

VDM Verlagsservicegesellschaft mbH
Heinrich-Böcking-Str. 6-8   Telefon: +49 681 3720 174   info@vdm-vsg.de
D - 66121 Saarbrücken   Telefax: +49 681 3720 1749   www.vdm-vsg.de

Printed by Books on Demand GmbH, Norderstedt / Germany